机械制造技术基础

李琼砚　程朋乐　主编

中国财富出版社

图书在版编目（CIP）数据

机械制造技术基础 / 李琼砚，程朋乐主编. —北京：中国财富出版社，2020.2

ISBN 978-7-5047-7132-2

Ⅰ.①机…　Ⅱ.①李…　②程…　Ⅲ.①机械制造工艺　Ⅳ.①TH16

中国版本图书馆 CIP 数据核字（2020）第 020831 号

策划编辑　张　茜　　**责任编辑**　黄正丽

责任印制　梁　凡　　**责任校对**　杨小静　　**责任发行**　敬　东

出版发行　中国财富出版社

社　　址　北京市丰台区南四环西路 188 号 5 区 20 楼　　**邮政编码**　100070

电　　话　010-52227588 转 2098（发行部）　　010-52227588 转 321（总编室）

　　　　　010-52227588 转 100（读者服务部）　　010-52227588 转 305（质检部）

网　　址　http://www.cfpress.com.cn

经　　销　新华书店

印　　刷　北京京都六环印刷厂

书　　号　ISBN 978-7-5047-7132-2/TH·0008

开　　本　787mm×1092mm　1/16　　**版　　次**　2020 年 7 月第 1 版

印　　张　11.5　　**印　　次**　2020 年 7 月第 1 次印刷

字　　数　245 千字　　**定　　价**　36.00 元

前言

制造业是根据市场需求，将制造资源，包括物料、能源、设备、工具、资金、技术、信息和人力等，通过制造过程转化为可供人们使用和消费的产品的行业。制造业在工业化国家中占有十分重要的地位，它是工业化国家经济发展的支柱，是国民经济收入的重要来源。

《机械制造技术基础》是工科高等学校机械类各专业开设的一门必修课，是研究制造机械零件的工艺方法，以及各种工艺方法本身的规律性及其在机械制造中的应用和相互关系的主干专业基础课。通过对该课程的学习，使学生了解机械制造的整个过程；制造机械零件的工艺方法；机械零件的加工工艺过程和结构工艺性；常用材料的性能对加工工艺的影响及工艺方法的综合比较和常用加工工艺的基础知识。使学生系统掌握机械制造的基础理论，分析和选用常用机械加工工艺的基本方法和技能，并具有进行机械工艺规划的初步能力。为学生从事机械的设计、制造、研究和开发，以及解决机械工程领域的复杂工程问题奠定理论和专业基础。使培养的学生具有实际工作能力和开拓创新精神。教材编写本着"重基本理论、基本概念，淡化过程推导，突出工程应用"的原则，教材的内容如下。

第1章 绪论，介绍了机械制造工业的地位、现状和机械制造系统的一些概念。

第2章 金属切削的基础知识，介绍了金属切削过程的基本概念；切削要素的计算方法；常用刀具材料与刀具结构；切削加工的经济性等。

第3章 金属切削机床的基本知识，介绍了机床的类型与结构、机床的主要传动方式等，并着重介绍普通车床传动系统的传动链分析。

第4章 常用金属切削加工方法，阐述常用切削加工方法的特点及应用。

第5章 典型表面加工方案分析，介绍了外圆面、孔、平面、成形面、螺纹及齿轮齿形等典型表面的加工方法；机械设计零件分析及加工方案制定等。

第6章 工艺过程的基本知识，介绍了工件的安装定位与夹具；工艺过程制定方法；机械制造技术工艺选择与规划的基本方法以及机械设计制造工艺分析等。

第7章 零件的结构工艺性，介绍了机械结构设计的基本原理及零件结构的工艺要求。

第 8 章 先进制造技术简介，主要介绍机械制造先进技术，包括精密加工、特种加工、数控加工及增材制造。

为了使学生更好地掌握各章内容体系，在每一章开始以思维导图的方式给出了该章完整的知识框架，帮助学生条理化、系统化地梳理所学知识。由于编者水平的限制，书中错误在所难免，敬请读者批评指正。

编　者

2020 年 2 月

目 录

1 绪论

机械制造业在国民经济中起着举足轻重的作用，它的各项经济指标占全国工业的比重高达20%～25%，它的发展直接影响着国民经济各部门的发展，也影响着国计民生和国防力量。金融危机以后，制造业再次成为各国竞争的焦点，一些欧美发达工业化国家在总结和反思金融危机的教训后，纷纷实施“再工业化”和“制造业回归”战略，大力发展先进制造业。

1.1 制造技术基本概念

制造（Manufacturing）是人类按照需要，利用制造资源（设计方法、工艺、设备和人力等）将原材料加工成适用物品的过程。制造是一个很广泛的概念，按制造的连续性可分为连续制造（如化工产品的制造）和离散制造（如家电产品的制造）；按行业又可分为机械制造、食品制造、化工制造、IT（信息技术）产品制造等。现在，人们对制造的概念又加以扩充，将体系管理和服务等也纳入其中。因此，制造不仅指单独的加工过程，还包括市场调研和预测、产品设计、选材和工艺设计、生产加工、质量保证、生产过程管理、营销、售后服务等产品寿命周期内一系列相互联系的活动。制造是人类所有经济活动的基石，是人类历史发展和文明进步的动力。

制造业是指机械工业时代将制造资源（物料、能源、设备、工具、资金、技术、信息和人力等），按照市场要求，通过制造过程，转化为可供人们使用和利用的大型工具、工业品与生活消费产品的行业。

制造业水平直接体现了一个国家的生产力水平，是区别发展中国家和发达国家的重要指标，制造业在世界发达国家的国民经济中占有重要份额。在工业化国家中，约有1/4的人口从事各种形式的制造活动，在非制造业部门中，约有半数人的工作性质与制造业密切相关。

根据国际通行的产业分类原则和我国的具体国情，我国国家统计局2017年公布的《国民经济行业分类》（GB/T　4754—2017）将我国的制造业划分为31个行业。它们分别是：①农副食品加工业；②食品制造业；③酒、饮料和精制茶制造业；④烟草制品业；⑤纺织业；⑥纺织服装、服饰业；⑦皮革、毛皮、羽毛及其制品和制鞋业；⑧木材加工和木、竹、藤、棕、草制品业；⑨家具制造业；⑩造纸和纸制品业；⑪印刷和记录媒介复制业；⑫文教、工美、体育和娱乐用品制造业；⑬石油、煤炭及其他燃料加工业；⑭化学原料和化学制品制造业；⑮医药制造业；⑯化学纤维制造业；⑰橡胶和塑料制品业；⑱非金属矿物制品业；⑲黑色金属冶炼和压延加工业；⑳有色金属冶炼和压延加工业；㉑金属制品业；㉒通用设备制造业；㉓专用设备制造业；㉔汽车制造业；㉕铁路、船舶、航空航天和其他运输设备制造业；㉖电气机械和器材制造业；㉗计算机、通信和其他电子设备制造业；㉘仪器仪表制造业；㉙其他制造业；㉚废弃资源综合利用业；㉛金属制品、机械和设备修理业。而这只是大体的行业分类，如果再细分，则行业数量超过1000个。

制造技术（Manufacturing Technology）是完成制造活动所需的一切手段的总和，是提高产品竞争力的关键，也是制造业赖以生存和发展的主体技术。健康发达的高质量制造业必然有先进的制造技术作为后盾。

1.2 我国机械制造业现状

机械制造业在国家行业中处于基础性地位，机械制造业同时也是一个国家的支柱行业，在很大程度上影响国民经济的发展。2018 年 12 月在北京举行的中央经济工作会议上，习近平总书记强调指出要坚定不移地建设制造强国，并把推动制造业高质量发展作为2019 年七项重点任务之首，同时还做出了战略部署，为我国制造业的发展指明了方向。

在长期的经济建设中，我国的机械制造行业取得了显著的成绩，但不可否认的是，机械制造业在不断发展的同时也存在一些问题。改革开放 40 多年来，我国机械制造业在不断的开放、合作、竞争中发展壮大，制造水平有了明显提升，并且也由最初的只关注产品质量转变为在重视质量的基础上关注产品技术创新，未来实现机械制造业的高质量发展也必然要顺应经济全球化的历史潮流。尽管我国机械制造行业取得了显著成绩，可是拥有知识产权的自主品牌却十分有限。通过深入分析我国机械制造业发展现状发现，我国的机械制造业整体水平仍然落后于西方发达国家。

2017 年，在 19 大类制造业行业中，中国有 18 个超过美国，中国制造业总产值是美国的 2.58 倍，在全世界的占比达到了 35%。比较流行的说法是中国的劳动力便宜，产品具有价格优势，在国际市场上很有竞争力。中国制造业最大的优势是规模，规模到了一定程度其实也是核心竞争力，比如大部分的手机零部件，每年的需求量以百亿计，目前只有中国有这种生产能力保证供应。但是，目前，在我国外贸领域取得领先竞争优势的行业80%以上均为劳动密集型产业，在高技术领域中，计算机集成制造技术、材料技术、航空航天技术、电子技术的竞争力指数均非常低，比如电子及通信设备出口大部分是计算机外围设备、电子元件、家用视听设备，属于高新技术产业中的低端产品。“世界制造工厂”实际上是世界低端产品及零部件的廉价供应商。高精尖仪器是现代制造业的核心设备，与新材料和制造工艺一起决定了产品的科技含量，可惜中国目前在此领域并未跻身前列，美、日、德是第一梯队，韩、意、法、英为第二梯队，中国勉强算第三梯队。高端仪器基本全靠进口，而且真正先进的仪器被完全封杀。中国航空产品在世界的占比微乎其微，目前只能出口一些小型支线客机、无人机和教练机，在最主要的大型客机和主流战机市场上，中国的出口几乎为零，而号称“现代工业皇冠上的明珠”的航空发动机，中国虽倾举国之力研发，但依然不尽如人意，与美国有巨大差距。

2018年3月以来，美国特朗普政府宣称要对世界多国特别是中国的对美贸易顺差采取一系列反制措施。面对波云诡谲的贸易战，我们必须清醒地认识到中美贸易战实质是制造业之争，要继续将制造业作为国家经济发展的战略重点，系统部署并采取针对性措施，着眼长远，沉着应对，减少贸易战对制造业发展的影响，促进中国制造业做大做强。因此，我们必须重视机械制造工程技术的学习和掌握，为提高我国的机械制造技术水平做出积极贡献。

1.3 课程内容

本课程主要讲授金属切削加工相关知识。切削加工是使用切削工具（刀具、磨具和磨料），在工具和工件的相对运动中，把工件上多余的材料层切除，使工件获得规定的几何数（形状、尺寸、位置）和表面质量的加工方法。切削加工可分为机械加工（简称机工）和钳工两部分。机械加工是通过工人操纵机床来完成切削加工的；钳工一般是通过工人手持工具来进行加工的。由于现代机器的精度和性能都要求较高，因而对组成机器的大部分零件的加工质量也相应地提出了较高的要求。为了满足这些要求，目前绝大多数零件的质量还要靠切削加工的方法来保证。所以，本课程主要讲授机械加工相关知识。

2　金属切削的基础知识

金属切削是金属成形工艺中的材料去除加成形方法，在当今机械制造中仍占有很大的比例。本章主要介绍有关切削运动、切削工具及切削过程的现象与规律，主要内容如下：

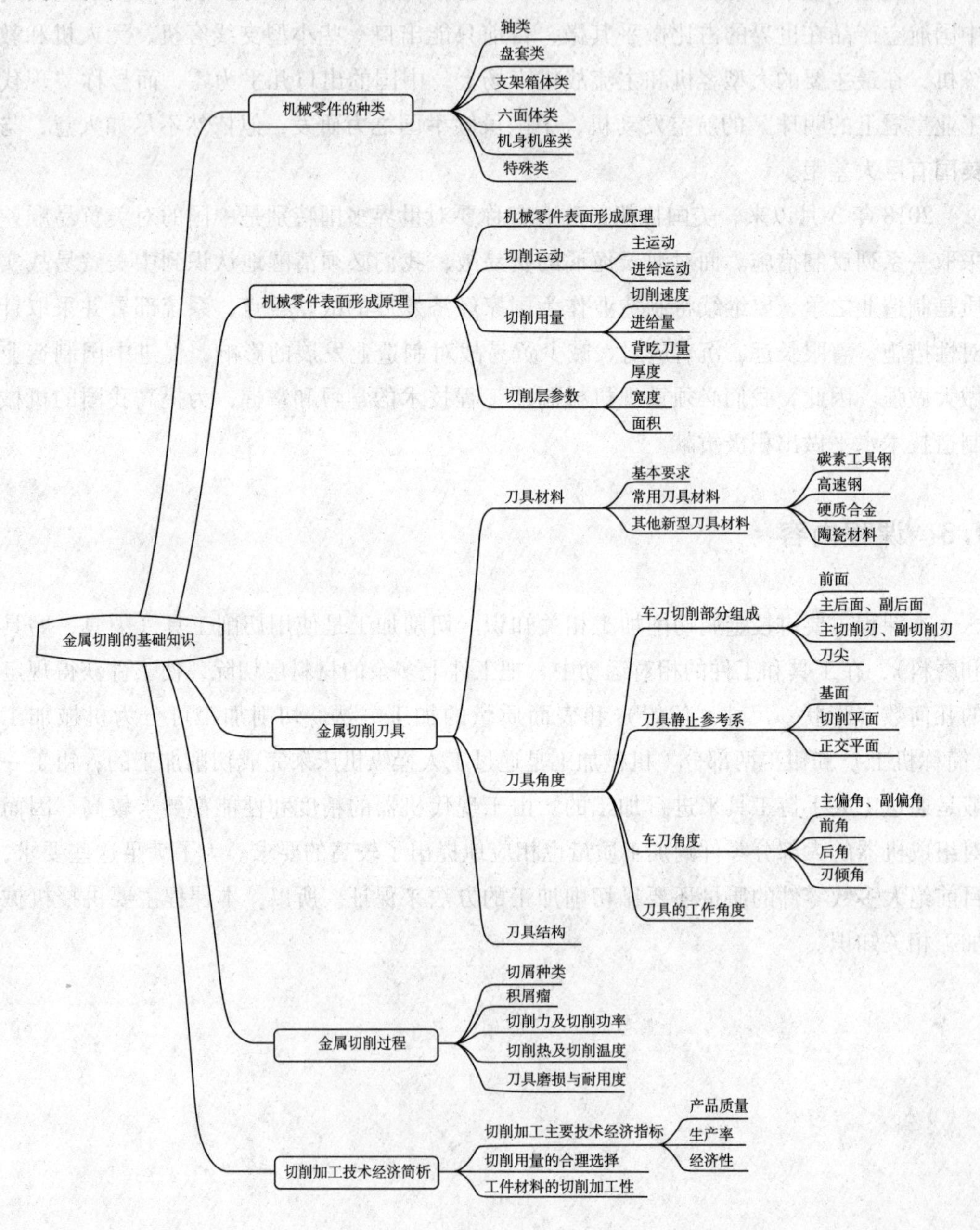

2.1 机械零件的种类

切削加工的对象是构成机械产品的各种零件。零件虽然根据其功用、形状、尺寸和精度等因素的不同而千变万化，但按其结构主要可分为六类，即轴类零件（图2－1）、盘套类零件（图2－2）、支架箱体类零件（图2－3）、六面体类零件（图2－4）、机身机座类零件（图2－5）和特殊类零件（图2－6）。其中轴类零件、盘套类零件和支架箱体类零件是最常见的三类零件。同类型的零件结构类似，加工工艺上有许多共同之处，因此对零件进行分类既有利于学习和掌握各类零件的加工工艺特点，也有利于组织生产。

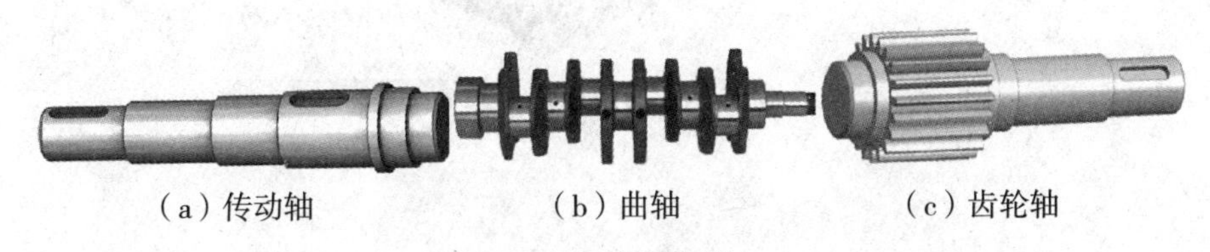

（a）传动轴　（b）曲轴　（c）齿轮轴

图2－1　轴类零件

（a）齿轮　（b）端盖　（c）带轮　（d）轴套

图2－2　盘套类零件

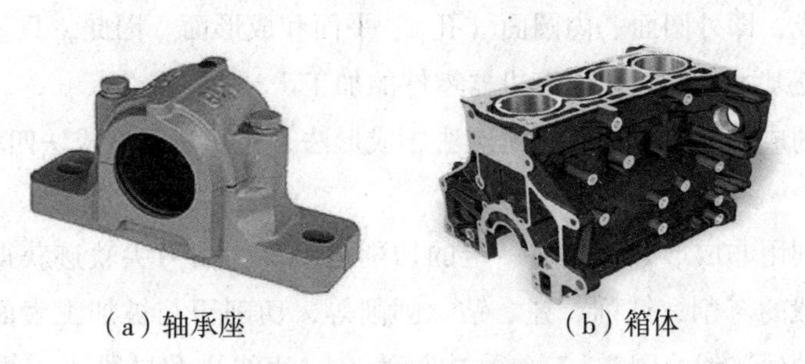

（a）轴承座　（b）箱体

图2－3　支架箱体类零件

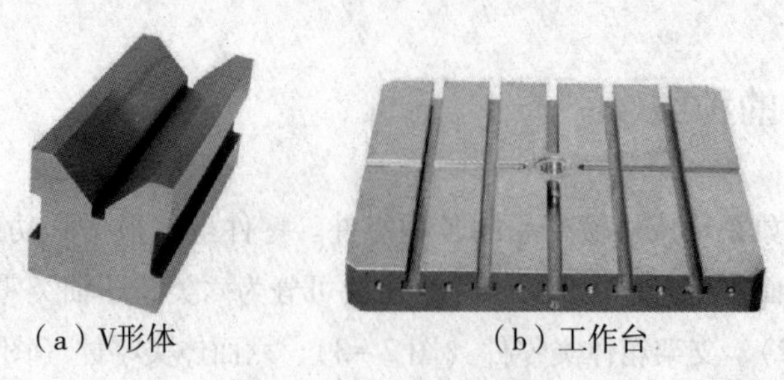

（a）V形体　　　　　　　　（b）工作台

图2－4　六面体类零件

图2－5　机身机座类零件

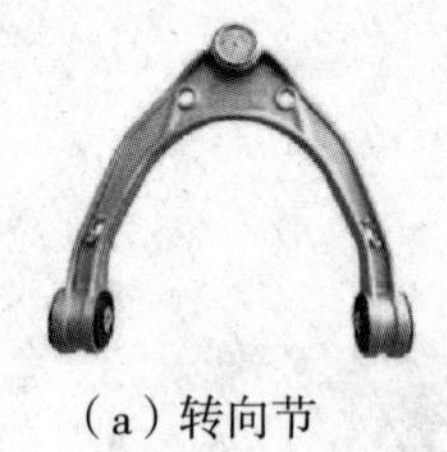

（a）转向节　　　　　　（b）万向节　　　　　　（c）发动机连杆

图2－6　特殊类零件

2.2　机械零件表面形成原理

切削加工的总体对象是零件。机器零件的形状虽然很多，但分析起来，主要由下列几种表面组成，即外圆面、内圆面（孔）、平面和成形面。因此，只要能对这几种表面进行加工，就基本上能完成所有机器零件的加工。

零件表面的成形方法常见的有轨迹法、成形法、相切法和展成法四种。

1. **轨迹法**

轨迹法是利用非成形刀具，在一定的切削运动下，由刀尖轨迹获得零件所需表面的方法，如一般的车削、铣削、镗、钻、刨削等，切削刃与被加工表面为点接触，发生线为接触点的轨迹线。图2－7（a）中母线 A_1（直线）和导线 A_2（曲线）均由刨刀的轨迹运动形成。采用轨迹法，形成发生线需要一个成形运动。

2. **成形法**

成形法是利用成形刀具，在一定的切削运动下，由刀刃形状获得零件所需表面的方法，刀具切削刃的形状和长度与所需形成的发生线（母线）完全重合。图 2－7（b）中，曲线形母线由成形刀的切削刃直接形成，直线形的导线则由轨迹法形成。采用成形法形成发生线不需要成形运动。成形法加工的生产率较高，但是刀具的制造和安装误差对被加工表面的形状精度影响较大。

3. **相切法**

相切法是利用刀具边旋转边做轨迹运动对零件进行加工的方法。在图 2－7（c）中，采用铣刀、砂轮等旋转刀具加工时，在垂直于刀具旋转轴线的截面内，切削刃可看作是点，当切削点绕着刀具轴线做旋转运动 B_1，同时刀具轴线沿着发生线的等距线做轨迹运动时，切削点运动轨迹的包络线便是所需的发生线。为了用相切法得到发生线，需要 2 个成形运动，即刀具的旋转运动和刀具中心按一定规律的轨迹运动。

4. **展成法**

展成法是利用工件和刀具做展成切削运动进行加工的方法。切削加工时，刀具与零件按确定的运动关系做相对运动（又称展成运动或范成运动），切削刃与被加工表面相切（点接触），切削刃各瞬时位置的包络线便是所需的发生线。用齿条形插齿刀加工圆柱齿轮，刀具沿 A_1 方向所做的直线运动，形成直线形母线（轨迹法），而零件的旋转运动 B_{21} 和直线运动 B_{22}，使刀具能不断地对零件进行切削，其切削刃的一系列瞬时位置的包络线，便是所需要渐开线形导线，如图 2－7（d）所示。用展成法形成发生线，需要一个成形运动（展成运动）。

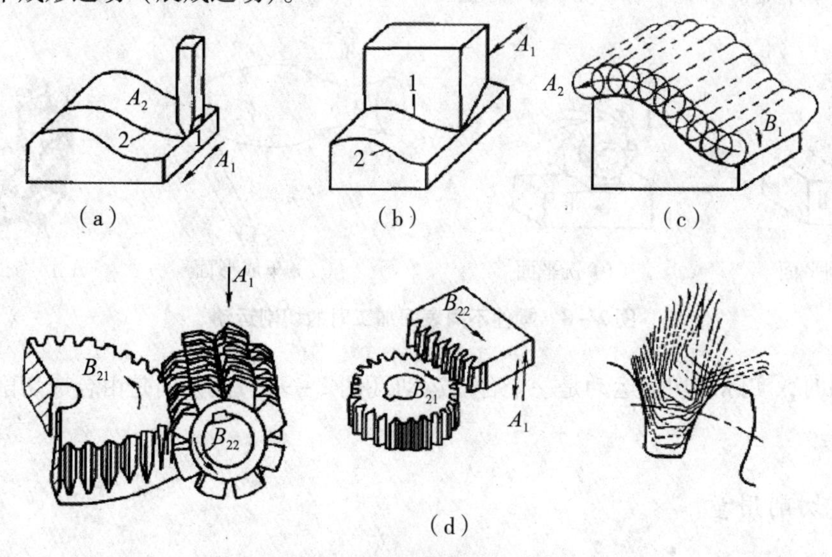

图 2－7　形成发生线的方法

2.3 切削运动及切削用量

2.3.1 切削运动

通常，外圆面和孔可以认为是以某一直线为母线、以圆为轨迹做旋转运动所形成的表面；平面是以一直线为母线、以另一直线为轨迹做平移运动所形成的表面。成形面可认为是以曲线为母线、以圆或直线为轨迹做旋转或平移运动所形成的表面。上述这几种表面可分别用图2-8所示的相应的加工方法来获得。由图2-8可知，要对这些表面进行加工，刀具与工件之间必须有一定的相对运动，即切削运动。

切削运动包括主运动（图2-8中Ⅰ）和进给运动（图2-8中Ⅱ）。主运动使刀具和工件之间产生相对运动，促使刀具前面接近工件而实现切削，它的速度最高，消耗功率最大。进给运动使刀具与工件之间产生附加的相对运动，与主运动配合，即可连续地切除材料，获得具有所需几何特性的已加工表面。各种切削加工方法（如车削、钻削、刨削、磨削和齿轮齿形加工等）都是为了加工某种表面而发展起来的，因此也都有其特定的切削运动。如图2-8所示，切削运动有旋转的，也有直线的；有连续的，也有间歇的。

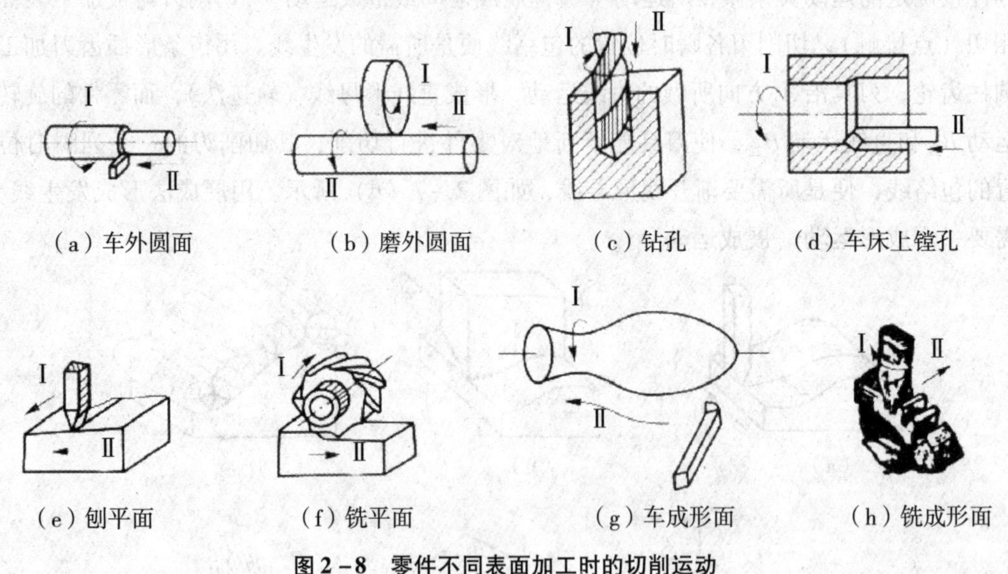

图2-8 零件不同表面加工时的切削运动

切削时，实际的切削运动是一个合成运动（图2-9），其方向是由合成切削速度角 η 确定的。

2.3.2 切削用量

切削用量用来衡量切削运动量的大小。切削用量包括切削速度、进给量和背吃刀

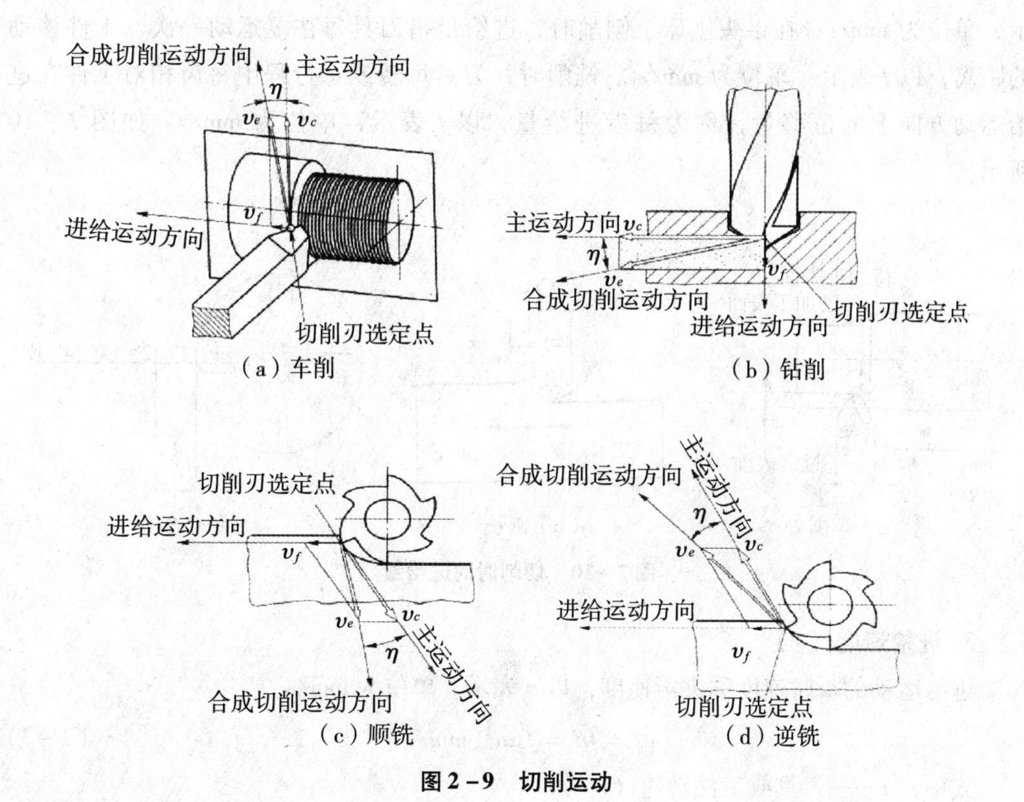

图 2-9 切削运动

量三要素。

1. 切削速度（v_c）

切削刃上选定点相对于工件主运动的瞬时速度称为切削速度，以 v_c 表示，单位为 m/s。若主运动为旋转运动（如车、钻、镜、铣、磨），切削速度为其最大的线速度，v_c 按下式计算：

$$v_c = \frac{\pi dn}{1000}\ (\mathrm{m/s}) \tag{2-1}$$

式中：d——工件或刀具在切削处的直径（mm）；

n——主运动的转速（r/s）。

若主运动为往复直线运动（如创削、插削等），则常以其平均速度为切削速度：

$$v_c = \frac{2Ln_r}{1000}\ (\mathrm{m/s}) \tag{2-2}$$

式中：L——刀具或工件做往复运动的行程长度（mm）；

n_r——主运动每秒往复次数（st/s）。

2. 进给量（f）

进给量是指在主运动的一个循环（或单位时间）内，刀具与工件之间沿进给运动方向的相对位移。车削时，进给量指工件每转一转，刀具所移动的距离，以 f 表示，单位为 mm/r；在牛头刨床上刨削时，进给量指刀具每往复运动一次，工件移动的距离，以 f 表示，单位为 mm/st。铣削时，刀具每转或每行程中每齿相对工件在进给运动方向上的位移量，称为每齿进给量，以 f_z 表示，单位为 mm/z。如图 2－10 所示。

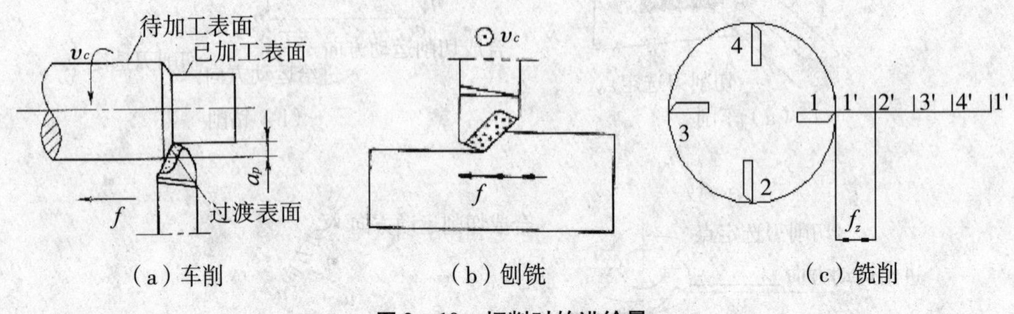

（a）车削　　（b）刨铣　　（c）铣削

图 2－10　切削时的进给量

3. **进给速度（v_f）**

进给运动的瞬时速度称进给速度，以 v_f 表示，单位为 mm/s。

$$v_f = fn = f_z zn \text{ (mm/s)} \tag{2-3}$$

式中：n——刀具或工件转速（r/s）；

z——刀具的齿数。

4. **背吃刀量（a_p）**

待加工表面与已加工表面间的垂直距离称为背吃刀量，也称切削深度，以 a_p 表示（图 2－11），单位为 mm。

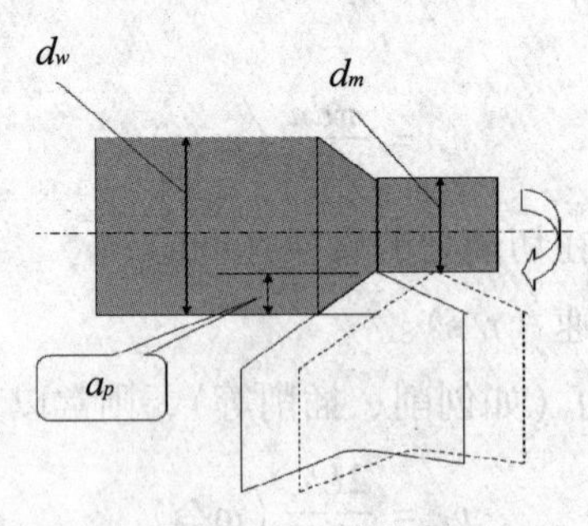

图 2－11　车外圆

$$a_p = \frac{d_w - d_m}{2} \text{ (mm)} \tag{2-4}$$

式中：d_w——工件待加工表面直径（mm）；

d_m——工件已加工表面直径（mm）。

2.3.3 切削层参数

切削层是指工件上正被切削刃切削的一层材料，即两个相邻加工表面之间的那层材料。它决定了切屑的尺寸及刀具切削部分的载荷。切削层的尺寸和形状通常是在切削层尺寸平面中测量的（图 2－12）。

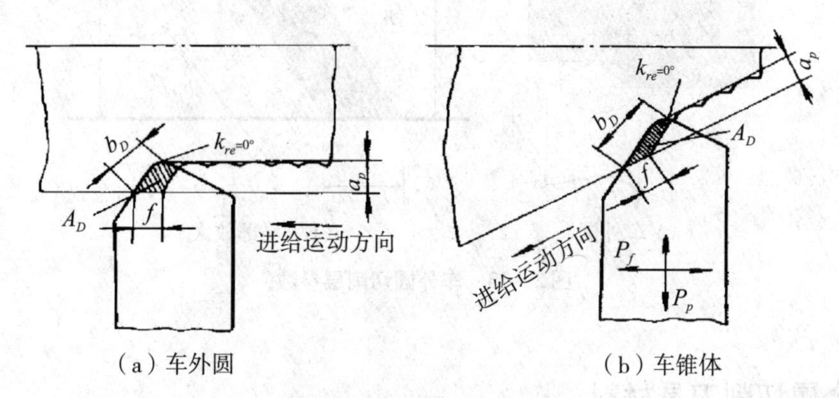

（a）车外圆　　（b）车锥体

图 2－12　车削时切削层尺寸

1. **切削层厚度（h_D）**

切削层厚度是指两相邻加工表面间的垂直距离（图 2－13），单位为 mm，车外圆时：

$$h_D = f\sin k_r (\text{mm}) \tag{2-5}$$

式中：k_r ——切削刃和工件轴线之间的夹角。

2. **切削层宽度（b_D）**

切削层宽度是指沿主切削刃方向度量的切削层尺寸（图 2－13），单位为 mm，车外圆时：

$$b_D = \frac{a_p}{\sin k_r} (\text{mm}) \tag{2-6}$$

3. **切削层面积（A_D）**

切削层面积是切削层垂直于切削速度截面内的面积（图 2－13），单位为 mm^2，车外圆时：

$$A_D = b_D h_D = f a_p (\text{mm}^2) \tag{2-7}$$

【例 2－1】车外圆时工件加工前直径为 62mm，加工后直径为 56mm，工件转速为 4r/s，刀具每秒钟沿工件轴向移动 2mm，工件加工长度为 110mm，切入长度为 3mm，求 vc、f、a_p和切削工时 t。

解：$vc = \pi dn/1000 = \pi \times 62 \times 4/1000 \approx 0.779$（m/s）

$f = v_f/n = 2/4 = 0.5$（mm/r）

$$a_p = (d_w - d_m)/2 = (62-56)/2 = 3\ (\text{mm})$$

$$t = (L + L_1 + L_2)/v_f = (110+3+0)/2 = 56.5\ (\text{s})$$

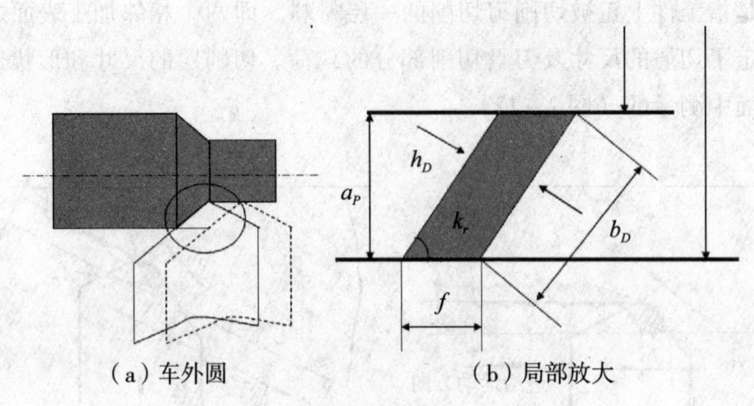

（a）车外圆　　（b）局部放大

图 2－13　车外圆切削层参数

2.4　金属切削刀具材料

切削过程中，直接完成切削工作的是刀具。刀具一般都由切削部分和夹持部分组成。刀具切削性能的优劣，取决于切削部分的材料、角度和结构。

1. 刀具材料的基本要求

刀具材料一般指刀具切削部分的材料。它的性能优劣将直接影响加工的表面质量、切削效率、刀具寿命等重要方面，因此刀具材料应具备以下基本性能。

（1）高的硬度和耐磨性。常温硬度 60HRC 以上，耐磨性是硬度、组织结构及化学性能等的综合反映。

（2）足够的强度和冲击韧性。

（3）高耐热性。高温下具备高的硬度、强度、耐磨性、抗氧化性、抗扩散黏结性等。

（4）良好的工艺性。包括锻造性能、磨削性能、热处理性能等。

（5）经济性。在满足以上性能要求的情况下，应尽可能选择资源丰富、价格低廉的材料以获得良好的经济效益。

2. 常用的刀具材料

目前，常用的刀具材料有：碳素工具钢、合金工具钢、高速钢、硬质合金及陶瓷材料等。

（1）碳素工具钢：碳质量分数较高（0.7%～1.2%）的优质钢（如 T10A 等）。

（2）合金工具钢：在碳素工具钢中加入少量的铬（Cr）、钨（W）、猛（Mn）、硅（Si）等元素，形成合金工具钢（如 9SiCr 等）。但由于它们的耐热性较差，允许的切削速度不高，因此常用来制造一些手工工具，如锉刀、锯条、铰刀等。

（3）高速钢：含钨（W）、铬（Cr）、钒（V）等合金元素较多的合金工具钢。普通高速钢如 W18Cr4V 是国内普遍使用的刀具材料，广泛地用于制造形状较为复杂的各种刀具。

（4）硬质合金：以高硬度、高熔点的金属碳化物（WC、TiC 等）作为基体，以金属钴（Co）等作为黏结剂，用粉末冶金的方法制成的一种合金。常制成形状较简单的各种形式的刀片。

（5）陶瓷材料：由纯氧化铝（Al_2O_3）或氧化铝（Al_2O_3）添加一定量的金属元素或金属碳化物构成。陶瓷材料有很高的硬度（洛氏硬度 HRA91～95）和很高的耐热性（在1200℃时仍能保持 HRA80 的硬度），化学性能稳定，摩擦系数小，抗黏结磨损与抗扩散磨损能力很强。主要缺点是冲击韧性差，抗弯强度低。可以切削硬度为 HRC60 的工件。

3. 其他新型刀具材料

（1）改进的高速钢：又称超高速钢，为了提高高速钢的硬度和耐热性，可在高速钢中增添新的元素，如我国制成的铝高速钢（如 W6Mo5Cr4V2Al 等），适于制造各种高精度的刀具。

（2）改进的硬质合金：改进的方法是增添合金元素和细化晶粒，例如加入碳化钽（TaC）或碳化铌（NbC）形成万能型硬质合金 M10（YW1）和 M20（YW2），既适于加工铸铁等脆性材料，又适于加工钢等塑性材料。

（3）人造金刚石：人造金刚石硬度极高（接近 10000HV，而硬质合金仅达 1000～2000HV），耐热性为 700～800℃。适于加工高硬度的硬质合金、陶瓷、玻璃等，但不宜加工铁系金属。

（4）立方氮化硼（CBN）：硬度 7300～9000HV，仅次于人造金刚石，但它的耐热性和化学稳定性都大大高于金刚石，能耐 1300～1500℃的高温，不但适于非铁系难加工材料的加工，也适于铁系材料的加工。

2.5 金属切削刀具角度

切削刀具的种类虽然很多，但它们切削部分的结构要素和几何角度有着许多共同的特征。如图 2－14 所示，各种多齿刀具或复杂刀具，就其一个刀齿而言，都相当于一把车刀的刀头。下面从车刀入手，进行分析和研究。

1. 车刀切削部分的组成

车刀切削部分由三面、两刃、一尖组成（图 2－15）。

（1）前面：刀具上与切削屑接触并相互作用的表面。

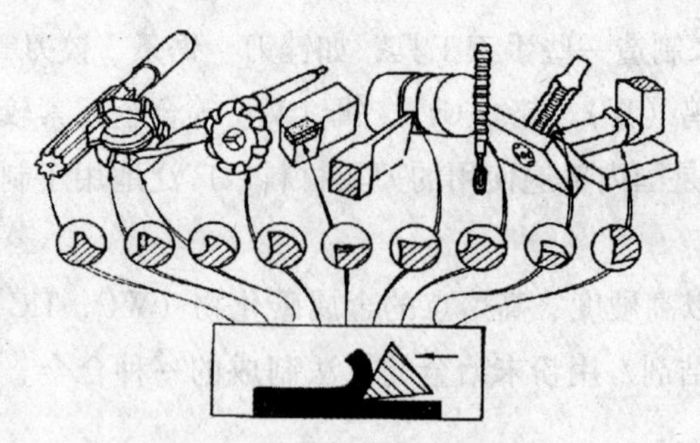

图 2－14　刀具的切削部分

（2）主后（刀）面：刀具上与工件过渡表面接触并相互作用的表面。

（3）副后（刀）面：刀具上与工件已加工表面接触并相互作用的表面。

（4）主切削刃（图 2－16）：前刀面与主后面的交线。

（5）副切削刃（图 2－16）：前刀面与副后面的交线。

（6）刀尖：连接主切削刃和副车削刃的一段切削刃。

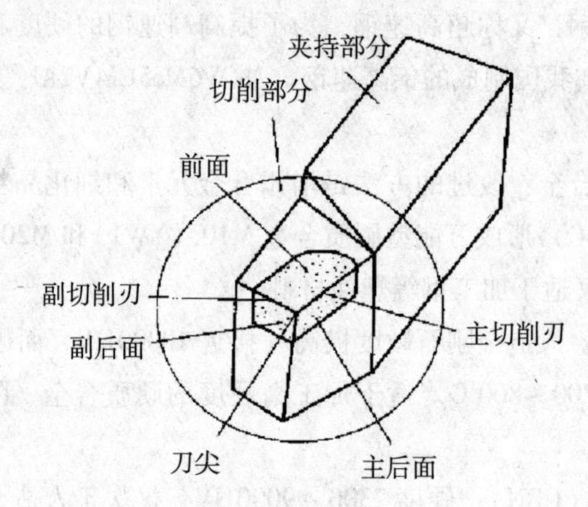

图 2－15　外圆车刀

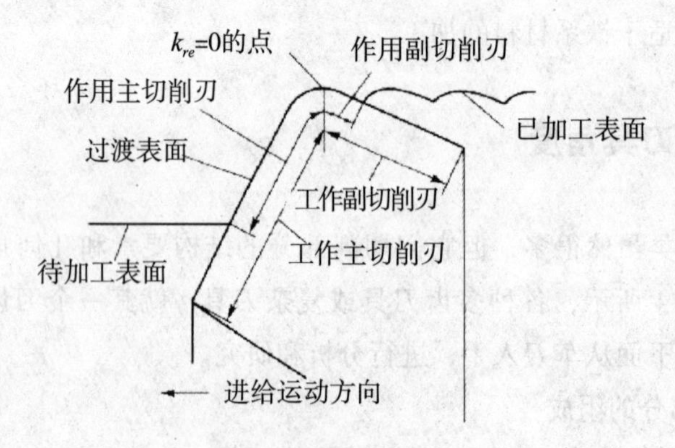

图 2－16　切削刃

2. 刀具静止参考系

刀具的几何角度需要有适当的参考平面作为参照才能表明其大小。用于刀具设计、制造、刃磨及测量的几何角度，称为静止角度或标注角度。这些角度需要在静止参考系中定义和标注。

刀具静止参考系主要包括基面、切削平面、正交平面和假定工作平面等（图2－17）。

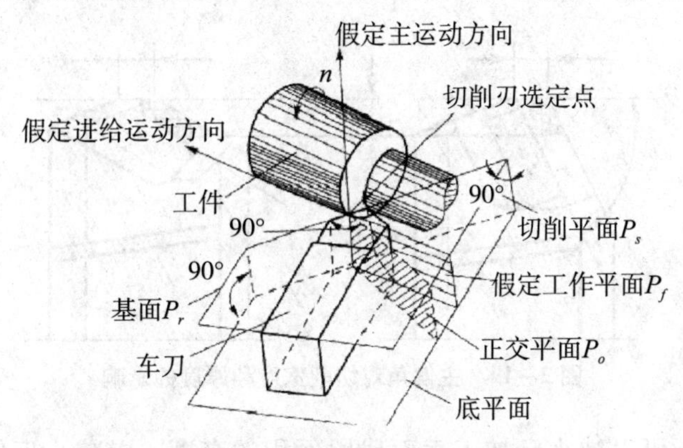

图2－17　刀具静止参考系的平面

（1）基面 P_r：通过切削刃某选定点，与假定主运动方向相垂直的平面。

（2）切削平面 P_s：通过切削刃某选定点，与切削刃相切且垂直于基面的平面。

（3）正交平面（主剖面）P_o：通过切削刃某选定点，同时垂直于基面与切削平面的平面。

（4）假定工作平面 P_f：通过切削刃某选定点，垂直于基面并平行于假定进给运动方向的平面。

3. 车刀的主要角度

刀具在设计、制造、刃磨和测量时，用刀具静止参考系中的角度来标明切削刃和刀面的空间位置，故这些角度又称为标注角度（图2－18）。

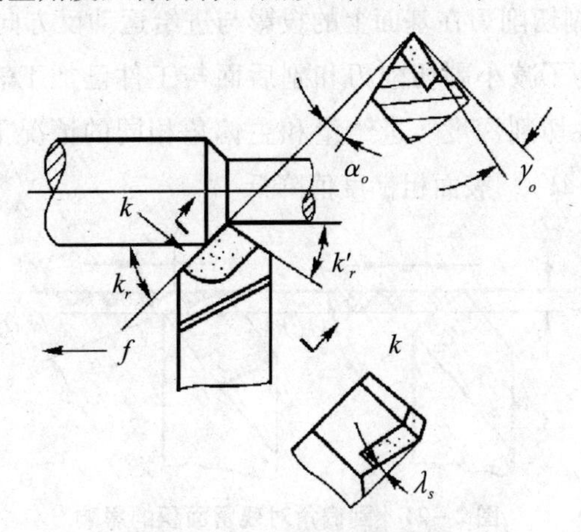

图2－18　车刀的主要角度

（1）主偏角 k_r：主切削刃在基面上的投影与进给运动方向的夹角。

主偏角的大小影响切削条件和刀具寿命，如图 2－19 所示。在进给量和切削深度相同的情况下，减小主偏角可以使刀刃参与切削的长度增加，切屑变薄，因而使刀刃单位长度上的切削负荷减轻。同时加强了刀尖强度，增大了散热面积，从而使切削条件得到改善，提高刀具寿命。

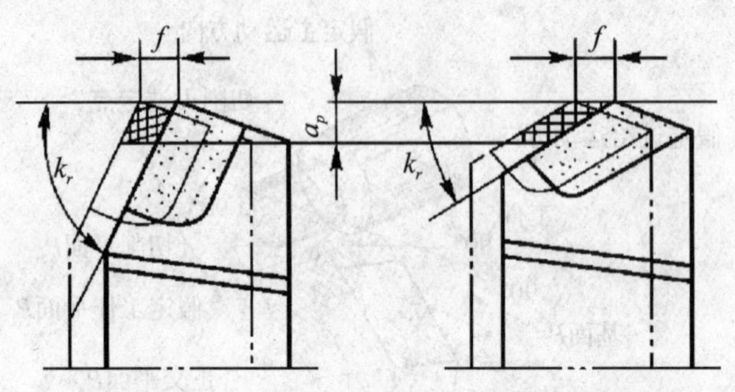

图 2－19　主偏角对切削宽度和厚度的影响

减小主偏角还可以减小已加工表面残留面积的高度，以减小工件的表面粗糙度，如图 2－20 所示。但是，减小主偏角会使切深抗力增大。当加工刚性较差的工件时，为避免工件变形和振动，应选用较大的主偏角。车刀常用的主偏角有 45°、60°、75°、90°几种。

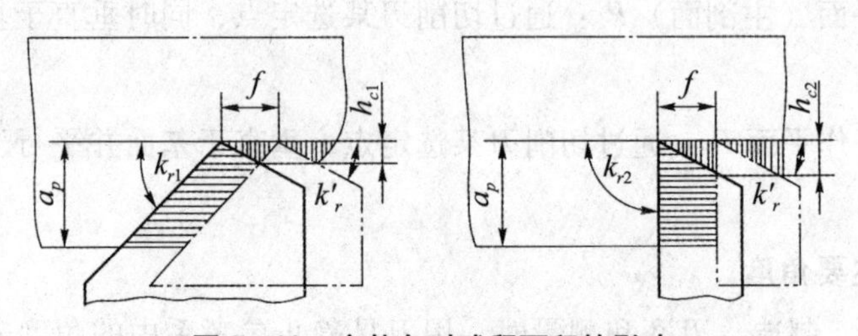

图 2－20　主偏角对残留面积的影响

（2）副偏角 k'_r：副切削刃在基面上的投影与进给运动反方向的夹角。

副偏角的作用是为了减小副切削刃和副后面与工件已加工表面之间的摩擦，以防止切削时产生振动。在切削深度、进给量和主偏角相同的情况下，减小副偏角可以使残留面积减小（图 2－21），表面粗糙度值降低。

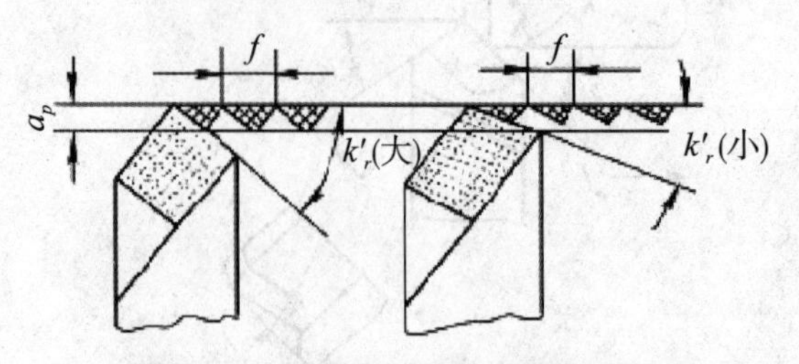

图 2－21　副偏角对残留面积的影响

副偏角的大小主要根据表面粗糙度的要求来选取，一般为5°～15°。粗加工取较大值，精加工取较小值。

（3）前角γ_o：前面与基面夹角（图2－22）。

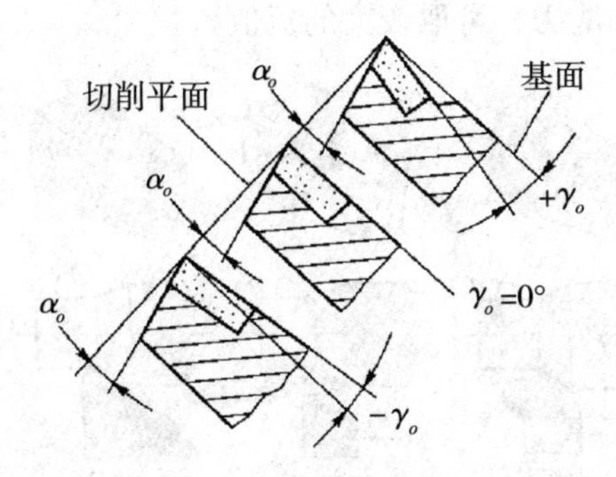

图2－22　前角的正与负

前角对切削的难易程度有很大影响。增大前角能使车刀锋利，切削轻快，减小切削力和切削热（图2－23）。但前角过大，刀刃和刀尖的强度下降，刀具导热体积减小，影响刀具使用寿命。前角的大小对加工工件的表面粗糙度及排屑、断屑的情况都有一定的影响。用硬质合金车刀切削结构钢件，γ_o可取10°～20°；切削灰铸铁件，γ_o可取5°～15°。

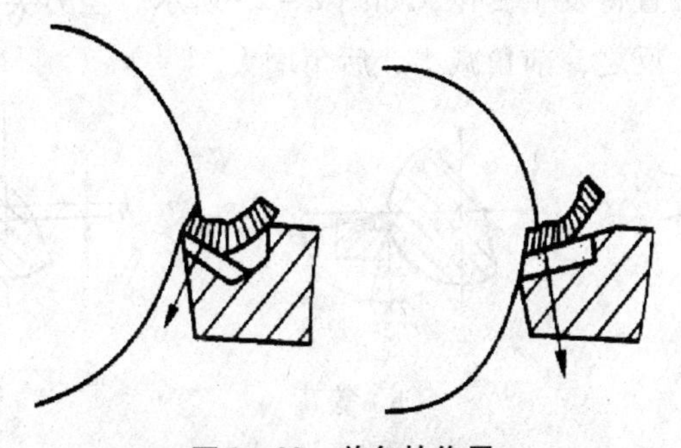

图2－23　前角的作用

（4）后角α_o：主后面与切削平面夹角（图2－22）。

后角的作用是为了减小后刀面与工件之间的摩擦以及减少后刀面的磨损。但后角不能过大，否则同样会使切削刃的强度下降。

粗加工和承受冲击载荷的刀具，为了使刀刃有足够的强度，应取较小的后角，一般为5°～7°；精加工时，为保证加工工件的表面质量，应取较大的后角，一般为8°～12°；高速钢刀具的后角可比同类型的硬质合金刀具稍大一些。

（5）刃倾角λ_s：主切削刃与基面夹角。

刃倾角主要影响主切削刃的强度和切屑流出的方向。如图2－24所示，当主切削刃与基面重合时，λ_s为零，切屑向着与主切削刃垂直的方向流出；当刀尖处于主切削刃最高点时，λ_s为正值，主切削刃强度较差，切屑向待加工表面流出，不影响加工表面质量；当刀尖处于主切削刃最低点时，λ_s 为负值，主切削刃强度较好，切屑向已加工表面流出，可能擦伤加工表面。车刀的刃倾角一般在 -5°～5°选取。粗加工时为增强刀头，λ_s 常用负值；精加工时为了防止切屑划伤已加工表面，λ_s 常用正值或零度值。有时为提高刀具耐冲击的能力，可取较大的负值。

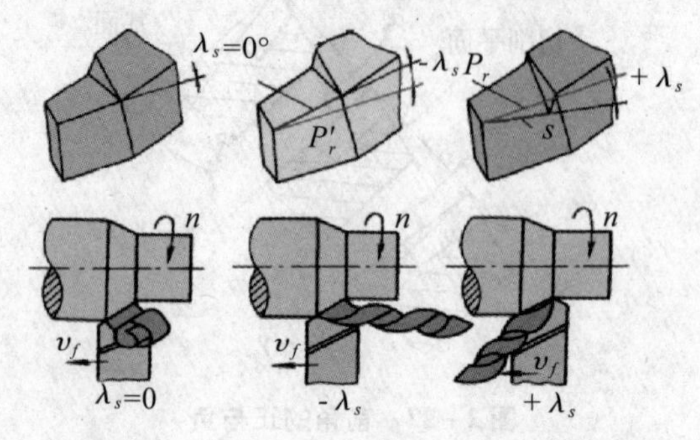

图 2-24　刃倾角及其对切屑流出方向的影响

4. 刀具的工作角度

刀具的工作角度是刀具在切削过程中的实际切削角度。

车刀的安装对工作角度有影响。安装车刀时，刀尖如果高于或低于工件回转轴线，则切削平面和基面的位置将发生变化，如图 2-25 所示。当刀尖高于工件回转轴线时，前角增大，后角减小；反之，前角减小，后角增大。

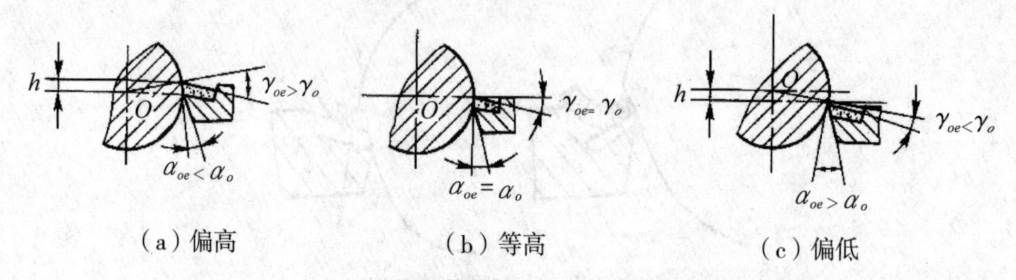

图 2-25　外圆车刀安装高低对前角和后角的影响

如果车刀刀杆中心线安装的方向与进给方向不垂直，车刀的主、副偏角将发生变化，如图 2-26 所示。刀杆右偏，则主偏角增大，副偏角减小，如图 2-26（a）所示；反之，主偏角减小，副偏角增大，如图 2-26（c）所示。

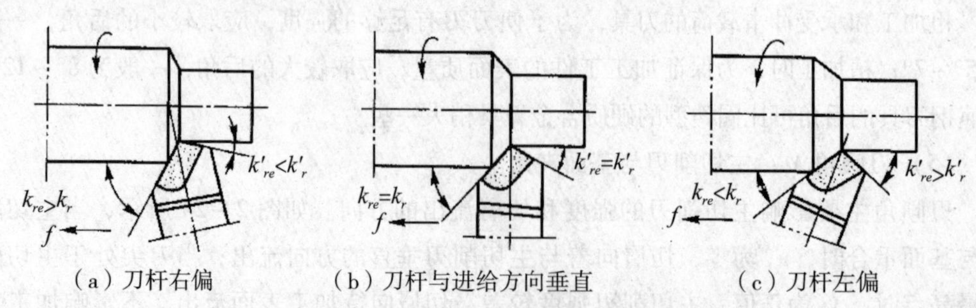

图 2-26　刀杆装偏对主偏角和副偏角的影响

5. **刀具结构**

车刀按结构可分为整体车刀、焊接车刀、机夹车刀和可转位车刀。早期使用的车刀，多半是整体结构，对贵重的刀具材料消耗较大。焊接车刀的结构简单、紧凑、刚性好，使用灵活，可以根据加工条件和加工要求刃磨其几何参数，所以，目前应用仍较为普遍。但是刀片经过高温焊接后，切削性能有所降低；刀杆不能重复使用，浪费原材料；换刀及对刀时间较长，不适用自动机床、数控机床和机械加工自动线，与现代化生产不相适应。

为了避免高温焊接所带来的缺陷，提高刀具切削性能，并使刀柄能多次使用，可采用机夹车刀。其主要特点是刀片与刀柄是两个可拆开的独立元件，工作时靠夹紧元件把它们紧固在一起。

随着自动机床、数控机床和机械加工自动线的发展，无论焊接车刀还是机夹车刀，都由于换刀、调刀等会造成停机时间损失，不能适应需要，因此研制了机夹可转位车刀。可转位车刀是使用可转位刀片的机夹车刀（图 2－27）。可转位车刀的组成如图 2－28 所示。刀垫、刀片套装在刀杆的夹固元件上，由该元件将刀片压向支承面而紧固。车刀的前后角靠刀片在刀杆槽中安装后获得。一条切削刃用钝后可迅速转位换成相邻的新切削刃，即可继续工作，直到刀片上所有切削刃均已用钝，刀片才报废回收。更换新刀片后，车刀又可继续工作。

图 2－27 95°外圆可转位机夹车刀

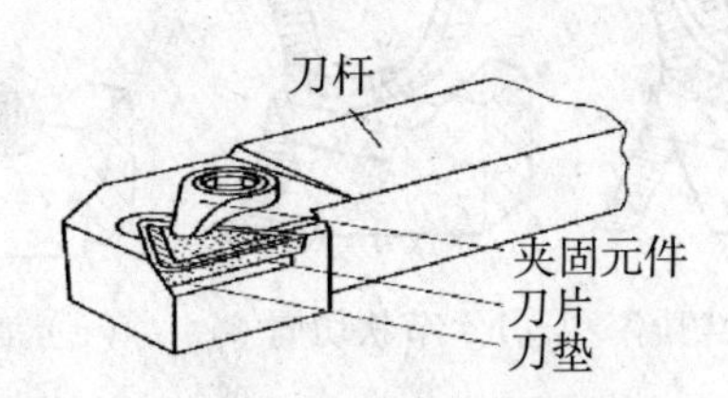

图 2－28 可转位车刀的组成

与焊接车刀相比，可转位车刀具有下述优点。

（1）避免了因焊接而引起的缺陷，在相同的切削条件下刀具切削性能大幅提高。

（2）在一定条件下，卷屑、断屑稳定可靠。

（3）刀片转位后，仍可保证切削刃与工件的相对位置，减少了调刀停机时间，提高了生产效率。

（4）刀片一般不需要重磨，有利于涂层刀片的推广使用。

（5）刀体使用寿命长，可节约刀体材料及制造费用。

由于上述优点，可转位刀具被列为国家重点推广项目，也是刀具的发展方向。

2.6 金属切削过程

金属切削过程是指用刀具从工件表面切除多余金属层，形成切屑和已加工表面的过程。该过程实际上就是切屑的形成过程。伴随着切屑的形成，会产生切削变形、积屑瘤、切削力、切削热和刀具磨损等物理现象。

2.6.1 切削过程

金属切削过程实质上是被切削金属层在刀具偏挤压作用下产生剪切滑移的塑性变形过程。刀具和工件接触时，材料受到挤压，内部产生应力和弹性变形。当外力增大时，材料内部应力和弹性变形增大，当剪应力达到材料屈服强度时，材料将沿着与走刀方向成45°的剪切面滑移，产生塑性变形，外力继续增大，滑移量增加，切削层金属与工件基体分离，形成切屑，沿前刀面流出。

2.6.2 切屑种类

由于金属材料的性能不同，切屑形成过程也不相同。切屑一般可分为以下三类（图2－29）。

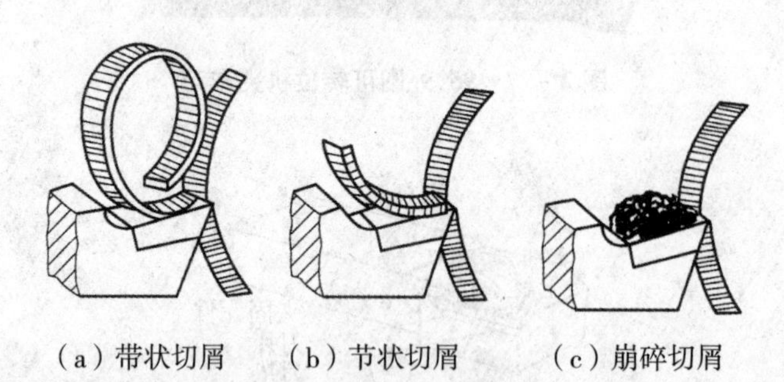

（a）带状切屑　（b）节状切屑　（c）崩碎切屑

图2－29　切屑的种类

（1）带状切屑：使用较大前角的刀具并选用较高的切削速度、较小的进给量和切削深度，切削硬度较低的塑性材料时，形成连绵不断的带状切屑，如图2－29（a）所示。带状切屑会缠绕在刀具或工件上，损坏刀刃，刮伤工件，且清除和运输也不方便，常成为影响正常切削的主要原因，因此要采取断屑措施。

（2）节状切屑：一般用较低的切削速度粗加工中等硬度的塑性材料时，容易得到这类切屑，如图2－29（b）所示。金属材料经过弹性变形、塑性变形、挤压、切离等阶段，这是最典型的切削过程。由于变形较大，切削力也较大，且有波动，因此工件表面较粗糙。

（3）崩碎切屑：在切削铸铁和黄铜等脆性材料时，切削层金属发生弹性变形以后，一般不经过塑性变形就突然崩碎，形成不规则的碎块状屑片，即为崩碎切屑，如图2－29（c）所示。产生崩碎切屑时，切削热和切削力都集中在主切削刃和刀尖附近，刀尖容易产生振动，影响工件表面粗糙度。

切屑的形状可以随切削条件的不同而改变。在生产中，常根据具体情况采取不同的措施来得到需要的切屑，以保证切削加工的顺利进行。例如，加大前角、提高切削速度或减小切削厚度，可将节状切屑转变成带状切屑，使加工的表面更加光洁。

2.6.3　积屑瘤

切削塑性较大的金属材料（如钢、铝合金）时，在切削速度不高、形成带状切屑的情况下，常常有一些从切屑和工件上遗落下来的金属冷焊并层积在前刀面上，形成硬度很高的楔块，能代替刀面和切削刃进行切削，这一小硬块被称为积屑瘤（图2－30）。它的硬度为工件材料的2～3倍。

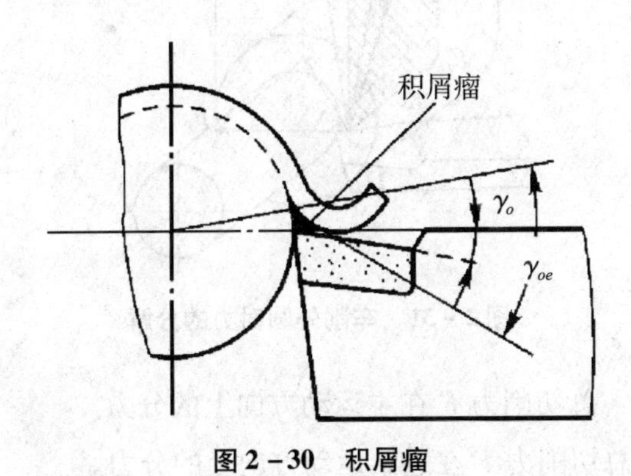

图2－30　积屑瘤

1. 积屑瘤的形成过程

切屑在前刀面上流动，产生黏结，底层金属形成滞流层，滞流层以上的金属流过时产生内摩擦，底面上的金属变形，发生加工硬化，被阻滞并与底层黏在一起，逐渐扩大，形成积屑瘤。积屑瘤形成是一个动态过程：局部形成、长大、局部断裂或脱落，上述过程是反复进行的。

2. 积屑瘤对切削过程的影响

由于积屑瘤经过了强烈的变形，硬化效果明显，一般比工件本身的硬度大，因此能保护切削刃，增大刀具的实际工作前角，使切削变得轻快。

随着切削的继续进行，积屑瘤会逐渐增大。在增大到一定大小以后，由于切削过程中的冲击、振动等原因，积屑瘤会脱落并被工件或切屑带走。所以，积屑瘤时大时小、时现时消，极不稳定，容易引起振动，使已加工表面粗糙度值增大，因此精加工时应该避免积屑瘤的产生。

3. 控制积屑瘤的措施

切削速度为15 ~ 25m/min时最易形成积屑瘤，选择合适的切削速度是减小积屑瘤的措施之一。此外，改变工件材料的力学性能，将材料进行正火、调制，增大刀具前角、减小进给量、减小前刀面粗糙度值以及合理使用冷却润滑液，均可减小积屑瘤。

2.6.4 切削力及切削功率

1. 切削力的构成与分解

以车削外圆为例，总切削力 F 一般常分解为以下三个互相垂直的分力（图2 - 31）。

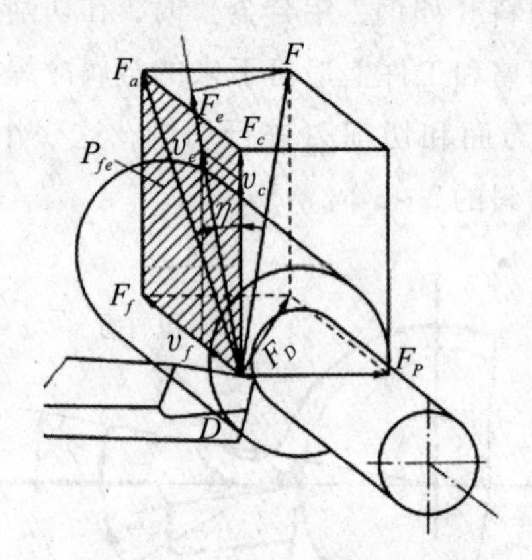

图2 - 31 车削外圆时力的分解

（1）主切削力 F_c：总切削力 F 在主运动方向上的分力。

（2）进给力 F_f：总切削力 F 在进给运动方向上的分力。

（3）背向力 F_p：总切削力 F 在垂直于工作平面方向上的分力。

三个切削分力与总切削力 F 有如下关系：

$$F = \sqrt{F_c^2 + F_f^2 + F_p^2} \qquad (2-8)$$

一般情况下，主切削力 F_c是三个分力中最大的一个，进给力 F_f次之，背向力 F_p最小。

F_c、F_f、F_p之间的近似关系如下：

$$F_p = (0.4 \sim 0.5)\ F_c$$

$$F_f = (0.3 \sim 0.4)\ F_c$$

因此，除特殊情况外，通常所说的切削力就是指主切削力。

2. 切削力的估算

切削力的大小一般用经验公式来计算。经验公式是根据影响主切削力的各个因素通过大量的试验得来的，如工件材料、切削用量、刀具角度、切削液和刀具材料等。一般情况下，对切削力影响比较大的是工件材料和切削用量。经验公式是建立在实验的基础上的，并综合了影响切削力的各个因素，总结出各种修正系数。例如，车削外圆时，计算切削力的经验公式如公式（2－9）所示。

$$F_c = C_{F_c} a_p^{x_{F_c}} f^{y_{F_c}} v_c^{n_{F_c}} K_{F_c} \quad (2-9)$$

式中：C_{F_c}——与工件材料、刀具材料及切削条件等有关的系数；

a_p——背吃刀量（mm）；

f——进给量（mm/r）；

x_{F_c}、y_{F_c}、n_{F_c}——指数；

K_{F_c}——切削条件下不同时的修正系数。

经验公式中的系数和指数，可从有关资料（如《切削用量手册》等）中查出。例如，用 $\gamma_o = 15°$、$k_r = 75°$ 的硬质合金车刀车削结构钢件外圆时，$C_{F_c} = 1609$，$x_{F_c} = 1$，$y_{F_c} = 0.84$。指数 x_{F_c} 比 y_{F_c} 大，说明背吃刀量对 F_c 的影响比进给量对 F_c 的影响大。

生产中，常用切削层单位面积切削力 k_c 来估算切削力 F_c 的大小，如公式 2－10 所示。因为 k_c 是切削力 F_c 与切削层公称横截面积 A_D 之比。

$$k_c = \frac{F_c}{A_D} = \frac{F_c}{a_p f} = \frac{F_c}{b_D h_D} \quad (2-10)$$

$$F_c = k_c \cdot A_D = k_c \cdot b_D \cdot h_D = k_c \cdot a_p \cdot f(N)$$

式中：k_c——切削层单位面积切削力（MPa，即 N/mm^2）；

b_D——是切削层公称宽度（mm）；

h_D——是切削层公称厚度（mm）。

k_c 的数值可从有关资料中查出，表 2－1 摘选了几种常用材料的 k_c 值。若已知实际的背吃刀量 a_p 和进给量 f，便可利用上式估算出切削力 F_c。

表 2－1　几种常用材料的 k_c 值

材料	牌号	制造、热处理状态	硬度（HBS）	k_c（MPa）
结构钢	45（40Cr）	热轧或正火	187（212）	1962
		调质	229（285）	2305
灰铸铁	HT200	退火	170	1118
铅黄铜	HPb59－1	热轧	78	736
硬铝合金	LY12	淬火及时效	107	834

3. 切削功率

单位时间内切削力做的功叫切削功率 P_m，等于同一瞬间切削刃基点上的切削力与切削速度的乘积。

$$P_m = \frac{F_c \times v_c}{1000 \times 60}(\mathrm{kW}) \tag{2-11}$$

式中：F_c——切削力（N）；

v_c——切削速度（m/s）。

机床电动机的功率 P_E 可以用下式计算：

$$P_E = P_m / \eta(\mathrm{kW}) \tag{2-12}$$

式中：η——机床传动效率，一般取 0.75 ~ 0.85。

2.6.5 切削热与切削温度

1. 切削热的产生和传导

在切削加工中，切削变形与摩擦所消耗的能量几乎全部转换为热能，这些热能称为切削热。切削热的主要来源有以下三种。

（1）切屑变形所产生的热量，是切削热的主要来源。

（2）切屑与刀具前面之间的摩擦所产生的热量。

（3）工件与刀具后面之间的摩擦所产生的热量。

切削热由切屑、刀具、工件和周围介质进行传导。

2. 切削温度、测量及影响因素

切削温度是指切削过程中切削区域的温度。切削温度能够改变前刀面的摩擦系数，改变工件材料的性能，影响已加工表面的质量、积屑瘤的产生以及零件的加工精度等。

常用的切削温度测定方法主要有自然热电偶法、热辐射法、人工热电偶法、热敏涂色法和远红外线法等。切削温度的高低，除了用仪器测定外，还可以通过观察切屑的颜色大致估计出来。例如切削碳钢时，切屑呈银白色或淡黄色则表示切削温度较低，切屑呈紫色或深蓝色则说明切削温度很高。

切削速度增加时，单位时间内产生的切削热随之增加，对温度的影响很大；进给量和背吃刀量增加时，切削力增大，摩擦也增大，所以切削热会增加。

工件材料的强度及硬度越高，切削做功越大，产生的切削热越多。例如，切钢时发热多，切铸铁时发热少，因为钢在切削时产生塑性变形所需的功大。

导热性好的工件材料和刀具材料，可以降低切削温度。主偏角减小时，切削刃参加切削的长度增加，导热条件好，可降低切削温度。前角的大小直接影响切削过程中的变形和摩擦，前角大时，产生的切削热少，切削温度低；但当前角过大时，会使刀具的导热条件变差，反而不利于切削温度的降低。

2.6.6 刀具磨损与耐用度

在切削过程中，刀刃由锋利逐渐变钝以致不能正常使用，这种现象称为刀具的磨损。

刀具磨损后，如继续使用，就会产生振动或噪声，并且此时切削力和切削温度急剧上升，因此，刀具不宜继续使用，必须卸下重磨，否则，会影响加工质量并增加刀具材料的消耗以及磨刀时间。

1. 刀具磨损形式

当刀具设计合理，制造、刃磨合格，使用正确，则刀具主要由于正常磨损而逐渐钝化。磨损主要分为三种形式（图2-32）：前刀面磨损、后刀面磨损、前后刀面同时磨损。

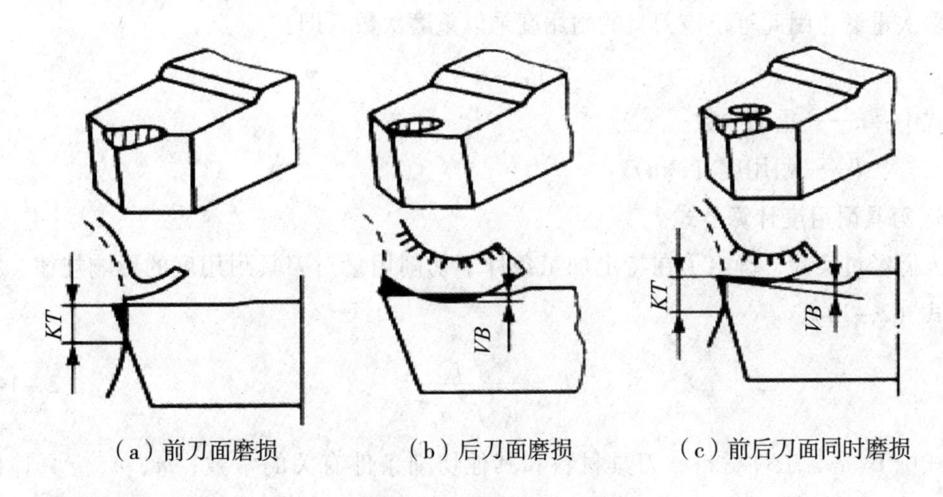

（a）前刀面磨损　（b）后刀面磨损　（c）前后刀面同时磨损

图2-32　刀具磨损的形式

注：*VB* 指后刀面磨损尺寸，*KT* 指前刀面磨损尺寸。

刀具磨损的过程可分为三个阶段（图2-33）：初期磨损阶段、正常磨损阶段、剧烈磨损阶段。经验表明，在刀具正常磨损阶段的后期、剧烈磨损阶段之前，换刀重磨为最好。这样既可保证加工质量，又能充分利用刀具材料。

2. 刀具耐用度和刀具寿命

（1）刀具耐用度是指刀具从开始切削至达到磨钝标准为止使用的切削时间，用 T 表示，也可以用达到磨钝标准所经过的切削行程长度或加工出的零件数表示。粗加工时，多以切削时间（min）表示刀具耐用度。例如，目前硬质合金焊接车刀的耐用度大致为60min，高速钢钻头的耐用度为80～120min，硬质合金端铣刀的耐用度为120～180min，齿轮刀具的耐用度为200～300min。精加工时，常以走刀次数或加工零件个数表示刀具的耐用度。

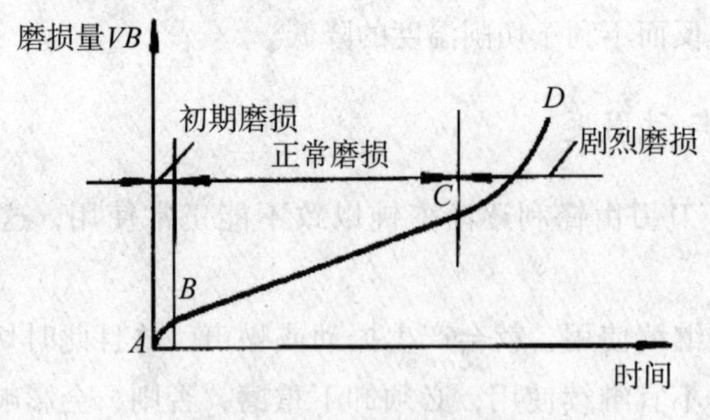

图 2－33　刀具磨损过程

刀具耐用度的大小反映了刀具磨损的快慢，可以用来比较相同加工条件下刀具材料的切削加工性能、判断刀具几何参数是否合理及选择切削用量等。

（2）刀具寿命是指一把新刀具从投入切削起到报废为止总的实际切削时间，其中包含多次重磨，因此等于该刀具的耐用度乘以重磨次数，即：

$$T_{总} = n \times T \tag{2-13}$$

式中：n——重磨次数；

T——耐用度（min）。

3．**刀具耐用度计算公式**

人们经过实验，确定了在特定加工条件下切削用量对刀具耐用度的影响规律，得到公式（2－14）。

$$T = \frac{C_T}{v_c^{\frac{1}{m}} f^{\frac{1}{n}} a_p^{\frac{1}{p}}} \tag{2-14}$$

式中 C_T是与工件材料、刀具材料和其他切削条件有关的常数；m、n、p 具体的取值可以从有关机械工程手册中查出。通过对各种切削情况下 m、n、p 的取值进行分析，切削速度对刀具耐用度影响最大，其次是进给量，切削深度影响最小。例如，当特定条件下硬质合金车刀切削抗拉强度为 $\delta_b = 736\text{MPa}$ 的碳素钢时，公式（2－14）会变成公式（2－15），从切削用量的指数大小，可以看出切削速度对刀具耐用度影响最大。

$$T = \frac{C_T}{v_c f^{2.25} a_p^{0.75}} \tag{2-15}$$

2.7　切削加工技术经济简析

2.7.1　切削加工主要技术经济指标

某方案的技术经济效果可用式（2－16）概括地描述。

$$E = \frac{V}{C} \tag{2-16}$$

式中：E——技术经济效果；

V——输出的使用价值，也称效益；

C——输入的劳动耗费。

劳动耗费是指生产过程中消耗与占用的劳动量、材料、动力、工具和设备等，这些往往以货币的形式表示，又称费用消耗。

使用价值是指生产活动创造出来的劳动成果，包括质量和数量两个方面。

人们在技术发展和生产活动中，都要力争取得最好的技术经济效果，即要尽量做到：使用价值一定，劳动耗费最小；或劳动耗费一定，使用价值最大。

全面地分析指标体系是一个较为复杂的问题，必要时可查阅“技术经济分析”有关资料，下面仅简要介绍切削加工的几个主要技术经济指标，即产品质量、生产率和经济性。

1. 产品质量

产品质量是指零件经切削加工后的质量，包括精度和表面质量。

1）精度

（1）尺寸精度：尺寸精度的高低，用尺寸公差的大小来表示。国家标准《产品几何技术规范（GPS）极限与配合　第1部分：公差、偏差和配合的基础》（GB/T 1800.1—2009）规定，标准公差分成18级，即IT1 ~ IT18（IT为“国际公差”），其中IT1 ~ IT13用于配合尺寸，其余用于非配合尺寸。数字越大，精度越低。

（2）形状精度：用形状公差来表示，如圆柱度、圆度、平面度等。

（3）位置精度：用位置公差的表示，如同轴度、平行度、垂直度等。形状公差和位置公差一般合称为几何公差。

（4）经济精度：是指在正常操作情况下所达到的精度。应当指出，由于在加工过程中有各种因素影响加工精度，即使是同一种加工方法，在不同的条件下所能达到的精度也不同。甚至在相同的条件下采用同一种方法，如果多费一些工时，细心地完成每一操作，也能提高它的加工精度，但这样做降低了生产率，增加了生产成本，因而是不经济的。所以，通常所说的某加工方法所达到的精度，是指在正常操作情况下所达到的精度，称为经济精度。设计零件时，首先应根据零件尺寸的重要性来决定选用哪一级精度，其次还应考虑本厂的设备条件和加工费用的高低。总之，选择精度的原则是在保证能达到技术要求的前提下，选用较低的精度等级。

2）表面质量

表面质量包括零件的表面结构、已加工表面加工硬化的程度和深度、表面剩余应力的性质和大小。

（1）零件的表面结构：主要是指零件表面的微观几何特性，它是因获得表面的工艺而形成的。零件的表面结构与零件的配合性质、耐磨性和抗腐蚀性等有着密切的关系，它影响机器或仪器的使用性能和寿命，因此，为了保证零件的使用性能和寿命，要规定对零件表面结构的要求。

国家标准规定用零件的表面轮廓参数来评定表面结构，并规定了三种类型的表面轮廓，即 R 轮廓（粗糙度轮廓）、W 轮廓（波纹度轮廓）和 P 轮廓（原始轮廓）。

常用的是 R 轮廓，也就是常说的表面粗糙度，其主要幅度参数有两个：一个是最大高度 R_z，就是在一定的取样长度内，最大轮廓峰高与最大峰谷高度之和；另一个是评定轮廓的算术平均偏差 R_a，即在一定的取样长度内，峰高和峰谷高度绝对值的算术平均值。

一般情况下，零件表面的尺寸精度要求越高，其形状和位置精度要求越高，表面粗糙度的值越小。但有些零件的表面，出于外观或清洁的考虑，要求光亮，而其精度不一定要求高，如机床手柄、面板等。

（2）已加工表面的加工硬化：在切削过程中，由于刀具前面的推挤以及后面的挤压与摩擦，工件已加工表面层的晶粒发生很大的变形，使其硬度与原来工件材料的硬度相比有显著提高，这种现象称为加工硬化。切削加工所造成的加工硬化，常常伴随着表面裂纹，因而降低了零件的疲劳强度和耐磨性。另外，硬化层的存在加速了后续加工中刀具的磨损。

（3）表面剩余应力：经切削加工后的表面，由于切削时力和热的作用，在一定深度的表层金属里，常常存在着剩余应力和裂纹，这会影响零件表面质量和使用性能。若各部分的剩余应力分布不均匀，还会使零件发生变形，影响尺寸和形位精度。这一点对刚度比较差的细长或扁薄零件影响更大。

因此，对于重要的零件，除限制表面粗糙度外，还要控制其表层加工硬化的程度和深度，以及表层剩余应力的性质（拉应力还是压应力）和大小。而对于一般的零件，则主要规定其表面粗糙度的数值范围。

2. 生产率

切削加工中，常以单位时间内生产的零件数量来表示生产率，如公式（2－17）所示：

$$R = \frac{1}{t_w} \qquad t_w = t_m + t_c + t_o \tag{2-17}$$

式中：R——生产率；

t_w——在机床上加工 1 个零件所用的总时间，包括三个部分，即t_m、t_c、t_o；

t_m——基本工艺时间，即加工 1 个零件所需的总切削时间，也称机动时间；

t_c——辅助时间，即除切削时间之外，与加工直接有关的时间，是工人为了完成切削加工而消耗于各种操作上的时间，如调整机床、空移刀具、装卸或刃磨刀具等时间；

t_o——其他时间，即除切削时间之外，与加工没有直接关系的时间，包括擦拭机床和找正工件、检验等时间。

由公式（2－17）可知，提高切削加工的生产率，实际上就是设法减少零件加工的基本工艺时间、辅助时间和其他时间。

以车削外圆为例（图2－34），基本工艺时间可用下式计算：

$$t_m = \frac{lh}{nf a_p} = \frac{\pi d_w lh}{1000 v_c f a_p}(\mathrm{s}) \qquad (2-18)$$

式中：l——车刀行程长度（mm，并有 $l = l_w$ 被加工外圆面长度）$+ l_1$（切入长度）$+ l_2$（切出长度）；

d_w——工件待加工表面直径（mm）；

h——外圆面加工余量之半（mm）；

v_c——切削速度（m/s）；

f——进给量（mm/r）；

a_p——背吃刀量（mm）；

n——工件转速（r/s）。

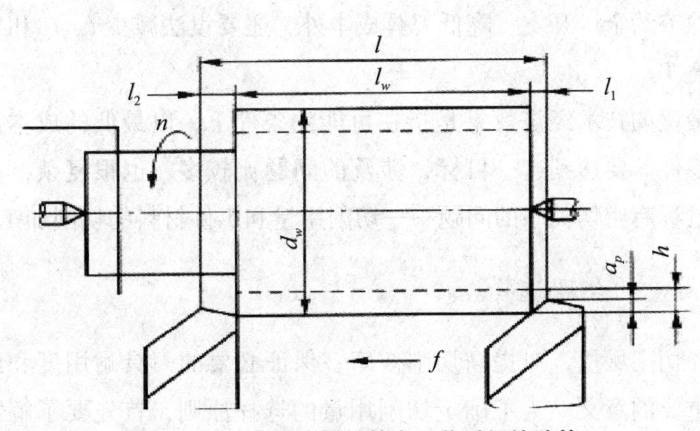

图2－34　车削外圆时基本工艺时间的计算

综合上述分析，提高生产率的主要途径如下：

（1）在可能的条件下，采用先进的毛坯制造工艺和方法，减小加工余量。

（2）合理地选择切削用量，粗加工时可采用强力切削（f 和 a_p 较大），精加工时可采用高速切削。

（3）在可能的条件下，采用先进的和自动化程度较高的工具、夹具、量具。

（4）在可能的条件下，采用先进的机床设备及自动化控制系统，例如，在大批量生产中采用自动机床，在多品种、小批量生产中采用数控机床计算机辅助制造等。

3. 经济性

在制定切削加工方案时，应使产品在保证其使用要求的前提下制造成本最低。产品的制造成本是指费用消耗的总和，它包括：①毛坯或原材料费用；②生产工人工资；③机床设备的折旧和调整费用；④工具、夹具、量具的折旧和修理费用；⑤车间经费和企业管理费用等。

若将毛坯成本扣除后，每个零件切削加工的费用可用下式计算：

$$C_w = t_w M + \frac{t_m}{T} C_t = (t_m + t_c + t_o) M + \frac{t_m}{T} C_t \qquad (2-19)$$

式中：C_w—— 每个零件切削加工的费用；

t_w——加工单位零件的总时间；

t_m——基本工艺时间；

M——单位时间分担的全厂开支，包括工人工资、设备和工具的折旧及管理费用等；

T——刀具耐用度；

C_t——刀具刃磨一次的费用。

由公式（2-19）可知，零件切削加工的成本，包括工时成本和刀具成本两部分，并且受基本工艺时间、辅助时间、其他时间及刀具耐用度的影响。若要降低零件切削加工的成本，除节约全厂开支、降低刀具成本外，还要设法减少 t_m、t_c 和 t_o，并保证一定的刀具耐用度 T。

切削加工最优的技术经济效果是指在可能的条件下，以最低的成本高效率地加工出质量合格的零件。要达到这一目标，涉及的问题比较多，也很复杂，本节仅讨论几个与金属切削过程有密切关系的问题——切削用量和工件材料的切削加工性等。

2.7.2 切削用量的合理选择

正确地选择切削用量，对提高切削效率、保证必要的刀具耐用度和经济性以及加工质量，都有重要的意义。为了确定切削用量的选择原则，首先要了解它们对切削加工的影响。

（1）对加工质量的影响：切削用量三要素中，切削深度和进给量增大，都会使切削力增大、工件变形增大，并可能引起振动，从而降低加工精度和增大表面粗糙度 R_a 值。进给量增大还会使残留面积的高度显著增大（图 2-35），表面会更加粗糙。切削速度增大时，切削力减小，可减小或避免积屑瘤，有利于加工质量和表面质量的提高。

（2）对基本工艺时间的影响：由公式（2-18）可知，切削用量三要素对基本工艺时间的影响是相同的。

（3）对刀具耐用度和辅助时间的影响：由刀具耐用度与切削用量之间关系的经验

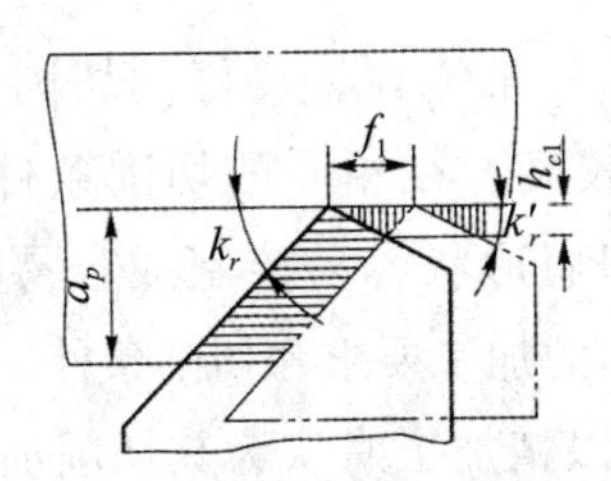

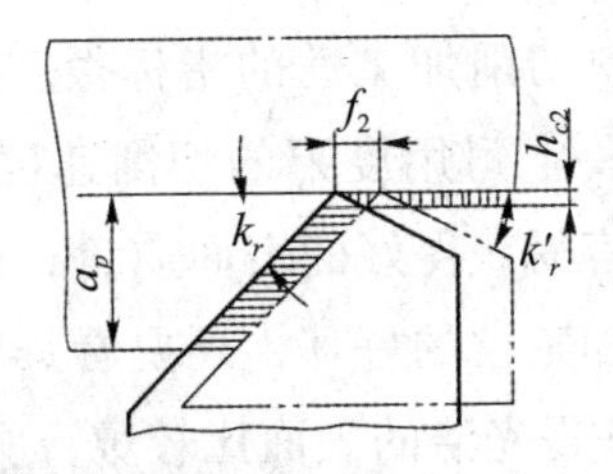

图 2-35 进给量对残留面积的影响

公式（2-14）可知，切削用量三要素对刀具耐用度的影响大不相同。在切削用量中，切削速度对刀具耐用度的影响最大，进给量的影响次之，切削深度的影响最小。也就是说，当提高切削速度时，刀具耐用度下降的速度，比增大同样倍数的进给量或切削深度时要快得多。由于刀具耐用度迅速下降，势必增加换刀或磨刀的次数，这样就增加了辅助时间，从而影响生产率的提高。

综合切削用量三要素对刀具耐用度、生产率和加工质量的影响，选择切削用量的顺序应为：首先选尽可能大的切削深度，其次选尽可能大的进给量，最后选尽可能大的切削速度。

粗加工时，应以提高生产率为主，同时还要保证规定的刀具耐用度。根据切削用量三要素对刀具耐用度影响的不同，粗加工时，一般选取较大的切削深度和进给量，切削速度不能太高。即在机床功率足够时，首先，应尽可能选取较大的切削深度，最好一次走刀将该工序的加工余量切完。只有在余量太大、机床功率不足、刀具强度不够时，才分两次或多次走刀将余量切完。切削表层有硬皮的铸、锻件或切削不锈钢等加工硬化较严重的材料时，应尽量使切削深度越过硬皮或硬化层深度。其次，根据机床、刀具、夹具、工件工艺系统的刚度，尽可能选择大的进给量。最后，根据工件的材料和刀具的材料确定切削速度。粗加工的切削速度一般选用中等或更低的数值。

精加工时，应以保证零件的加工精度和表面质量为主，同时也要考虑刀具耐用度和获得较高的生产率。精加工往往采用逐渐减小切削深度的方法来逐步提高加工精度。进给量的大小主要依据表面粗糙度的要求来选取。选择切削速度时要避开积屑瘤产生的切削速度区域，硬质合金刀具多采用较高的切削速度，高速钢刀具则采用较低的切削速度。一般情况下，精加工常选用较小的切削深度、进给量和较高的切削速度，这样既可保证加工质量，又可提高生产率。

切削用量的选取有计算法和查表法两种方法。但在大多数情况下，切削用量是根据给定的条件按有关切削用量手册中推荐的数值选取。

2.7.3 工件材料的切削加工性

1. 工件材料切削加工性的概念

工件材料被切削加工的难易程度，称为工件材料的切削加工性。

衡量工件材料切削加工性的指标很多。一般来说，良好的切削加工性是指：刀具耐用度较高或一定耐用度下的切削速度较高；在相同的切削条件下切削力较小，切削温度较低；容易获得好的表面质量；切屑形状容易控制或容易断屑。但衡量一种工件材料切削加工性的好坏，还要看具体的加工要求和切削条件。例如，纯铁切除余量很容易，但获得光洁的表面比较难，所以精加工时认为其切削加工性不好；不锈钢在普通机床上加工并不困难，但在自动机床上加工难以断屑，则自动加工时认为其切削加工性较差。

在生产和试验中，往往只取某一项指标来反映材料切削加工性的某一侧面。最常用的指标是一定刀具耐用度下的切削速度 v_T和相对加工性 K_r。v_T是指当刀具耐用度为 T 时，切削某种材料所允许的最大切削速度。v_T越高，表示材料的切削加工性越好。通常取 $T=60\text{min}$，则对应 v_T写作 v_{60}。切削加工性的概念具有相对性，所谓某种材料切削加工性的好与坏，是相对于另一种材料而言的。在判别材料的切削加工性时，一般以切削正火状态 45 号钢的 v_{60}作为基准，写作（v_{60}）j，而把其他各种材料的 v_{60}同它相比，其比值 K_r称为相对加工性，即：

$$K_r = v_{60} / (v_{60})\, j \tag{2-20}$$

常用材料的相对加工性 K_r分为 8 级，如表 2-2 所示。凡 $K_r>1$ 的材料，其切削加工性比 45 号钢好；$K_r<1$ 的材料，其切削加工性比 45 号钢差。K_r实际上也反映了不同材料对刀具磨损和刀具耐用度的影响。

表 2-2　常用材料切削加工性等级

加工性等级	名称及种类		相对加工性 K_r	代表性材料
1	很容易切削材料	一般有色金属	>3.0	5-5-5 铜铅合金、9-4 铝铜合金、铝镁合金
2	容易切削材料	易切削钢	$2.5<K_r\leqslant 3.0$	15Cr 退火，$\sigma_b=380\sim450\text{MPa}$ 自动机钢，$\sigma_b=400\sim500\text{MPa}$
3		较易切削钢	$1.6<K_r\leqslant 2.5$	30 钢正火，$\sigma_b=450\sim560\text{MPa}$
4	普通材料	一般钢与铸铁	$1.0<K_r\leqslant 1.6$	45 钢、灰铸铁
5		稍难切削材料	$0.65<K_r\leqslant 1.0$	2Cr13 调质，$\sigma_b=850\text{MPa}$ 85 钢，$\sigma_b=900\text{MPa}$
6	难切削材料	较难切削材料	$0.5<K_r\leqslant 0.65$	45Cr 调质，$\sigma_b=1050\text{MPa}$ 65Mn 调质，$\sigma_b=950\sim1000\text{MPa}$
7		难切削材料	$0.15<K_r\leqslant 0.5$	50CrV 调质、1Cr18Ni9Ti、某些钛合金
8		很难削材料	$\leqslant 0.15$	镍基高温合金

2. 改善工件材料切削加工性的途径

工件材料的切削加工性对生产率和表面质量有很大影响，因此在满足零件使用要求的前提下，应尽量选用加工性较好的材料。

工件材料的物理性能（如导热系数）和力学性能（如强度、塑性、韧性、硬度等）对切削加工性有着重大影响，但也不是一成不变的。在实际生产中，可采取一些措施来改善切削加工性。生产中常用的措施主要有以下两种。

（1）调整材料的化学成分。因为材料的化学成分直接影响其机械性能，如碳钢中，随着含碳量的增加，其强度和硬度一般都会提高，塑性和韧性降低，故高碳钢强度和硬度较高，切削加工性较差；低碳钢塑性和韧性较高，切削加工性也较差；中碳钢的强度、硬度、塑性和韧性都居于高碳钢和低碳钢之间，故切削加工性较好。

在钢中加入适量的硫、铅等元素，可有效地改善其切削加工性。这样的钢称为“易切削钢”，但只有在满足零件对材料性能要求的前提下才能这样做。

（2）采用热处理改善材料的切削加工性。化学成分相同的材料，当其金相组织不同时，机械性能就不一样，其切削加工性就不同。因此，可通过对不同材料进行不同的热处理来改善其切削加工性。例如，对高碳钢进行球化退火，可降低硬度；对低碳钢进行正火，可降低塑性，这些热处理措施都能改善切削加工性。白口铸铁可在91～950℃经10～20h的退火或正火，使其变为可锻铸铁，从而改善切削性能。

习题

1. 何谓切削用量三要素？怎样定义？

2. 刀具切削部分有哪些结构要素？试对这些要素下定义。

3. 为什么要建立刀具角度参考系？有哪两类刀具角度参考系？它们有什么差别？

4. 切削加工由哪些运动组成？它们各有什么作用？

5. 什么是主运动？什么是进给运动？它们各有何特点？分别指出车削圆柱面、铣削平面、磨外圆、钻孔时的主运动和进给运动。

6. 刀具的基本角度有哪些？它们是如何定义的？角度正负是如何规定的？

7. 工件转速固定，车刀由外向轴心进给时，车端面的切削速度是否有变化？若有变化，是怎样变化的？

8. 切削层参数包括哪几个参数？

9. 车外圆时，已知工件转速 $n=300\text{r/min}$，车刀进给速度 $v_f=60\text{mm/min}$，其他条件如图2－36所示，试求切削速度 v_c（m/s）、进给量 f、切削深度 a_p、切削厚度 h_D、切削宽度 b_D、切削面积 A_D。

10. 在CA6140机床上车削直径为80mm、长度180mm的45号钢棒料，选用的切削用量为 $a_p=4\text{mm}$、$f=0.5\text{mm/r}$、$n=240\text{r/min}$。试求：①切削速度；②如果 $k_r=45°$，计算切削层公称宽度 b_D、切削层公称厚度 h_D、切削层公称横截面积 A_D。

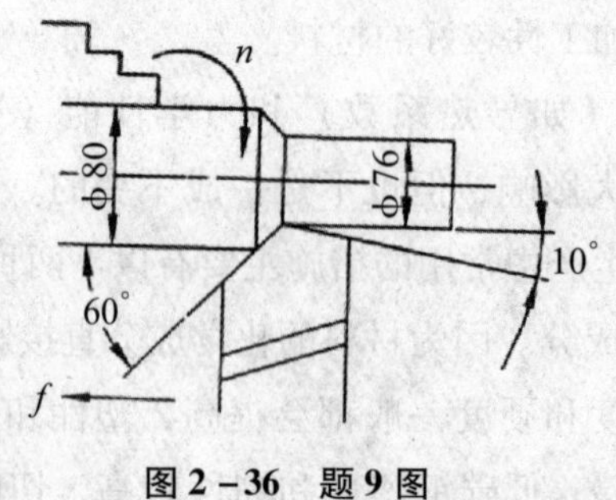

图 2-36 题 9 图

11. 在车床上车削一毛坯直径为 40mm 的轴，要求一次进给车至直径为 35mm。如果选用切削速度为 $v_c=110\text{m/min}$，试计算背吃刀量及主轴转数 n。

12. 已知工件材料为 HT200（退火状态），加工前直径为 70mm，用主偏角为 75°的硬质合金车刀车外圆时，工件每秒钟的转数为 6r，加工后直径为 62mm，刀具每秒钟沿工件轴向移动 2.4mm，单位切削力 k_c 为 1118N/mm^2。求：①切削用量三要素 a_p、f、v；②计算切削力和切削功率。

13. 什么是刀具耐用度？什么是刀具的寿命？

14. 简述刀具最大生产率耐用度和经济耐用度的概念。

15. 什么是材料的相对切削加工性？衡量材料的切削加工性还有哪些指标？

3 金属切削机床的基本知识

金属切削机床是用切削方法将金属毛坯加工成具有一定形状、尺寸和表面质量的机械零件的机器。由于它是制造机器的机器，通常又被称为工作母机或工具机，习惯上称为机床。

金属切削机床是人类在改造自然的长期生产实践中，在不断改进生产工具的基础上产生和发展起来的。最原始的机床是依靠双手的往复运动，在工件上钻孔；最初的加工对象是木料；为加工回转体，出现了依靠人力使工件往复回转的原始车床；在原始加工阶段，人既是机床的动力，又是操纵者。

机床是机械工业的基本生产设备，它的品种、质量和加工效率直接影响着其他机械产品的生产技术水平和经济效益。因此，机床工业的现代化水平和规模，以及所拥有机床的数量和质量是判断一个国家工业发达程度的重要标准之一。

本章主要介绍机床类型、机床构造及机床传动相关基本知识，主要内容如下：

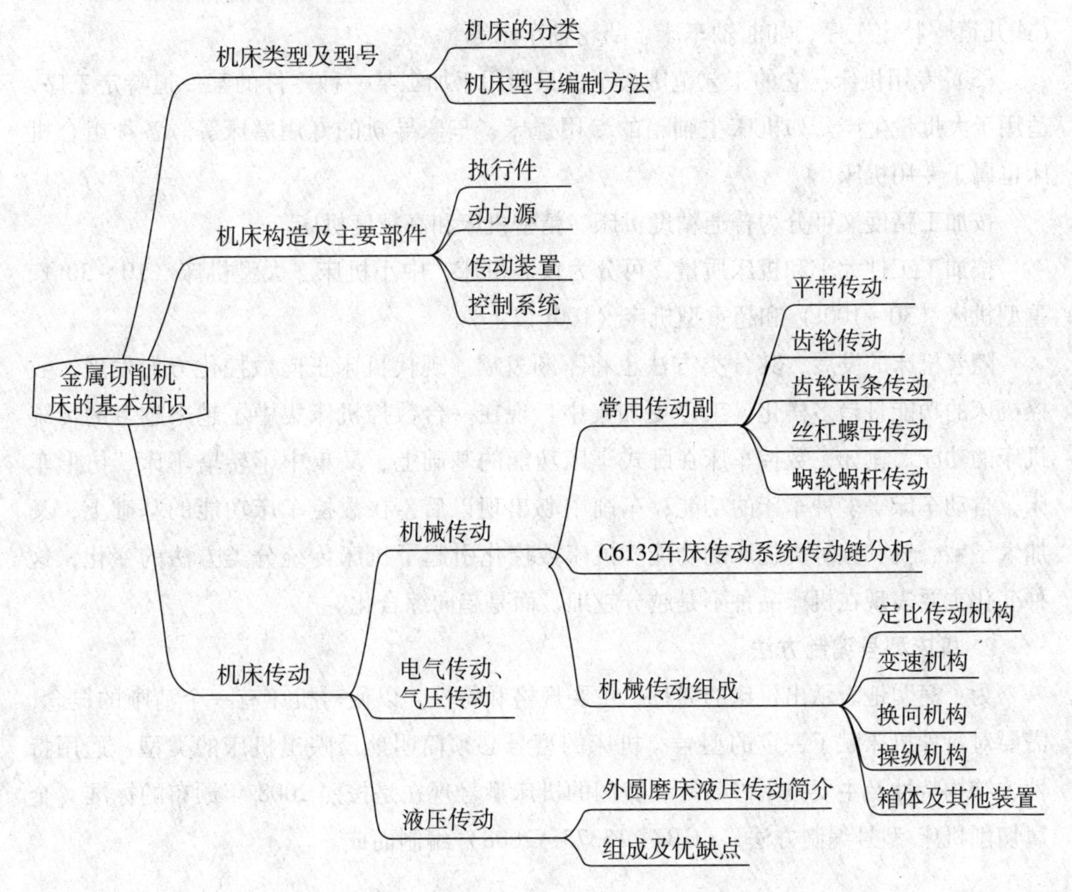

3.1 机床类型及型号

1. 机床的分类

金属切削机床的品种和规格繁多，为了便于区别、使用和管理，需对机床加以分类和编制型号。

机床的传统分类方法，主要是按加工性质和所用的刀具进行分类。根据我国制定的机床型号编制方法，目前将机床分为12大类，即车床、钻床、镗床、磨床、齿轮加工机床、螺纹加工机床、铣床、刨插床、拉床、超声波及电加工机床、切断机床、其他机床。每一大类中的机床，按结构、性能和工艺特点还可细分为若干组，每一组又细分为若干系（系列）。

同类型机床按应用范围（通用性程度）又可分为以下几种。

（1）普通机床：它可用于加工多种零件的不同工序，加工范围较广，通用性较大，但结构比较复杂。这种机床主要适用于单件、小批量生产，如卧式车床、万能升降铣床等。

（2）专门化机床：它的工艺范围较窄，专门用于加工某一类或几类零件的某一道（或几道）特定工序，如曲轴车床、凸轮轴车床等。

（3）专用机床：它的工艺范围最窄，只能用于加工某一种零件的某一道特定工序，适用于大批量生产。如机床主轴箱的专用镗床、车床导轨的专用磨床等。各种组合机床也属于专用机床。

按加工精度又可分为普通精度机床、精密机床和高精度机床。

按加工工件大小和机床质量，可分为仪表机床、中小机床、大型机床（10~30t）、重型机床（30~100t）和超重型机床（100t以上）。

随着机床的发展，其分类方法也将不断发展。现代机床正向数控化方向发展，数控机床的功能日趋多样化，工序更加集中。现在一台数控机床集中了越来越多的传统机床的功能。例如，数控车床在卧式车床功能的基础上，又集中了转塔车床、仿形车床、自动车床等多种车床的功能；车削中心出现以后，在数控车床功能的基础上，又加入了钻、铣、镗等类机床的功能。机床数控化引起了机床传统分类方法的变化，这种变化主要表现在机床品种不是越分越细，而是趋向综合化。

2. 机床型号编制方法

为了简明地表示出机床的名称、主要规格和特性，以便对机床有一个清晰的概念，需要对每种机床赋予一定的型号。机床的型号必须简明地反映出机床的类型、通用特性、结构特性及主要技术参数等。我国的机床型号现在是按照2008年颁布的标准《金属切削机床 型号编制方法》（GB/T 15375—2008）编制而成。

通用机床型号的编制方法如图3－1所示。机床类别代号用大写的汉语拼音字母表示；机床的特性代号，包括通用特性和结构特性，用大写的汉语拼音字母表示；机床主参数、设计序号、第二主参数的代号都用两位阿拉伯数字表示；机床重大改进序号一般用大写的汉语拼音字母表示。

【例】CA6140：C——类别代号（车床类机床）；A——结构特性代号，即在结构上区别C6140型卧式车床；6——组代号（落地及卧式车床组）；1——系代号（卧式车床系）；40——主参数（最大工件回转直径的1/10）。

XK5030：X——类别代号（铣床类机床）；K——通用特性代号（数控）；5——组代号（立式升降台铣床组）；0——系代号（立式铣床系）；30——主参数（工作台面宽度的1/10）。

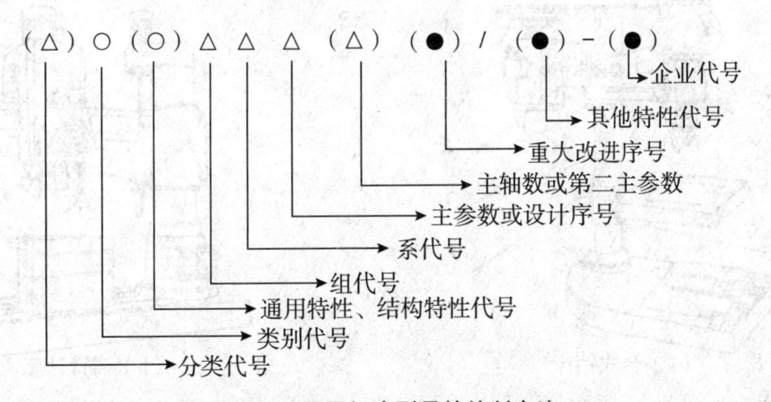

图3－1　通用机床型号的编制方法

注：△表示阿拉伯数字；○表示大写汉语拼音字母；（）表示可选项；●表示大写汉语拼音字母或阿拉伯数字或两者兼有之。

3.2　机床构造及主要部件

在各类机床中，车床、钻床、铣床、刨床、磨床是五种最基本的机床，它们的外形及组成如图3－2至图3－6所示。尽管机床的种类繁多，外形、布局和构造各不相同，但它们都由以下4个部分组成。

1. 执行件

执行件是执行机床运动的部件，如主轴、刀架、工作台等，其任务是带动工件或刀具完成一定形式的运动（旋转或直线运动）和保持准确的运动轨迹。

2. 动力源

动力源是提供运动和动力的装置，是执行件的运动来源。普通机床通常都采用三相异步电动机作为动力源，数控机床的动力源一般为直流或交流调速电动机和伺服电动机。

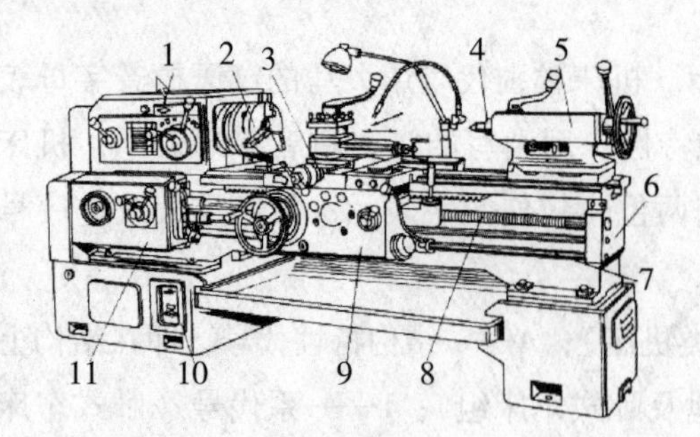

(a) 卧式车床

1—主轴箱；2—夹盘；3—刀架；4—后顶尖；5—尾座；6—床身；7—光杆；8—丝杠；9—溜板箱；10—底座；11—进给箱

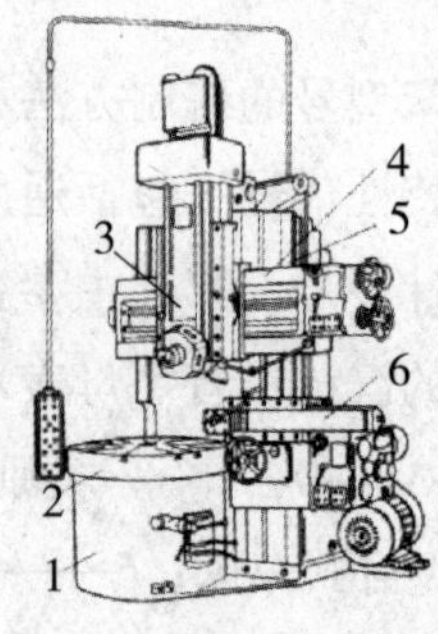

(b) 立式车床

1—底座（主轴箱）；2—工作台；3—垂直刀架；4—横梁；5—立柱；6—侧刀架

图 3－2　车床

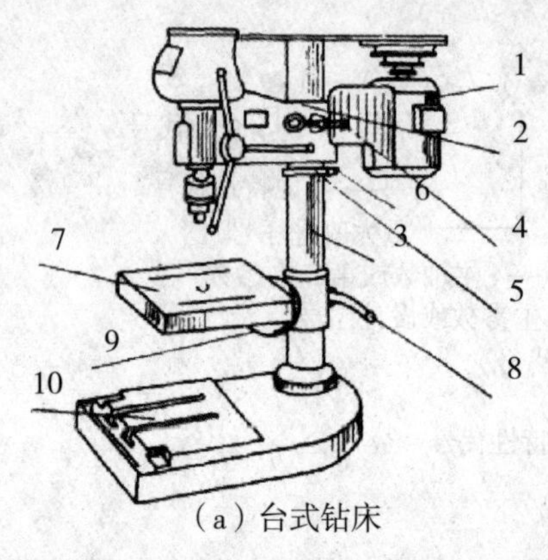

(a) 台式钻床

1—电动机；2—头架；3—圆立柱；4—手柄；5—保险环；6—紧固螺钉；7—工作台；8—锁紧手柄；9—锁紧螺钉；10—底座

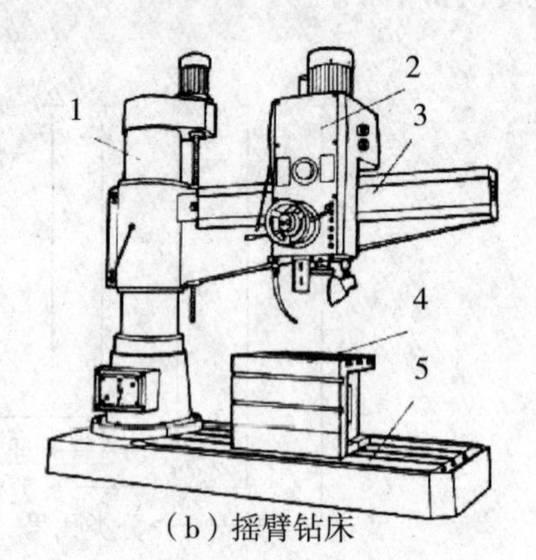

(b) 摇臂钻床

1—立柱；2—主轴箱；3—摇臂；4—工作台；5—底座；

图 3－3　钻床

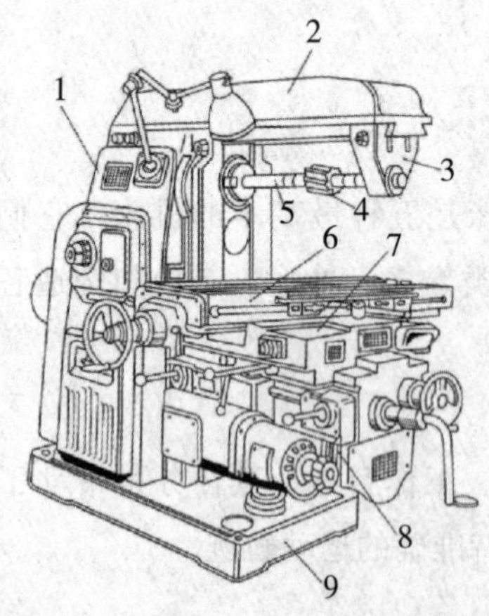

1—床身；2—悬梁；3—挂架；4—铣刀；5—铣刀心轴；6—工作台；7—滑座；8—升降台；9—底座

图 3－4　铣床

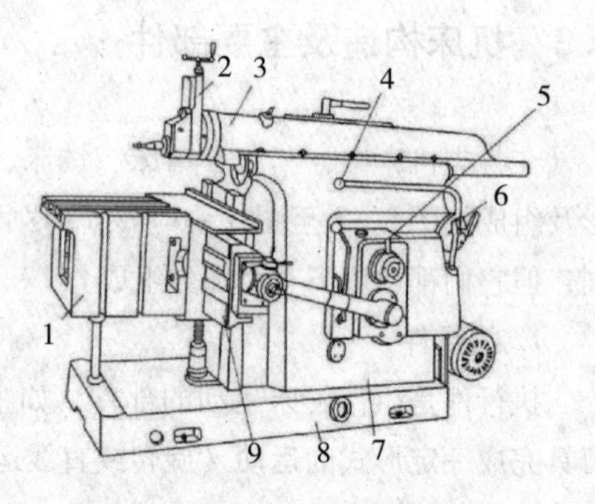

1—工作台；2—刀架；3—滑枕；4—操纵手柄；5—进给量调节手柄；6—变速手柄；7—床身；8—底座；9—横梁

图 3－5　刨床

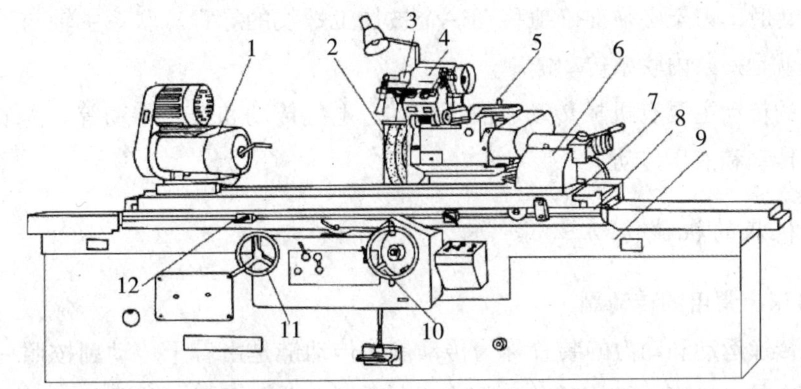

1—头架；2—砂轮；3—内圆磨具；4—磨架；5—砂轮架；6—尾座；7—上工作台；8—下工作台；9—床身；10—横向进给手轮；11—纵向进给手轮；12—换向挡块

图3-6　磨床

3. 传动装置

传动装置是传递运动和动力的装置，通过它把动力源的运动和动力传给执行件。通常，传动装置同时还需完成变速、变向、改变运动形式等任务，使执行件获得所需的运动速度、运动方向和运动形式。

4. 控制系统

控制系统是指控制机床的电动机启动、制动、正反转、调速等的电力拖动和控制电路组合的整体。机床电控系统通过对电动机的调速，可以实现机床的无级拖动。

3.3　机床传动

在机床上，为了得到所需要的运动，需要通过一系列的传动件把执行件和动力源（如把主轴和电动机），或者把执行件和执行件（如把主轴和刀架）之间连接起来，以构成传动联系。从首端件向末端件传递运动的一系列传动件的总和，称为传动链。

传动链可以分为外联系传动链和内联系传动链两大类。

外联系传动链是联系动力源和执行件的传动链。外联系传动链传动比的变化，只影响生产率或表面粗糙度等，不影响发生线的性质。因此，外联系传动链不要求动力源与执行件之间有严格的传动比关系。例如，在车床上用轨迹法车削外圆时，主轴的旋转和刀架的移动就是两个互相独立的成形运动，有两条外联系传动链，工件的旋转与刀架的移动之间没有严格的相对运动速度关系。

内联系传动链是联系两个有关的执行件的传动链。内联系传动链必须保证传动的精度，因而对传动链所联系的执行件之间的相对速度有严格的要求，用来保证运动轨迹的准确性。例如，在车床上车削螺纹，为了保证被加工螺纹导程的精度，主轴带动工件转一转时，刀架必须准确地移动一个被加工螺纹的导程。联系主轴与刀架之间的传动链，就是一条内联系传动链。

机床的传动主要有机械传动、液压传动、电气传动和气压传动等。本节只介绍机床的机械传动和液压传动。

3.3.1　机床的机械传动

1. 机床上常用的传动副

用来传递运动和动力的装置称为传动副，传动链是由若干传动副按照一定方法依次组合起来的。机床上常用的传动副有平带传动、齿轮传动、蜗轮蜗杆传动、齿轮齿条传动、丝杠螺母传动等。为了便于研究机床的传动系统，通常使用一些简明的符号把传动原理和传动路线表示出来，这就是传动原理图。常用的传动件及传动副简图符号如表3－1所示。

表3－1　常用传动件及传动副简图符号

名称	图形	符号	名称	图形	符号
空套连接	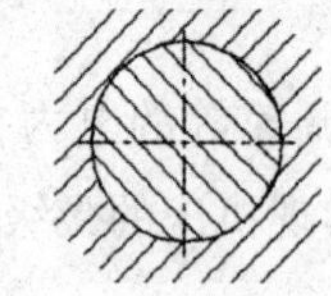	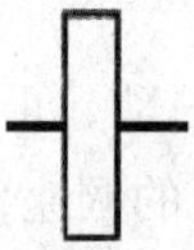	普通平键连接	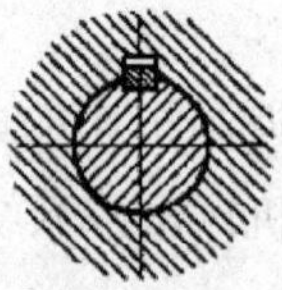	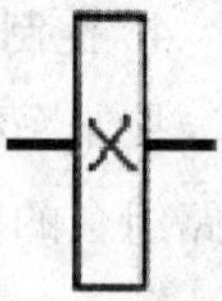
导向平键连接	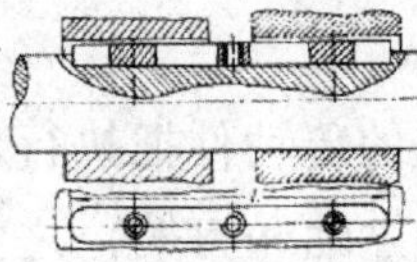		花键连接	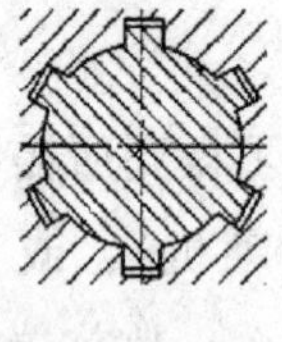	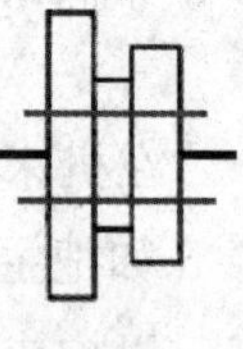
轴	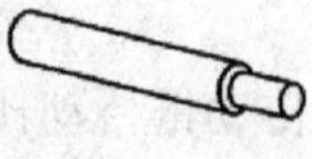		滑动轴承		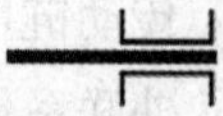
滚动轴承		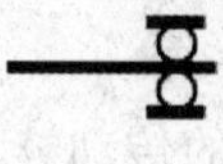	丝杠螺母传动		

续　表

名称	图形	符号	名称	图形	符号
平带传动	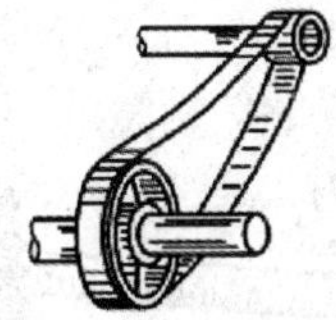	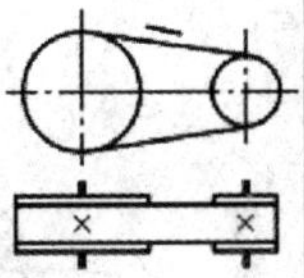	V带传动		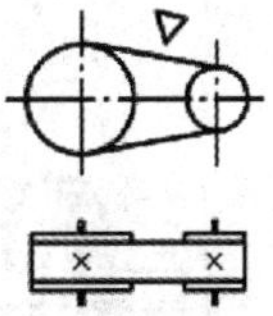
齿轮传动	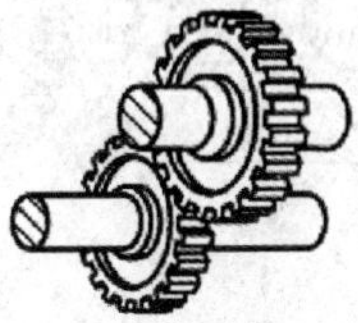	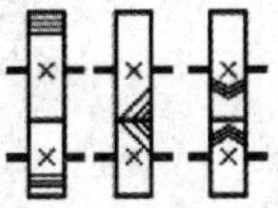	蜗轮蜗杆传动	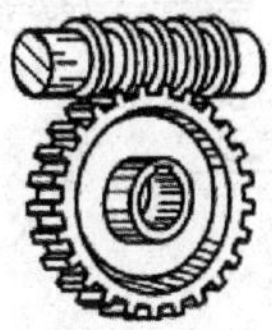	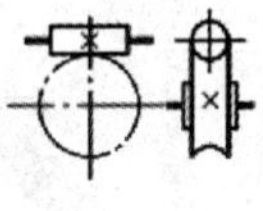
齿轮齿条传动		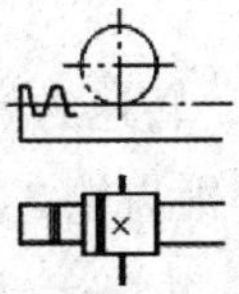	锥齿轮传动	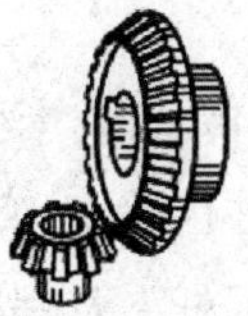	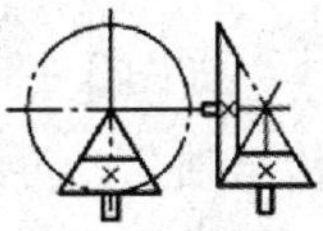

输出轴与输入轴转速之比称为传动比。传动链可以用传动结构式来表示：

$$-\mathrm{I}-\begin{Bmatrix} i_1 \\ i_2 \\ \vdots \\ i_m \end{Bmatrix}-\mathrm{II}-\begin{Bmatrix} i_{m+1} \\ i_{m+2} \\ \vdots \\ i_n \end{Bmatrix}-\mathrm{III}-\cdots \tag{3-1}$$

式中：罗马数字Ⅰ、Ⅱ、Ⅲ…表示传动轴，通常从首端件开始按运动传递顺序依次编写；大括号中是可能出现的传动副的传动比。

如图3－7（a）的传动结构式为：

$$-\mathrm{I}-\begin{Bmatrix} \dfrac{z_1}{z_2} \\ \dfrac{z_3}{z_4} \\ \dfrac{z_5}{z_6} \end{Bmatrix}-\mathrm{II} \tag{3-2}$$

图3－7（b）的传动结构式为：

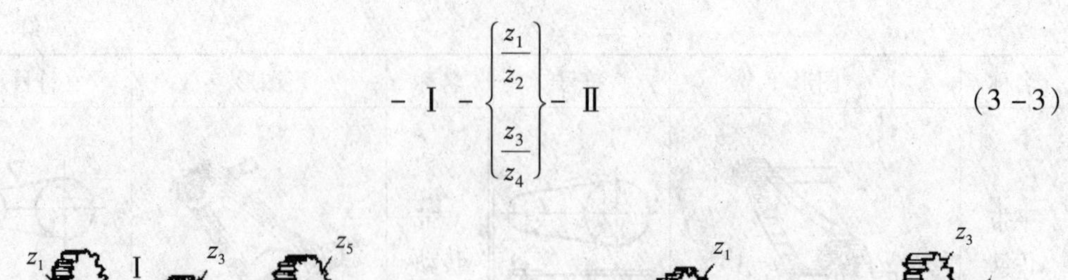

$$-\mathrm{I}-\left\{\begin{array}{c}\frac{z_1}{z_2}\\ \frac{z_3}{z_4}\end{array}\right\}-\mathrm{II} \qquad (3-3)$$

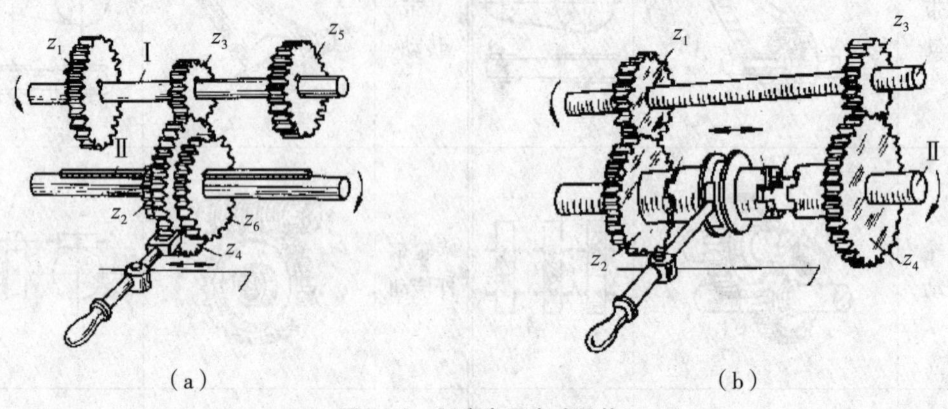

图 3－7　机床常用变速机构

如图 3－8 中的传动链，运动自轴 I 输入，转速为 n_1，经带轮 d_1、传动带和带轮 d_2 传至轴Ⅱ，再经圆柱齿轮 1、2 传到轴Ⅲ，经锥齿轮 3、4 传到轴Ⅳ，经圆柱齿轮 5、6 传到轴Ⅴ，最后经蜗杆 k 及蜗轮 7 传至轴Ⅵ，并把运动输出。求轴Ⅵ的转速 $n_{Ⅵ}$，可按下式计算：

$$n_{Ⅵ}=n_1 i_{总}=n_1 i_1 i_2 i_3 i_4 i_5=n_1\frac{d_1}{d_2}(1-\varepsilon)\frac{z_1}{z_2}\frac{z_3}{z_4}\frac{z_5}{z_6}\frac{k}{z_7} \qquad (3-4)$$①

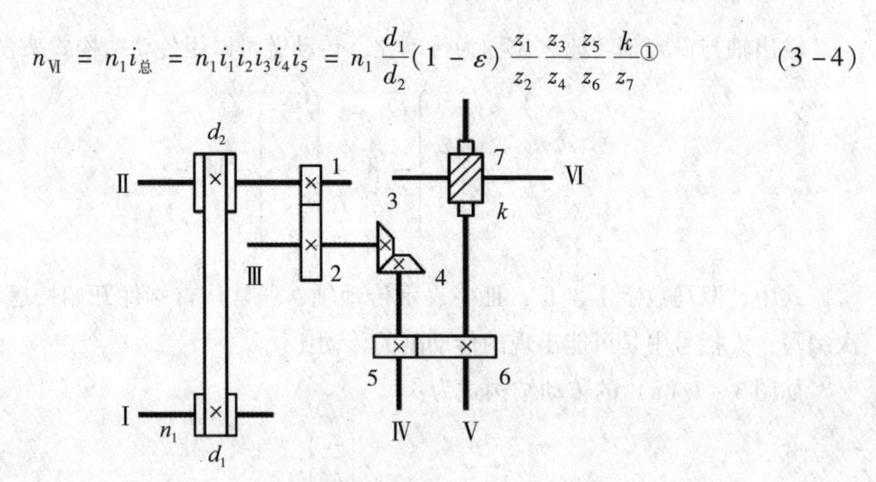

图 3－8　传动链

2. C6132 **车床传动简介**

图 3－9 为 C6132 车床传动系统，用规定的简图符号表示出整个机床的传动链。图 3－10 框 A 为主传动，框 B 为进给传动。主传动链如图 3－11 所示，则主运动传动路线

① 公式(3－4) 中 ε 为滑动率，一般滑动率为 1% ～2%。

表达式为：

$$\underset{(1440\text{r/min})}{\text{电动机}} - \text{I} - \begin{Bmatrix} 33/22 \\ 19/34 \end{Bmatrix} - \text{II} - \begin{Bmatrix} 34/32 \\ 22/45 \\ 28/39 \end{Bmatrix} - \text{III} - \phi176/\phi200 -$$

$$\text{IV} - \begin{Bmatrix} \text{M}_1 \text{ 右移 } 27/63 - \text{V} - 17/58 \\ \text{M}_1 \text{ 左移 } 27/27 \end{Bmatrix} - \text{主轴VI}$$

主轴转速的计算如下：

$$n_{主\max} = 1440 \times (33/22) \times (34/32) \times (176/200) \times (27/27) \times 0.98 \approx 1979(\text{r/min})$$

$$n_{主\min} = 1440 \times (19/34) \times (22/45) \times (176/200) \times (27/63) \times (17/58) \times 0.98 \approx 43(\text{r/min})$$

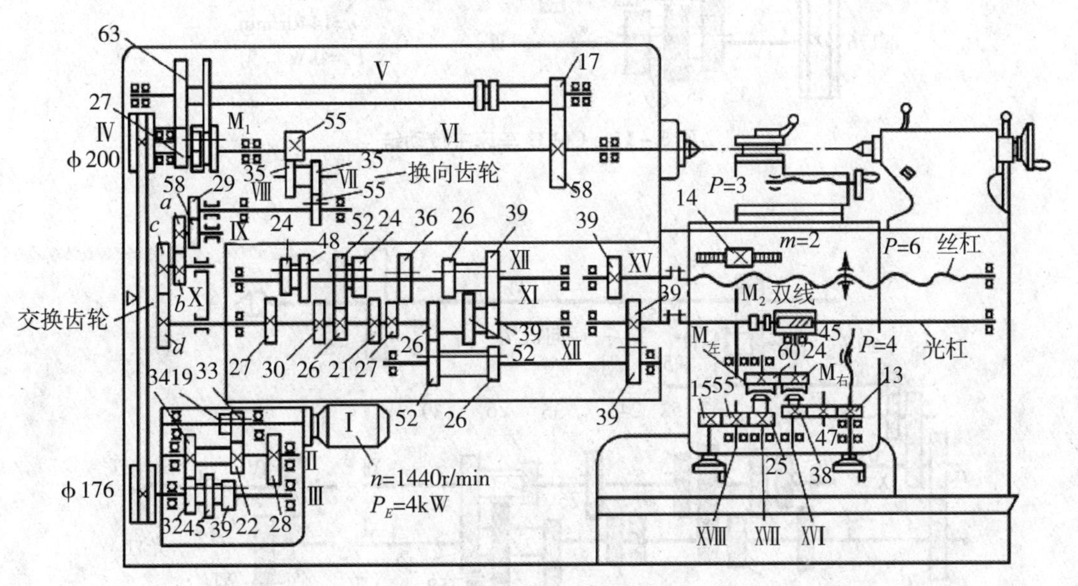

图 3-9　C6132 车床传动系统

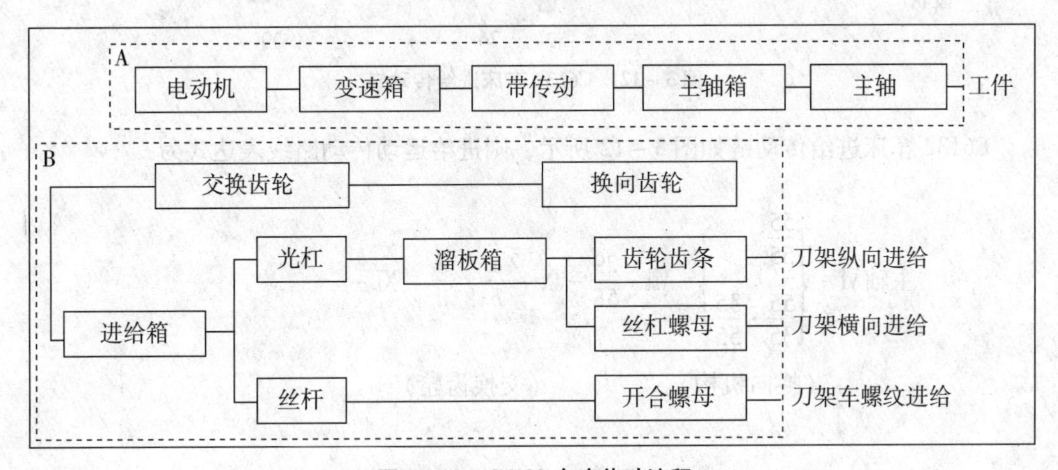

图 3-10　C6132 车床传动流程

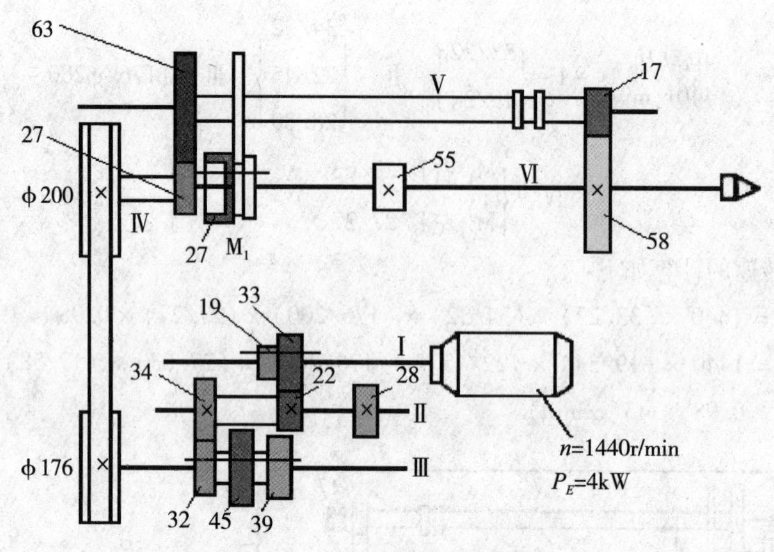

图 3－11　C6132 车床主传动链

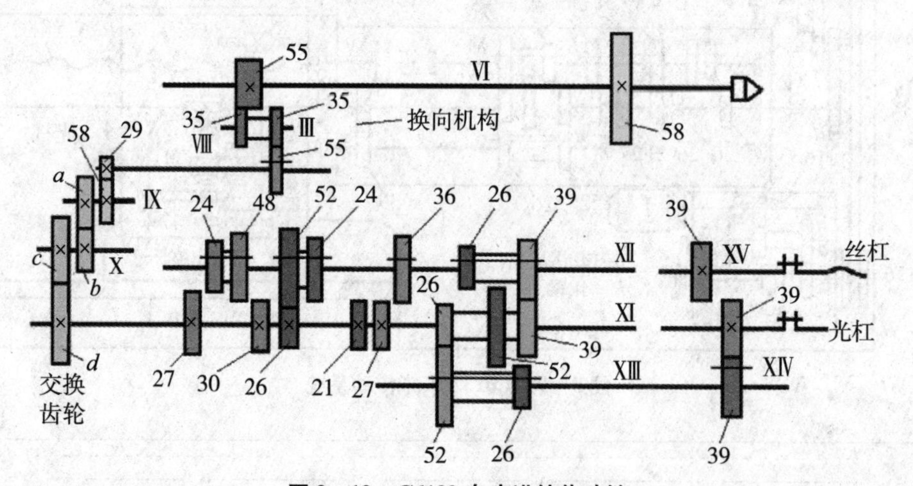

图 3－12　C6132 车床进给传动链

C6132 车床进给传动链如图 3－12 所示，则进给运动传动路线表达式为：

$$
\text{主轴Ⅵ} - \begin{bmatrix} \dfrac{55}{55} \\ \\ \dfrac{55}{35} \cdot \dfrac{35}{55} \end{bmatrix} - \text{Ⅷ} - \frac{29}{58} - \text{Ⅸ} - \frac{a}{b} \cdot \frac{c}{d} - \text{Ⅺ} -
$$

（换向机构）　　　　（交换齿轮）

$$\left\{\begin{array}{c}\dfrac{27}{24}\\[2mm]\dfrac{21}{24}\\[2mm]\dfrac{27}{36}\\[2mm]\dfrac{30}{48}\\[2mm]\dfrac{26}{52}\end{array}\right\}-\mathrm{XII}-\left\{\begin{array}{c}\dfrac{39}{39}\cdot\dfrac{52}{26}\\[2mm]\dfrac{26}{52}\cdot\dfrac{52}{26}\\[2mm]\dfrac{39}{39}\cdot\dfrac{26}{52}\\[2mm]\dfrac{26}{52}\cdot\dfrac{26}{52}\end{array}\right\}-\mathrm{XIII}-\left\{\begin{array}{l}\dfrac{39}{39}-\mathrm{XV}-\text{丝杠}\ (P=6)\ -\text{车螺纹}\\[2mm]\dfrac{39}{39}-\mathrm{XIV}-\text{光杠}-\dfrac{2}{45}-\mathrm{XVI}-\end{array}\right.$$

（增倍机构）

$$\left\{\begin{array}{l}\dfrac{24}{60}-\mathrm{XVIII}-\mathrm{M}_{\text{左}}-\dfrac{25}{55}-\mathrm{XVIII}-\text{齿轮、齿条}\ (z=14,\ m=2)\ -\text{纵向进给}\\[2mm]\mathrm{M}_{\text{右}}-\dfrac{39}{47}\cdot\dfrac{47}{13}-\text{横进给丝杠}\ (P=4)\ -\text{横向进给}\end{array}\right.$$

3. 机床机械传动的组成

机床机械传动主要由以下几部分组成。

（1）定比传动机构：具有固定传动比或固定传动关系的机构，常用传动副都属于定比传动机构。

（2）变速机构：改变机床部件运动速度的机构，如滑动齿轮和离合器。

（3）换向机构：变换机床部件运动方向的机构，如电机反转和齿轮换向。

（4）操纵机构：实现变速、换向、起停、制动及调整的机构，如手柄、手轮、杠杆、凸轮、齿轮齿条、拨叉、滑块及按钮等。

（5）箱体及其他装置：箱体的作用是支撑和连接各机构，保证传动机构的位置精度；其他装置的作用包括开停、制动、润滑、密封等。

4. 机床传动的优缺点

机械传动与液压传动、电气传动相比，具有如下优点。

（1）除一般带传动外，传动比准确，适于定比传动。

（2）实现回转运动的结构简单，并能传递较大的扭矩。

（3）故障容易发现，便于维修。

传统的机械传动的缺点是一般情况下不够平稳，制造精度不高，振动和噪声较大；实现无级变速的机构较复杂，成本高。因此，传统的机械传动主要用于速度不太高的有级变速传动中。而数控机床中由伺服电机（变频调速）带动的传动机构，则没有上述缺点。但是，为了消除进给运动反向时丝杠和螺母间隙造成的运动误差，必须采用精度高、价格较贵的滚珠丝杠。

3.3.2　机床的液压传动

1. 机床的液压传动系统简介

这里只分析控制磨床工作台往复运动的液压传动系统（图3－13），它主要由油箱（20）、油泵（13）、换向阀（6）、节流阀（11）、安全阀（12）、油缸（19）等组成。工作时，压力油从油泵（13）经管路输入换向阀（6），由此流到油缸（19）的右端或左端，使工作台（2）向左或向右做进给运动。此时，油缸一端的油，经换向阀（6）、滑阀（10）及节流阀（11）流回油箱。节流阀（11）是用来调节工作台速度的。

工作台的往复换向动作，是通过挡块（5）使换向阀（6）的活塞自动转换实现的。如图3－13所示，工作台向左移动，挡块（5）固定在工作台（2）侧面槽内，按照要求的工作台行程长度，调整两个挡块之间的距离。当工作台向左行程终了时，挡块（5）先推动杠杆（8）到垂直位置，然后借助作用在杠杆（8）柱上的弹簧帽（15）使杠杆（8）及活塞继续向左移动，从而完成换向动作。此时，换向阀（6）的活塞位置如图3－14所示，工作台开始向右移动。换向阀（6）的活塞转换快慢由油阀（16）调节，它将决定工作台换向的快慢及平稳性。

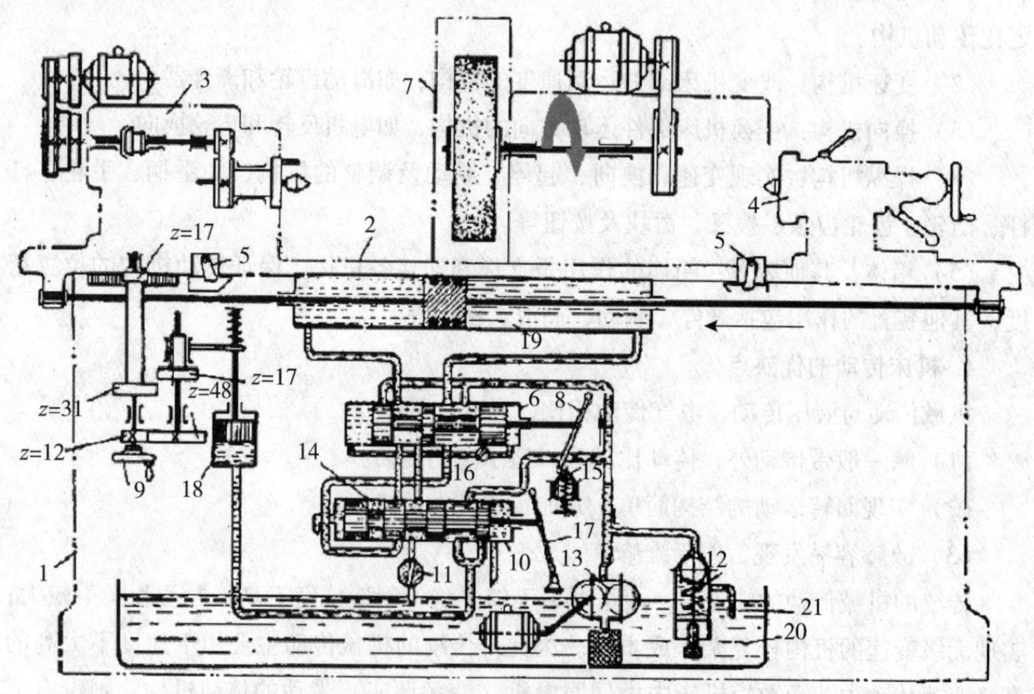

1—床身；2—工作台；3—头架；4—尾架；5—挡块；6—换向阀；7—砂轮罩；8、17—杠杆；9—手轮；10—滑阀；11—节流阀；12—安全阀；13—油泵；14—油腔；15—弹簧帽；16—油阀；18—油筒；19—油缸；20—油箱；21—回油管

图3－13　外圆磨床液压传动示意

用手向右搬动操纵杠杆（17），滑阀的油腔（14）使油缸（19）的右导管和左导管接通，便停止了工作台的移动。此时，油筒（18）中的活塞在弹簧压力作用下向下移动，使油筒（18）中的油液经油管回油箱，$z = 17$ 的齿轮与 $z = 31$ 的齿轮啮合，便可利用手轮（9）移动工作台。

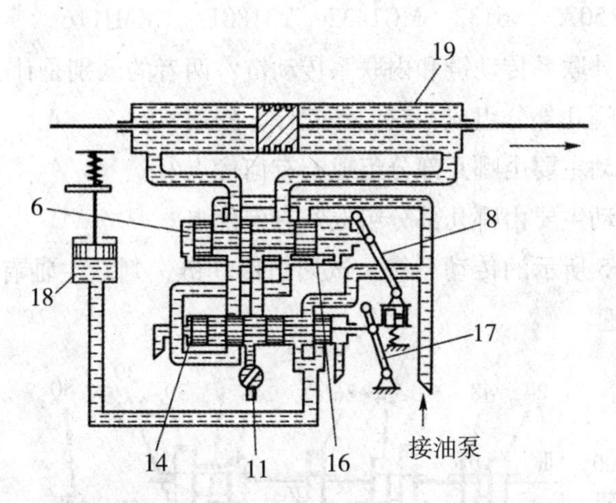

图 3－14　工作台右移时换向阀（6）的活塞位置

2. 机床液压传动的组成

机床液压传动主要由以下几部分组成。

（1）动力元件：油泵。将电动机输入的机械能转换为液体的压力能。

（2）执行机构：油缸或油马达。将油泵输入的液体压力能转变为工作部件的机械能。

（3）控制元件各种阀：控制和调节油液的压力、流量（速度）及流动方向。节流阀可控制油液的流量；换向阀可控制油液的流动方向；溢流阀可控制油液压力等。

（4）辅助装置：油箱、油管、滤油器、压力表等。

（5）工作介质：矿物油。

3. 液压传动的优缺点

液压传动应用比较广泛，与机械传动、电气传动相比较，其主要优点如下。

（1）可以实现较大范围内的无级变速。

（2）传动平稳，易于频繁换向，并可自动防止过载。

（3）可采用电液联合控制，实现自动化。

（4）润滑好，寿命长。

液压传动缺点是有泄漏现象，由于油的压缩现象，不适于做定比传动。

习题

1. 试说明下列机床型号的含义：

CM6132　CK6150A　X6132　MG1432　Y3180E　CKMJ116

2. 何谓机床的外联系传动链和内联系传动链？两者的区别是什么？

3. 机床主要由哪几部分组成？它们各起什么作用？

4. 机床机械传动主要由哪几部分组成？有何优点？

5. 机床液压传动主要由哪几部分组成？有何优点？

6. 根据图 3－15 所示的传动系统，试列出传动链，判断主轴有几种转速，并计算最大转速和最小转速。

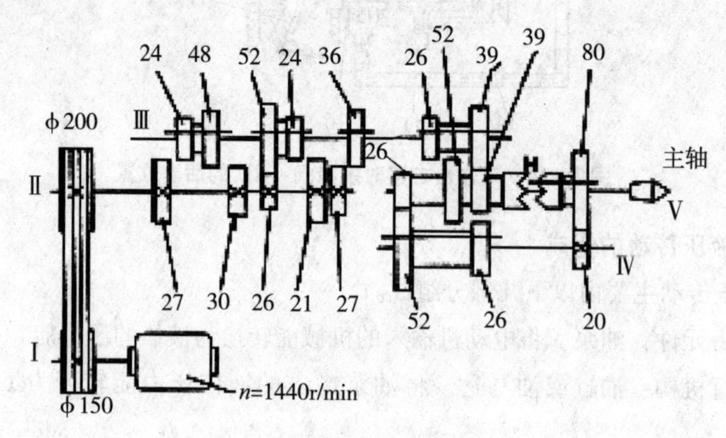

图 3－15　题 6 图

7. 按图 3－16 所示传动系统求轴 A 的转速。

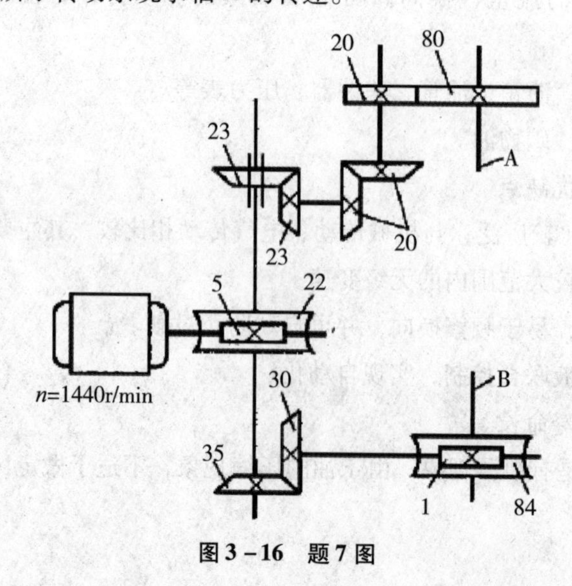

图 3－16　题 7 图

8. 图 3－17 所示是立式钻床传动系统，试求主轴的极限转速。

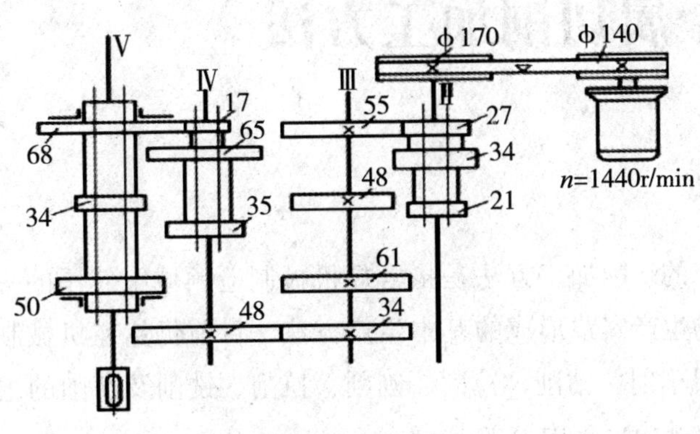

图 3－17　题 8 图

4 常用金属切削加工方法

本章主要阐述的切削加工方法是指常规机械制造领域中使用的一般方法。这些方法都是经过长期的生产实践形成的基本生产方法，目前仍然在机械制造业中占主体地位。本章主要介绍车削、钻削、镗削、刨削、拉削、铣削及磨削的主要机床、主要工作方式、工艺特点及应用，内容如下：

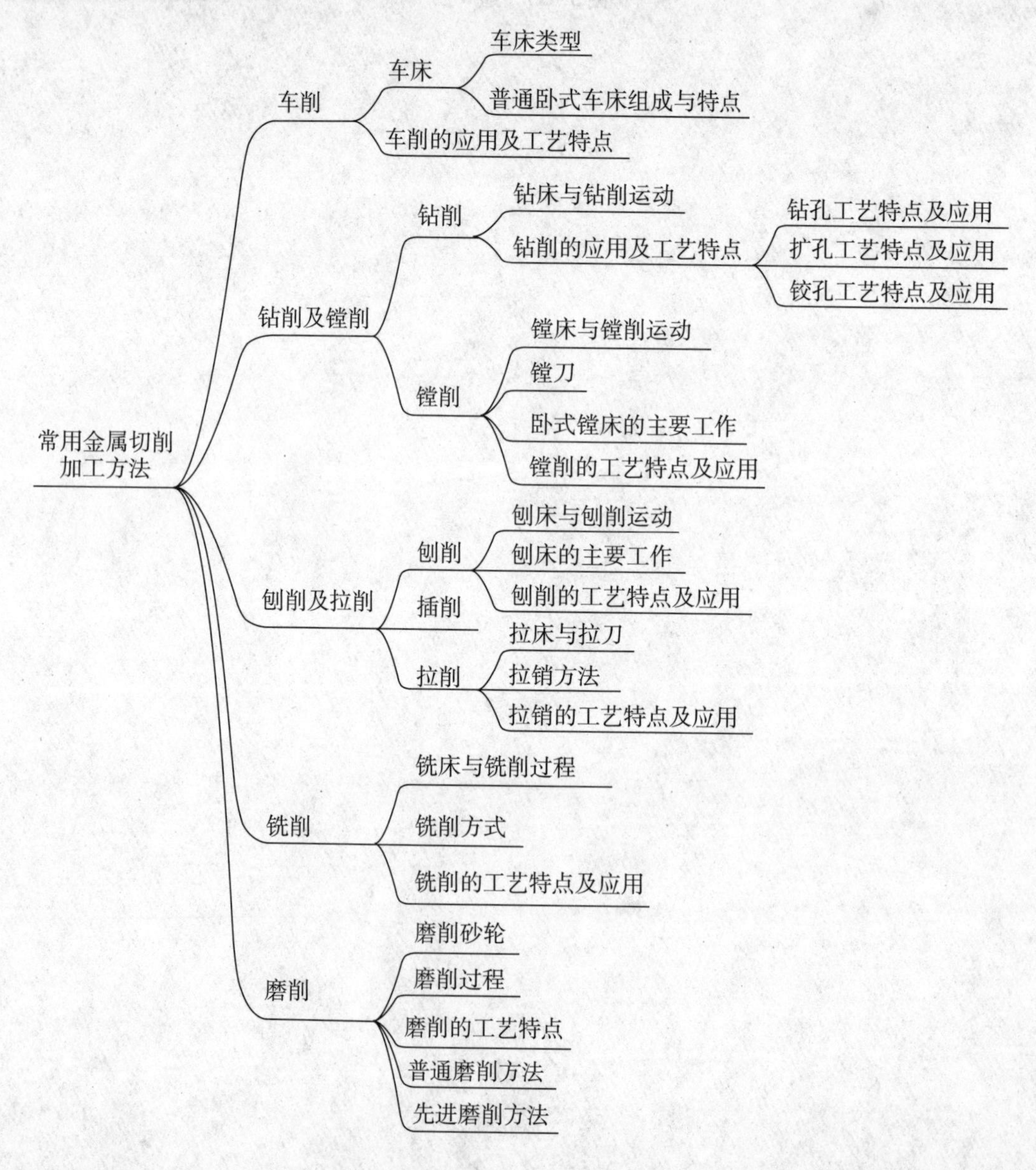

4.1　车削

车削加工（简称车削）是在车床上用车刀加工工件的工艺过程。车削加工时，工件的旋转是主运动，刀具做直线进给运动，因此，车削加工适用于加工各种回转体表面。车削加工在机械制造业中占有重要地位。用于传动的回转体零件大多需要进行车削加工，因此大多数机械制造厂中车床的数量是最多的。图4－1为车削零件举例。

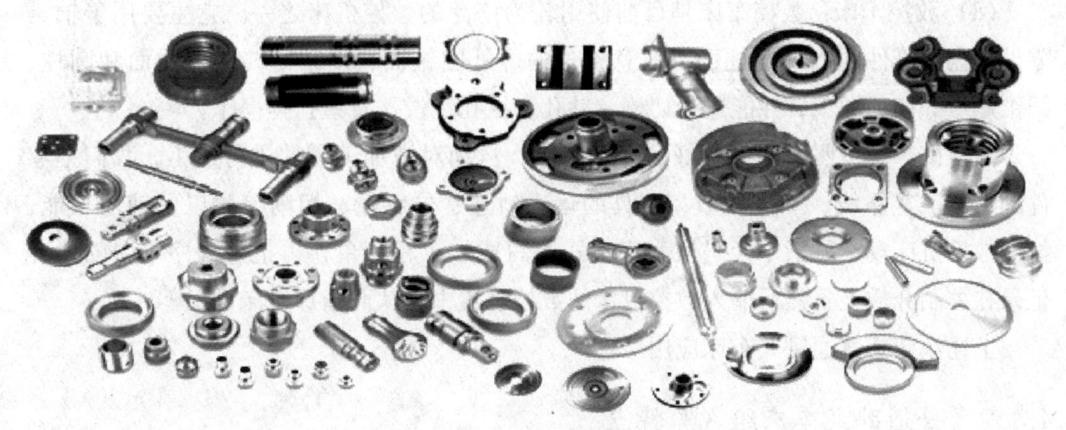

图4－1　车削零件举例

4.1.1　车床类型

在所有的机床种类里，车床的类型最多。按用途和结构不同，可以分为普通卧式车床、立式车床、转塔和回转车床、自动车床、多刀半自动车床、仿形车床、专门化车床以及数控车床等。

（1）普通卧式车床：加工对象广，主轴转速和进给量的调整范围大，能加工工件的内外表面、端面和内外螺纹。这种车床主要由工人手工操作，生产效率低，适用于单件、小批量生产和修配车间。

（2）立式车床：主轴垂直于水平面，工件装夹在水平的回转工作台上，刀架在横梁或立柱上移动。适用于加工较大、较重、难于在普通车床上安装的工件，分单柱和双柱两大类。

（3）转塔和回转车床：具有能装多把刀具的转塔刀架或回轮刀架，能在工件的一次装夹中由工人依次使用不同刀具完成多种工序，适用于成批生产。

（4）自动车床：按一定程序自动完成中小型工件的多工序加工，能自动上下料，重复加工一批同样的工件，适用于大批、大量生产。

（5）多刀半自动车床：有单轴、多轴、卧式和立式之分。单轴卧式的布局形式与普通车床相似，但两组刀架分别装在主轴的前后或上下，用于加工盘、环和轴类工件，其生产率比普通车床高 3 ~5 倍。

（6）仿形车床：能仿照样板或样件的形状尺寸，自动完成工件的加工循环，适用于形状较复杂的工件的成批生产，生产率比普通车床高 10 ~15 倍。有多刀架、多轴、卡盘式、立式等类型。

（7）专门化车床：加工某类工件的特定表面的车床，如曲轴车床、凸轮轴车床、车轮车床、车轴车床、轧辊车床和钢锭车床等。

（8）数控车床：数控车床是目前使用较为广泛的数控机床之一。它主要用于轴类零件或盘类零件的内外圆柱面、任意锥角的内外圆锥面、复杂回转内外曲面和圆柱、圆锥螺纹等切削加工，并能进行切槽、钻孔、扩孔、铰孔及镗孔等操作。

数控机床是按照事先编制好的加工程序，自动对被加工零件进行加工。我们把零件的加工工艺路线、工艺参数、刀具的运动轨迹、位移量、切削参数以及辅助功能，按照数控机床规定的指令代码及程序格式编写成加工程序单，再把这程序单中的内容记录在控制介质上，然后输入数控机床的数控装置中，从而指挥机床加工零件。

上述车床中普通卧式车床应用最广。

4.1.2 普通卧式车床组成与特点

1. 普通卧式车床的组成及功能

图 4 –2 所示为普通卧式车床 CA6140 外观。普通卧式车床由床身、床头（主轴箱）、变速箱、进给箱、光杠、丝杠、溜板箱、刀架和尾架（尾座）等部分组成。当然还有电气、冷却系统等其他部分。

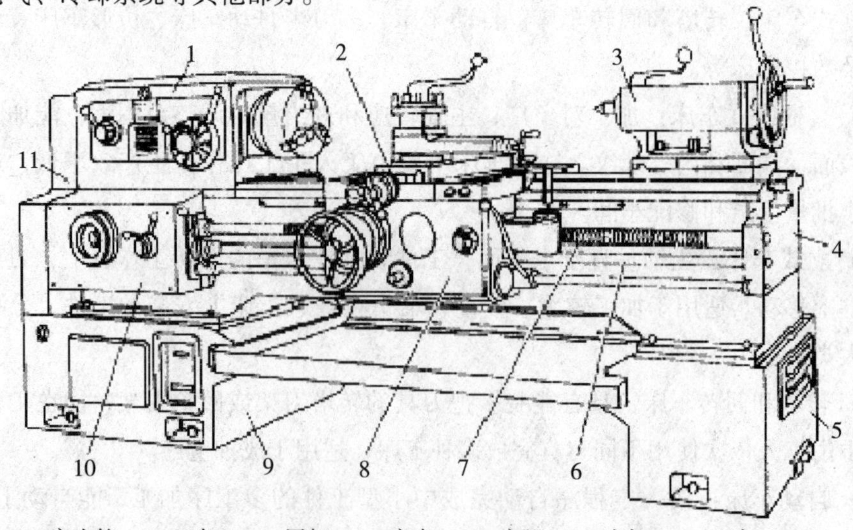

1—床头箱；2—刀架；3 —尾架；4—床身；5 —床腿；6—光杠；7 —丝杠；
8—溜板箱；9—床身；10 —进给箱；11—挂轮架

图 4 –2 普通卧式车床 CA6140

（1）床身：车床的基础零件，用来支承和安装车床的各部件，保证其相对位置，如床头箱、进给箱、溜板箱等。床身具有足够的刚度和强度，床身表面精度很高，以保证各部件之间有正确的相对位置。床身上有四条平行的导轨，供大拖板（刀架）和尾架相对于床头箱进行正确的移动，为了保持床身表面精度，在操作车床中应注意维护保养。

（2）床头（主轴箱）：用以支承主轴并使之旋转。主轴为空心结构，其前端外锥面安装三爪卡盘等附件来夹持工件，前端内锥面用来安装顶尖，细长孔可穿入长棒料。

（3）变速箱：由电动机带动变速箱内的齿轮轴转动，通过改变变速箱内的齿轮搭配（啮合）位置，得到不同的转速。

（4）进给箱：又称走刀箱，内装进给运动的变速齿轮，可调整进给量和螺距，并将运动传至光杠或丝杠。

（5）光杠、丝杠：将进给箱的运动传给溜板箱。光杠用于一般车削的自动进给，不能用于车削螺纹；丝杠用于车削螺纹。

（6）溜板箱：又称拖板箱，与刀架相连，是车床进给运动的操纵箱。它可将光杠传来的旋转运动变为车刀的纵向或横向的直线进给运动；可将丝杠传来的旋转运动，通过“对开螺母”直接变为车刀的纵向移动，用以车削螺纹。

（7）刀架：用来夹持车刀并使其做纵向、横向或斜向进给运动。

（8）尾架（尾座）：安装在床身导轨上。在尾架的套筒内安装顶尖，用以支承工件；也可安装钻头、铰刀等刀具，在工件上进行孔加工；将尾架偏移，还可用来车削圆锥体。

2. 普通卧式车床的特点

（1）车床的床身、床脚、油盘等采用整体铸造结构，刚性高，抗震性好，适合高速切削。

（2）床头箱采用三支承结构，三支承均为圆锥滚子轴承，主轴调节方便，回转精度高，精度保持性好。

（3）进给箱设有米制和寸制螺纹转换机构，螺纹种类的选择转换方便可靠。

（4）溜板箱内设有锥形离合器安全装置，可防止自动走刀过载后的机件损坏。

（5）车床纵向设有四工位自动进给机械碰停装置，可通过调节碰停杆上轮的纵向位置，设定工件加工所需长度，实现零件的纵向定尺寸加工。

（6）尾座设有变速装置，可满足钻孔、铰孔的需要。

（7）车床润滑系统设计合理可靠，主轴箱、进给箱、溜板箱均采用体内润滑，并增设线泵、柱塞泵对特殊部位进行自动强制润滑。

4.1.3 车削加工的应用

车削加工应用十分广泛。因机器零件以回转体表面居多，故车床一般占机械加工车间机床总数的50%以上。车削加工可以在普通车床、立式车床、转塔车床、仿形车床、自动车床以及各种专用车床上进行。

普通车床应用最为广泛，它适宜于各种轴、盘及套类零件的单件和小批量生产。加工精度可达IT7～IT8，表面粗糙度 R_a 值为0.8～1.6μm。普通车床上可以完成的主要工作如图4－3所示。在车床上可以使用不同的车刀或其他刀具加工各种回转表面，如内外圆柱面、内外圆锥面、螺纹、沟槽、端面和成形面等。车削常用来加工单一轴线的零件，如直轴和一般盘、套类零件等。若改变工件的安装位置或将车床适当改装，还可以加工多轴线的零件，如曲轴、偏心轮等或盘形凸轮。车削曲轴和偏心轮工件安装的示意如图4－4、图4－5所示。

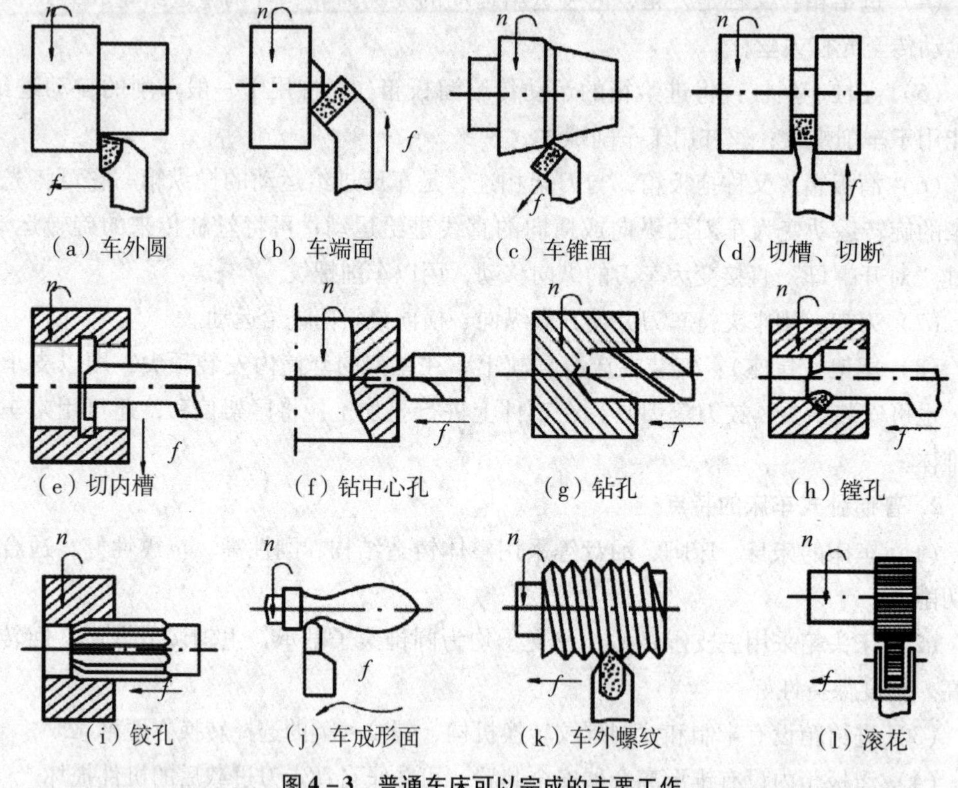

图4－3　普通车床可以完成的主要工作

转塔车床适宜于外形较为复杂而且多半具有内孔的中小型零件的成批生产。图4－6（a）为六角转塔车床，其与普通车床的不同之处是有一个可转动的六角刀架，代替了普通车床上的尾架。在六角刀架上可以装夹数量较多的刀具或刀排，如图4－6（b）所示，如钻头、铰刀、板牙等。根据预先的工艺规程，调整刀具的位置和行程距离，依次进行加工。六角刀架每转60°便更换一组刀具，而且可同时与横刀架的刀具一起对工件进行加工。此外，机床上有定程装置，可控制尺寸，节省了很多度量工件的时间。图4－7为转塔车床加工零件实例。

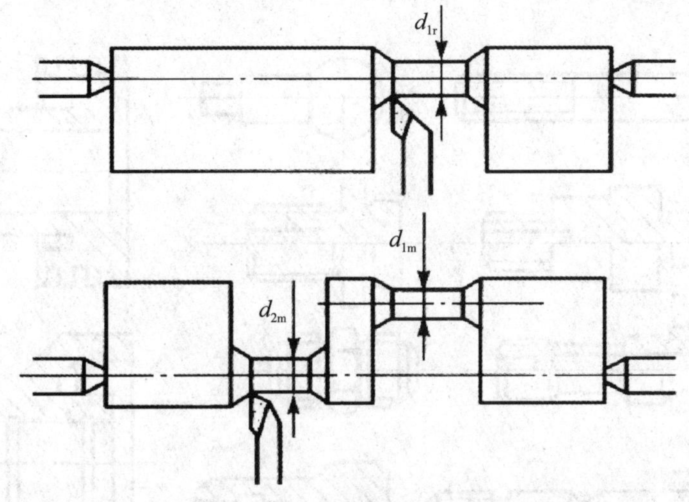

图 4－4　车削曲轴安装示意

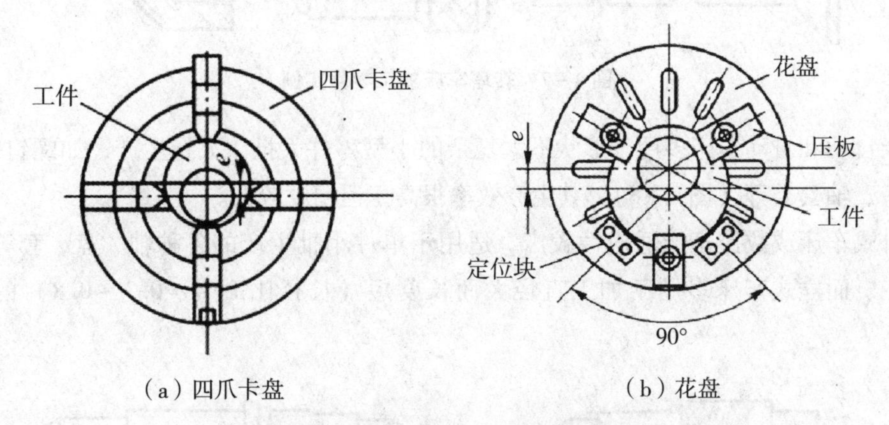

（a）四爪卡盘　　（b）花盘

图 4－5　车削偏心轮工件在四爪卡盘和花盘上的安装示意

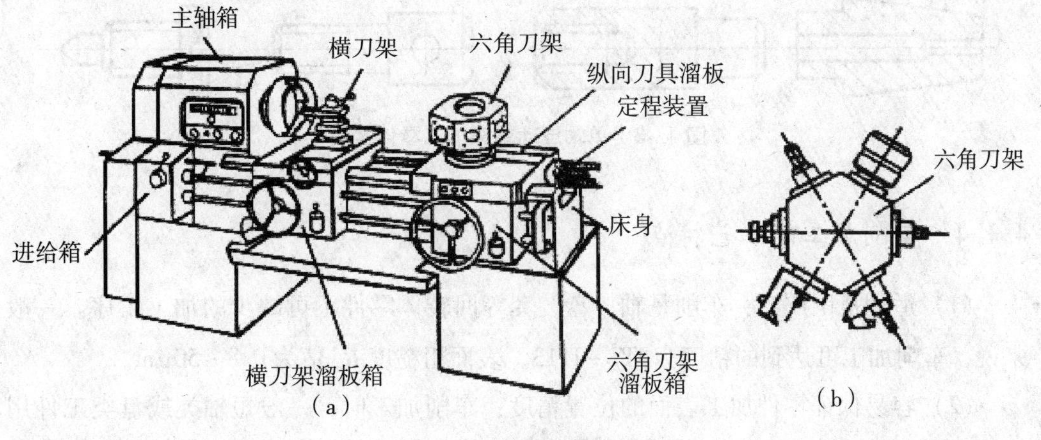

（a）　　（b）

图 4－6　六角转塔车床

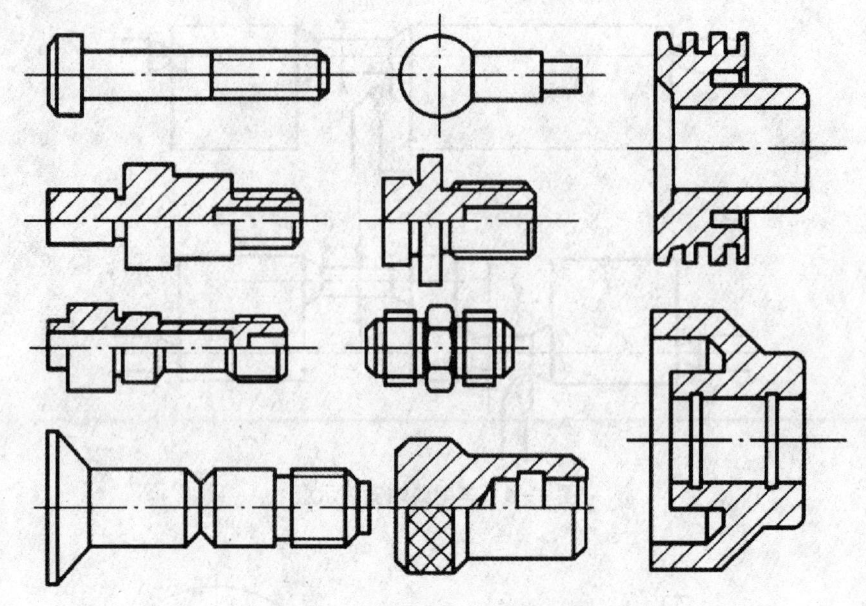

图 4－7　转塔车床加工零件实例

半自动和自动车床多用于形状不太复杂的小型零件大批、大量生产，如螺钉螺母、管接头、轴套类等（图 4－8），其生产效率很高，但精度较低。

卧式车床或数控车床适应性较广，适用于单件小批生产的各种轴、盘、套等类零件加工。而立式车床多用于加工直径大而长度短（长径比 $L/D \approx 0.3 \sim 0.8$）的重型零件。

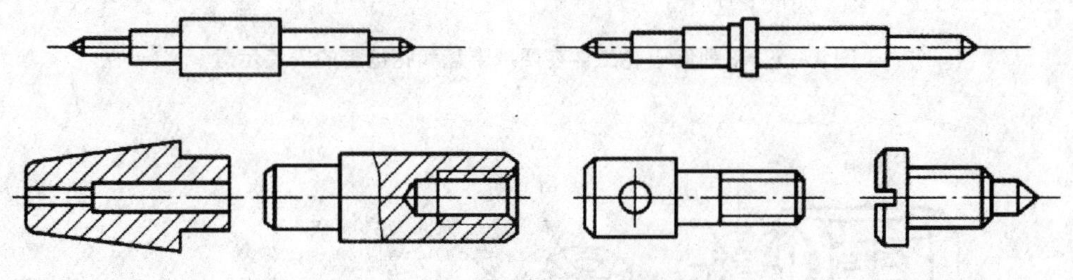

图 4－8　单轴自动车床加工零件实例

4.1.4　车削加工的工艺特点

（1）适用范围广泛：车削是轴、盘、套等回转体零件不可缺少的加工工序。一般来说，车削加工可达到的精度为 IT7～IT13，表面粗糙度 R_a 值为 0.8～50μm。

（2）容易保证零件加工表面的位置精度：车削加工时，一般短轴类或盘类工件用卡盘装夹，长轴类工件用前后顶尖装夹，套类工件用心轴装夹，而形状不规则的零件用卡盘、花盘装夹或花盘弯板装夹（图 4－9）。在一次安装中，可依次加工工件各表面。由于车削各表面时均绕同一回转轴线旋转，故可较好地保证各加工表面间的同轴度、平行度和垂直度等位置精度要求。

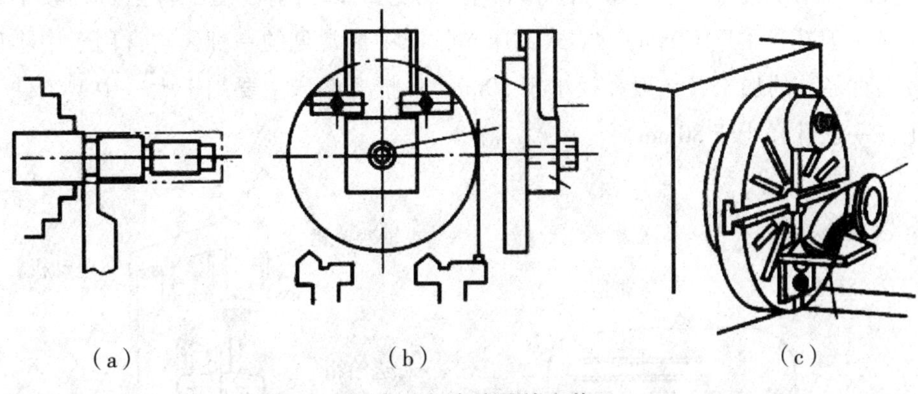

图4－9　车床零件安装

（3）适宜有色金属零件的精加工：当有色金属零件的精度较高、表面粗糙度 R_a 值较小时，若采用磨削，易堵塞砂轮，加工较困难，难以得到较好的表面质量，故可由精车完成。若采用金刚石车刀，以很小的切削深度（$a_p<0.15$mm）、进给量（$f<0.1$mm/r）以及很高的切削速度（$v\approx5$m/s）精车切削，可获得很高的尺寸精度（IT5～IT6）和很小的表面粗糙度 R_a 值（0.1～0.8μm）。

（4）切削过程比较平稳，生产效率较高：车削时切削过程大多数是连续的，切削面积不变，切削力变化很小，切削过程比刨削和铣削平稳。因此可采用高速切削和强力切削，使生产率大幅度提高。

（5）刀具简单，生产成本较低：车刀是刀具中最简单的一种，制造、刃磨和安装均很方便。车床附件较多，可满足一般零件的装夹，生产准备时间较短。车削加工成本较低，既适宜单件、小批量生产，也适宜大批、大量生产。

4.2 钻削及镗削

内圆表面（即孔）不仅广泛用于各类零件上，而且孔径、深度、精度和表面粗糙度的要求差异很大。因此，除了车床可以加工孔外，还有两类主要用于孔加工的机床——钻床和镗床。

4.2.1 钻削加工

钻削加工（简称钻削，又称钻孔）是在钻床上用钻头在实体材料上加工孔的工艺过程，是孔加工的基本方法之一。

1. **钻床与钻削运动**

常用的钻床有台式钻床、立式钻床及摇臂钻床（图 4 - 10）。台式钻床是一种放在台桌上使用的小型钻床，它适用于单件、小批量生产以及对小型工件上直径较小的孔的加工（一般孔径小于 13mm）；立式钻床是钻床中最常见的一种，它常用于中小型工件上较大直径孔的加工（一般孔径小于 50mm）；摇臂钻床主要用于大、中型工件上孔的加工（一般孔径小于 80mm）。

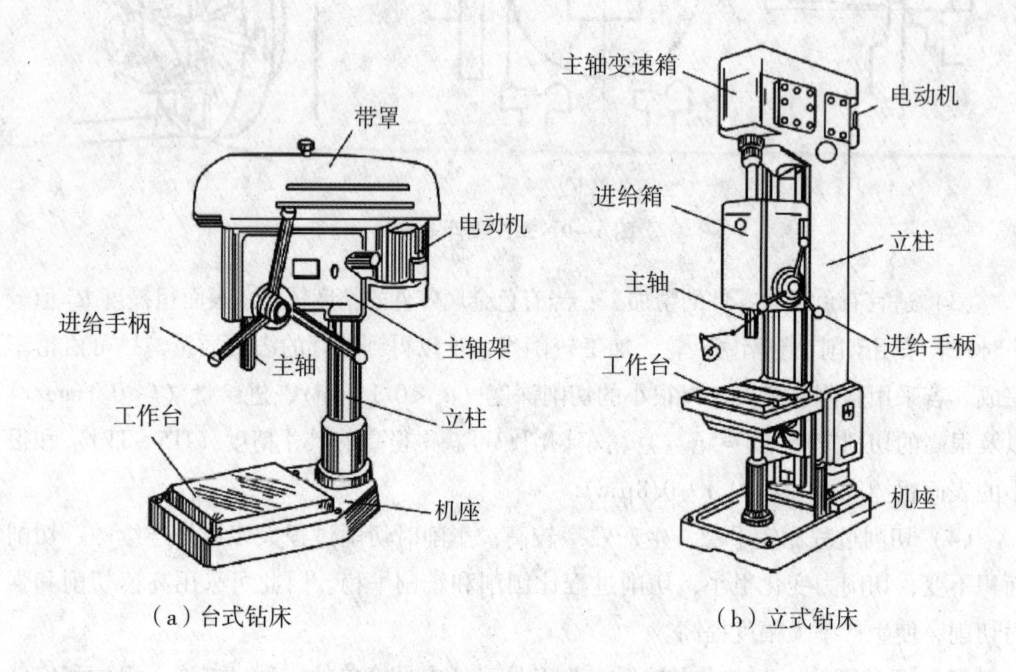

（a）台式钻床　　（b）立式钻床

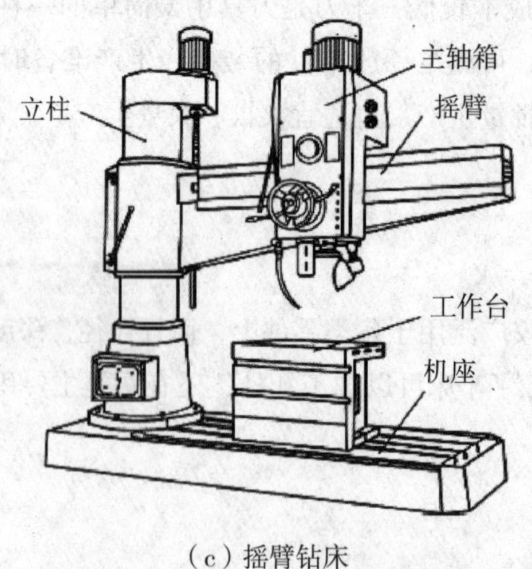

（c）摇臂钻床

图 4 - 10　钻床

在钻床上钻孔时，刀具（钻头）的旋转为主运动，同时钻头沿工件的轴向移动为进给运动。钻削时，钻削速度为：

$$v = \frac{\pi D n}{1000 \times 60} \qquad (4-1)$$

式中：D——钻头直径（mm）；

n——钻头或工件的转速（r/min）。

切削深度为 $a_p = D/2$，进给量为钻头（或工件）每旋转一周，钻头沿其轴向移动的距离。

2. 钻削加工应用及工艺特点

在钻床上除钻孔外，还可进行扩孔、铰孔、锪孔和攻螺纹（攻丝）等工作，如图4－11所示。

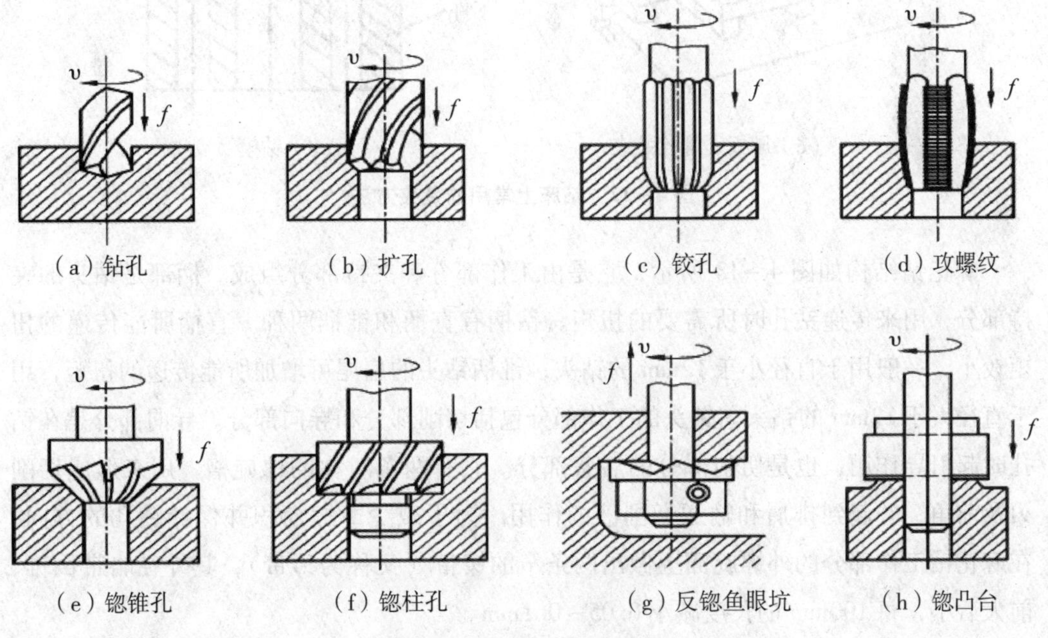

图4－11　钻床的主要工作

在台式钻床和立式钻床上，工件通常采用平口钳装夹，对于圆柱形工件可采用V形铁装夹，有时采用压板、螺栓装夹；在成批大量生产中，则采用专用钻模夹具来钻孔，大型工件在摇臂钻床上一般不需要装夹，靠工件自重即可进行加工，如图4－12所示。

1）钻孔。

对于直径小于30mm的孔，一般用麻花钻在实心材料上直接钻出。若加工质量达不到要求，则可在钻孔后再进行扩孔、铰孔或镗孔等加工。

（1）钻头。钻头有扁钻、麻花钻、深孔钻等多种，其中以麻花钻应用最普遍。

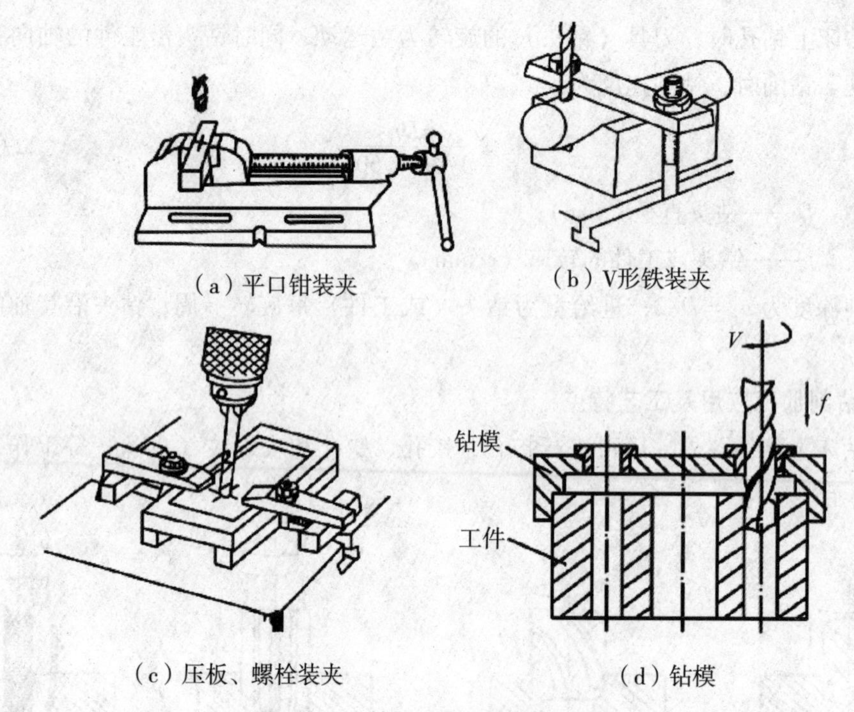

（a）平口钳装夹
（b）V形铁装夹
（c）压板、螺栓装夹
（d）钻模

图 4－12　钻床上常用的装夹方法

麻花钻结构如图 4－13 所示，它是由工作部分和夹持部分组成。柄部是钻头的夹持部分，用来传递钻孔时所需要的扭矩。钻柄有直柄和锥柄两种。直柄所能传递的扭矩较小，一般用于直径小于 12mm 的钻头；锥柄钻头的扁尾可增加所能传递的扭矩，用于直径大于 12mm 的钻头。钻头的工作部分包括切削部分和导向部分。导向部分是在钻孔时起引导作用，也是切削部分的后备部分。它有两条对称的螺旋槽，用来形成切削刃及前角，并起到排屑和输送切削液的作用。为了减少摩擦面积并保持钻孔的方向，在麻花钻工作部分的外螺旋面上做出两条窄的棱带（又称为刃带），其外径略带倒锥，前大后小，每 100mm 的长度减小 0.05～0.1mm。

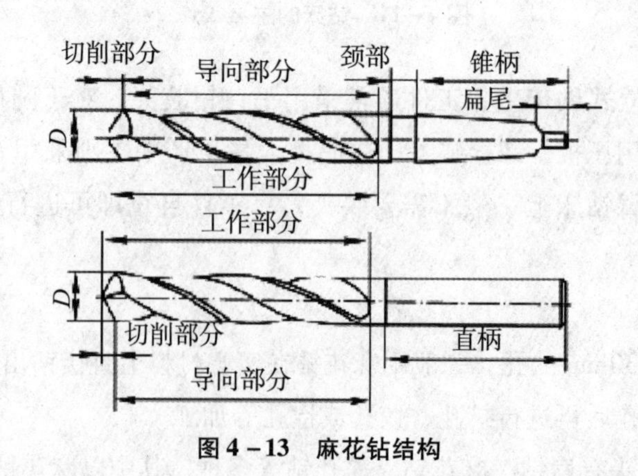

图 4－13　麻花钻结构

麻花钻的切削部分如图4－14所示，有两条主切削刃、两条副切削刃和一条横刃。切屑流过的两个螺旋槽表面为前刀面，与工件切削表面（即孔底）相对的顶端两曲面为主后刀面，与工件已加工表面（即孔壁）相对的两条棱带为副后刀面。前刀面与主后刀面的交线为主切削刃，前刀面与副后刀面的交线为副切削刃，两个主后刀面的交线为横刃。对称的主切削刃和副切削刃可视为两把反向车刀。

麻花钻的几何角度主要有螺旋角β、前角γ_0、后角α_0、锋角2φ和横刃斜角ψ等，如图4－15所示。螺旋角β是钻头轴心线与棱带切线之间的夹角，β越大，切削越容易，但钻头强度越低；前角γ_0是在主剖面N—N中测量的，是前刀面与基面之间的夹角，由于前刀面是螺旋面，因而沿主切削刃各点的前角是变化的，由钻头外缘向钻心方向逐渐减小；后角α_0是在轴向剖面X—X中测量的，是过该点的主后刀面的切线与切削平面之间的夹角，切削刃上各点的α_0也是不同的，由钻头外缘向中心逐渐增大；锋角2φ是两条主切削刃之间的夹角，标准麻花钻2φ为116°～120°；横刃斜角ψ是横刃与主切削刃在钻头横截面上投影的夹角，横刃斜角一般为55°。

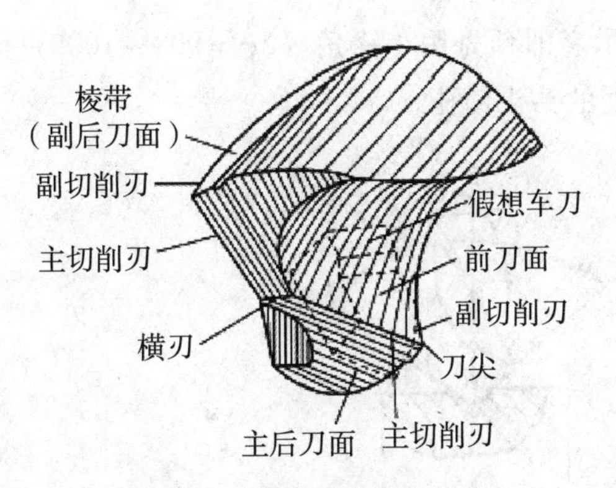

图4－14　麻花钻的切削部分

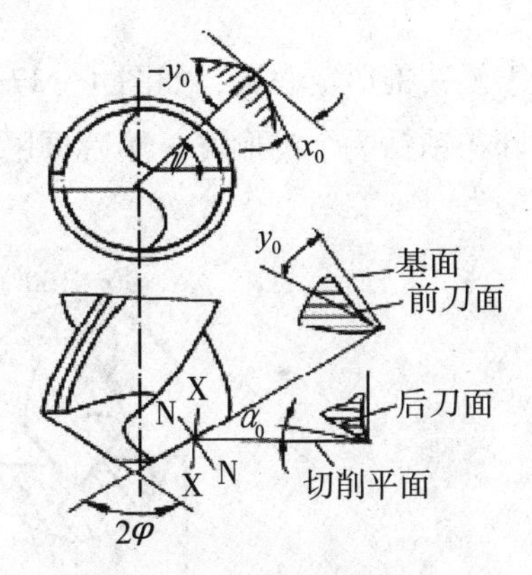

图4－15　麻花钻的几何角度

（2）钻削的工艺特点。钻孔与车削外圆相比，工作条件要困难得多。因为切削时，刀具为定尺寸刀具，而钻头工作部分大都处于加工表面的包围之中，加上麻花钻的结构及几何角度的特点，引起钻头的刚度和强度较低，容屑和排屑较差，导向和冷却润滑困难等诸多问题。其特点可概括为以下几点。

第一，钻头容易引偏。由于横刃较长又有较大负前角，使钻头很难定心；钻头比较细长，且有两条宽而深的容屑槽，使钻头刚性很差；钻头只有两条很窄的螺旋棱带与孔壁接触，导向性也很差；由于横刃的存在，使钻孔时轴向抗力增大。因此，钻头在开始切削时就容易引偏，切入以后易产生弯曲变形，致使钻头偏离原轴线。钻头的引偏将使加工后的孔出现孔轴线的歪斜、孔径扩大和孔失圆等现象。在钻床上钻孔与在车床上钻孔，钻头偏斜对孔加工精度的影响是不同的。在钻床上当钻头引偏时，前者孔的轴线也发生偏斜，但孔径无显著变化，如图 4－16（a）所示；后者孔的轴线无明显偏斜，但引起孔径变化，常使孔出现锥形或腰鼓形等缺陷，如图 4－16（b）所示。因此，钻小孔或深孔时应尽可能在车床上进行，以减小孔轴线的偏斜。在实际生产中常采用以下措施来减小引偏：

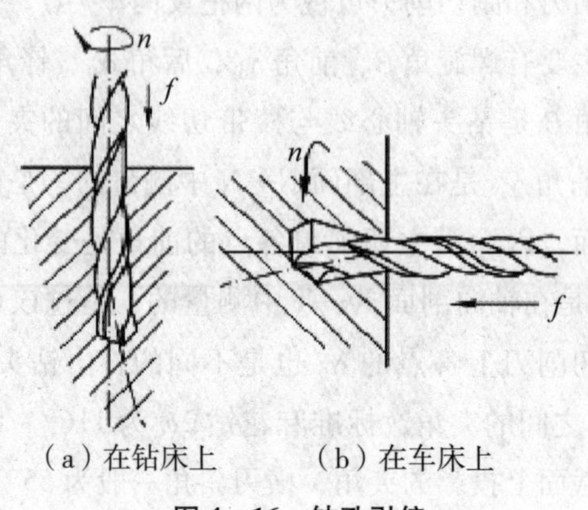

图 4－16　钻孔引偏

①预钻锥形定心坑，如图 4－17 所示。即预先用小锋角（$2\varphi = 90° \sim 100°$）、大直径的麻花钻钻一个锥形坑，然后再用所需的钻头钻孔。

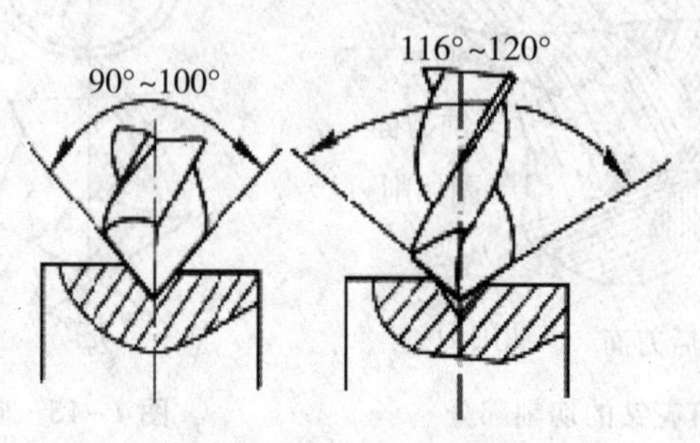

图 4－17　预钻锥形定心坑

②钻套为钻头导向。如图 4－18 所示，这样可减少钻孔开始时的引偏，特别是在斜面上或曲面上钻孔时，更为必要。

③两条主切削刃磨得完全相等。如图 4－19（a）所示，使两个主切削刃的经向力相互抵消，从而减小钻头的引偏。否则钻出的孔径就要大于钻头直径，如图 4－19（b）、（c）所示。

第二，排屑困难。钻孔时，由于切屑较宽，容屑尺寸又受限制，因而在排屑过程中，往往与孔壁产生很大的摩擦和挤压，拉毛和刮伤已加工表面，从而大大降低孔壁质量。为了克服这一缺点，生产中常对麻花钻进行修磨。修磨横刃，使横刃变短，横刃的前角值增大，从而减少因横刃产生的不利影响；开磨分屑槽，在加工塑性材料时，能使较宽的切屑分成几条，以便顺利排屑，如图 4－20 所示。

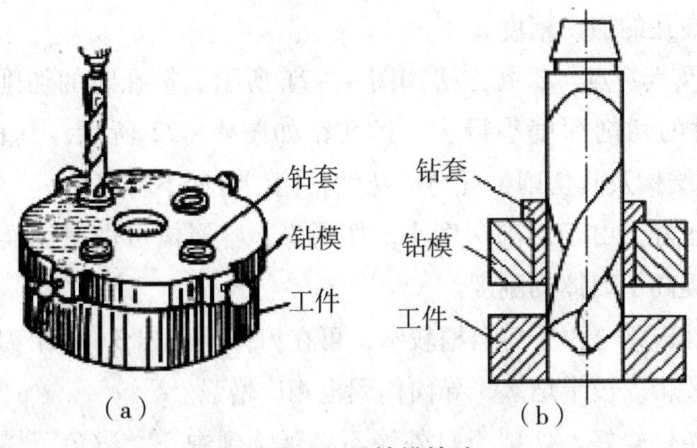

图 4－18　用钻模钻孔

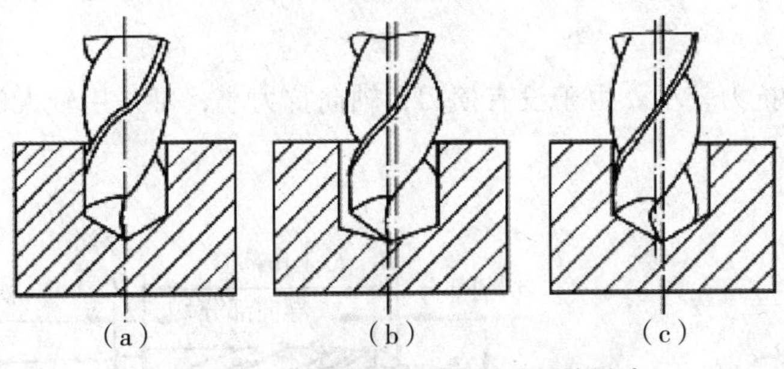

图 4－19　钻头的刃磨质量对孔径的影响

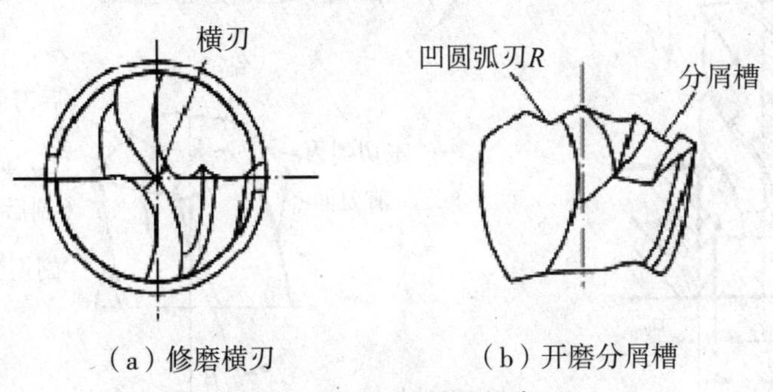

（a）修磨横刃　　（b）开磨分屑槽

图 4－20　麻花钻的修磨

第三，切削热不易传散。由于钻削是一种半封闭式的切削，切削时会产生大量的热量，而且大量的高温切屑不能及时排出，切削液又难以注入切削区，切屑、刀具与工件之间摩擦又很大，因此，切削温度较高，使刀具磨损加剧，从而限制了钻削的使用和生产效率的提高。

（3）钻孔的应用。钻孔是孔的一种粗加工方法。钻孔的尺寸精度可达 IT11 ~ IT12，表面粗糙度值 R_a 为 12.5 ~ 50μm。使用钻模钻孔，其精度可达 IT10。钻孔既可用于单件、小批量生产，也适用于大批量生产。

2）扩孔。

扩孔是用扩孔钻在工件上已经钻出、铸出或锻出孔的基础上所做的进一步加工，以扩大孔径，提高孔的加工精度。

（1）扩孔钻及其特点。扩孔方法如图 4－21 所示。扩孔时的切削深度 $a_p=(D-d)/2$，比钻孔时的切削深度小得多。扩孔钻如图 4－22 所示，其直径规格为 10～80mm。扩孔钻的结构及其切削情况与麻花钻相比，有如下特点。

第一，刚性较好。由于切削深度小，切屑少，容屑槽可做得浅而窄，使钻心部分比较粗壮，大大提高了刀体的刚度。

第二，导向性较好。由于容屑槽较窄，可在刀体上做出 3～4 个刀齿。每个刀齿周边上有一条螺旋棱带。棱带增多，导向作用也相应增强。

第三，切削条件较好。切削刃自外缘不必延续到中心，避免了横刃和由横刃引起的不良影响，改善了切削条件。由于切削深度小、切屑窄，因而易排屑，且不易创伤已加工表面。

第四，轴向抗力较小。由于没有横刃，轴向抗力小，可采用较大的进给量，提高生产率。

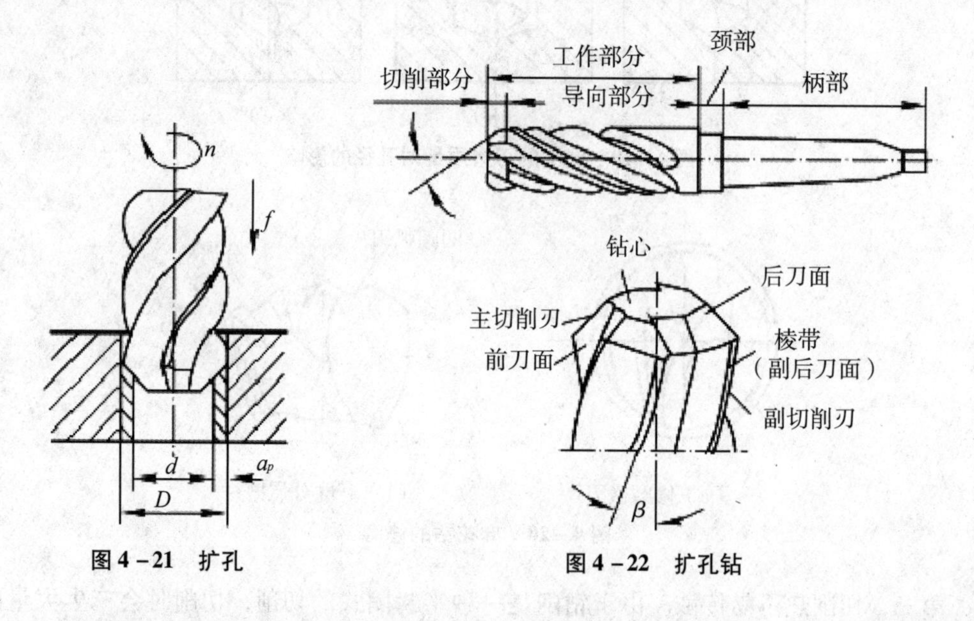

图 4－21　扩孔　　　图 4－22　扩孔钻

（2）扩孔的应用。由于上述原因，扩孔的加工质量比钻孔好，属于孔的一种半精加工。一般精度可达 IT9～IT10，表面粗糙度 R_a 值为 3.2～6.3μm。扩孔常作为铰孔前的预加工。当孔的精度要求不高时，扩孔亦可作为孔的终加工。

3）铰孔。

铰孔是在半精加工（扩孔和半精镗）基础上进行的一种精加工。铰孔精度在很大程度上取决于铰刀的结构和精度。

（1）铰刀及其特点。铰刀（图 4－23）分为手铰刀和机铰刀两种。手铰刀刀刃锥角很小，工作部分较长，导向作用好，可防止铰孔时歪斜，尾部为直柄；机铰刀尾部为锥柄，锥角较大，靠安装铰刀的机床主轴导向，故工作部分较短。铰孔的切削条件和铰刀的结构比扩孔更为优越，有如下特点。

第一，刚性和导向性好。铰刀的刀刃多（6～12 个），排屑槽很浅，刀心截面很大，故其刚性和导向性比扩孔钻好。

第二，可校准孔径和修光孔壁。铰刀本身的精度很好，而且具有修光部分。修光部分可以起到校正孔径、修光孔壁和导向的作用。

第三，加工质量高。铰孔的余量小（粗铰为 0.15～0.35mm，精铰为 0.05～0.15mm），切削速度低，切削力较小，所产生的热较少，因此，工件的受力变形较小。铰孔切削速度低，可避免积屑瘤的不利影响，使得铰孔质量较高。

（2）铰孔的应用。铰孔是应用较为普遍的孔的精加工方法之一。铰孔适用于加工精度要求较高、直径不大而又未淬火的孔。机铰的加工精度一般可达 IT7～IT8，表面粗糙度值 R_a 为 0.8～1.6μm；手铰精度可达 IT6，表面粗糙度值 R_a 为 0.2～0.4μm。

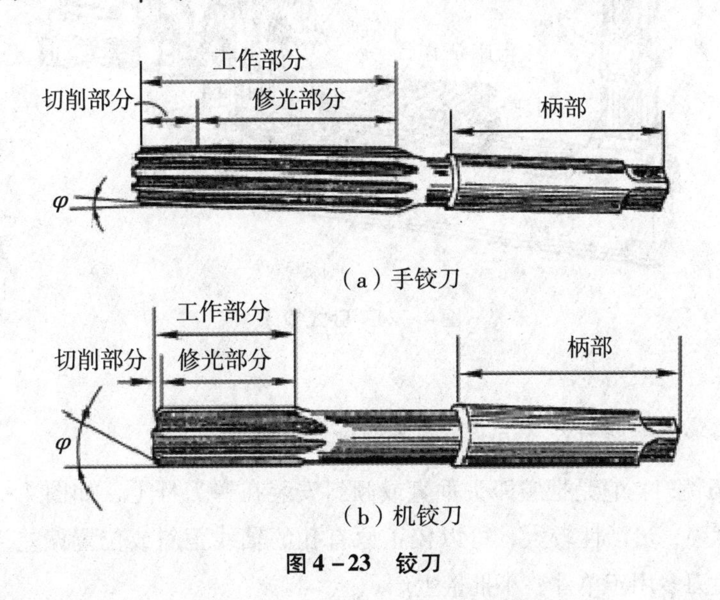

（a）手铰刀

（b）机铰刀

图 4－23 铰刀

对于中等尺寸以下较精密的孔，在单件、小批量乃至大批、大量生产中，钻—扩—铰是常采用的典型工艺。而钻、扩、铰只能保证孔本身的精度，不能保证孔与孔之间的尺寸精度和位置精度，要解决这一问题，可以采用夹具（钻模）进行加工。

4.2.2 镗削加工

镗削加工简称镗削，又称镗孔，是利用镗刀对已钻出、铸出或锻出的孔进行加工的过程。对于直径较大的孔（一般 80～100mm）、内成形面或孔内环形槽等，镗孔是唯一的加工方法。

1. **镗床与镗削运动**

图4－24为常用的卧式镗床，其主要组成部分如图所示。卧式镗床主要由床身、前立柱、主轴箱、主轴、平旋盘、工作台、后立柱和尾架等组成。使用卧式镗床加工时，刀具装在主轴、镗杆或平旋盘上，通过主轴箱可获得需要的各种转速和进给量，同时可随着主轴箱沿前立柱的导轨上下移动。工件安装在工作台上，工作台可随下滑座和上滑座做纵横向移动，还可绕上滑座的圆导轨回转至所需要的角度，以适应各种加工情况。

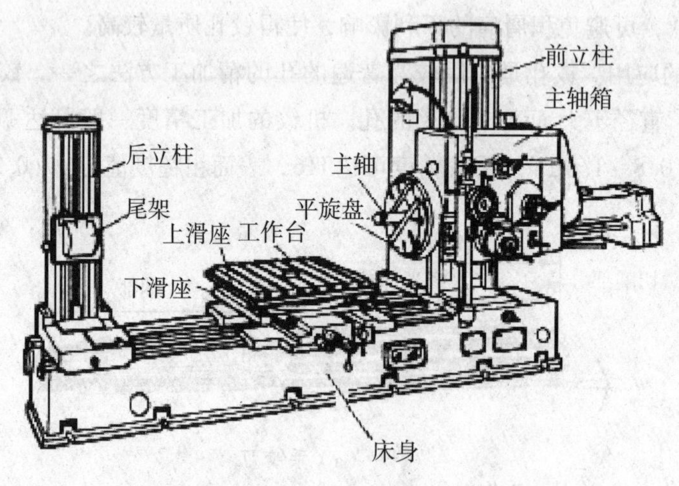

图4－24　卧式镗床

2. **镗刀**

在镗床上常用的镗刀有单刃镗刀和多刃镗刀两种。

（1）单刃镗刀：它是把镗刀头垂直或倾斜安装在镗刀杆上，如图4－25所示。单刃镗刀适应性强，灵活性较大，可以校正原有孔的轴线歪斜或位置偏差，但其生产率较低，这种镗刀多用于单件、小批量生产。

（2）多刃镗刀：它是在刀体上安装两个以上的镗刀片（常用4个），以提高生产率。其中一种多刃镗刀为可调浮动镗刀片，如图4－26所示。这种刀片不是固定在镗刀杆上，而是插在镗杆的方槽中，可沿径向自由浮动，依靠两个刀刃上径向切削力的平衡自动定心，因此，可消除镗刀片在镗刀杆上的安装误差所引起的不良影响。浮动镗削不能校正原孔轴线的偏斜，主要用于大批量生产、精加工箱体类零件上直径较大的孔。

3. **卧式镗床的主要工作**

（1）镗孔：镗床镗孔的方式如图4－27所示。按其进给形式可分为主轴进给和工作台进给两种方式。主轴进给方式如图4－27（a）所示，这种方式只适宜镗削长度较

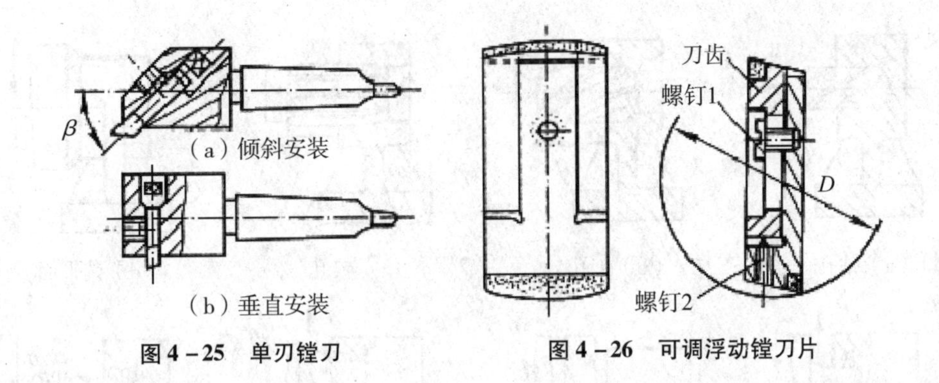

图4－25 单刃镗刀　　图4－26 可调浮动镗刀片

短的孔。工作台进给方式如图4－27（b）～（d）所示。图4－27（b）所示是悬臂式的，用来镗削较短的孔；图4－27（c）所示是多支承式的，用来镗削箱体两壁相距较远的同轴孔系；图4－27（d）所示是用平旋盘镗大孔。

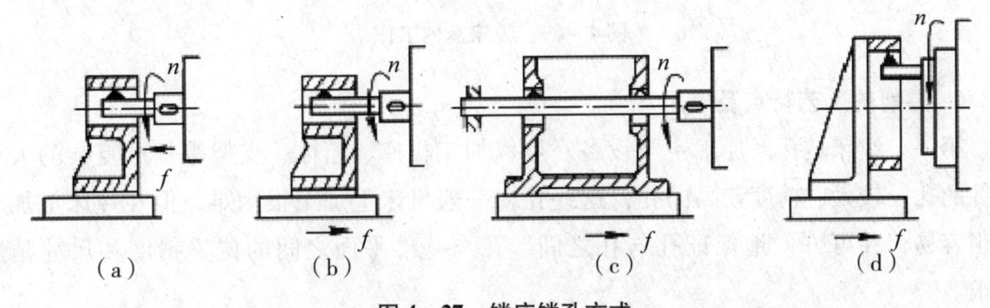

图4－27 镗床镗孔方式

镗床上镗削箱体上同轴孔系、平行孔系和垂直孔系的方法通常有坐标法和镗模法两种。图4－28是用镗模法镗削箱体孔系的情况。

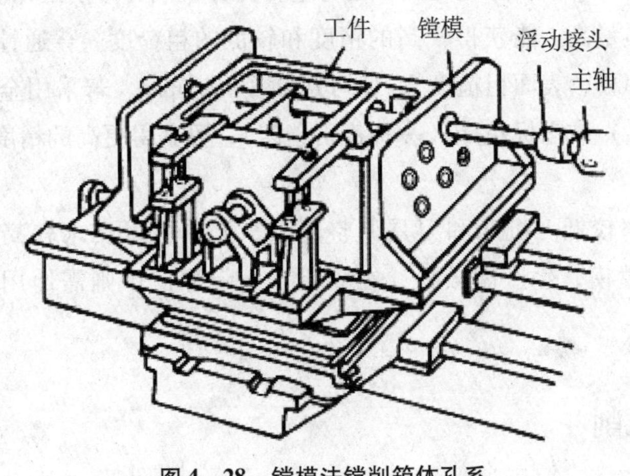

图4－28 镗模法镗削箱体孔系

（2）镗床其他工作：在镗床上不仅可以镗孔，还可以进行钻孔、扩孔、铰孔、铣平面、车外圆、车端面、切槽及车螺纹等工作，其加工方式如图4－29所示。

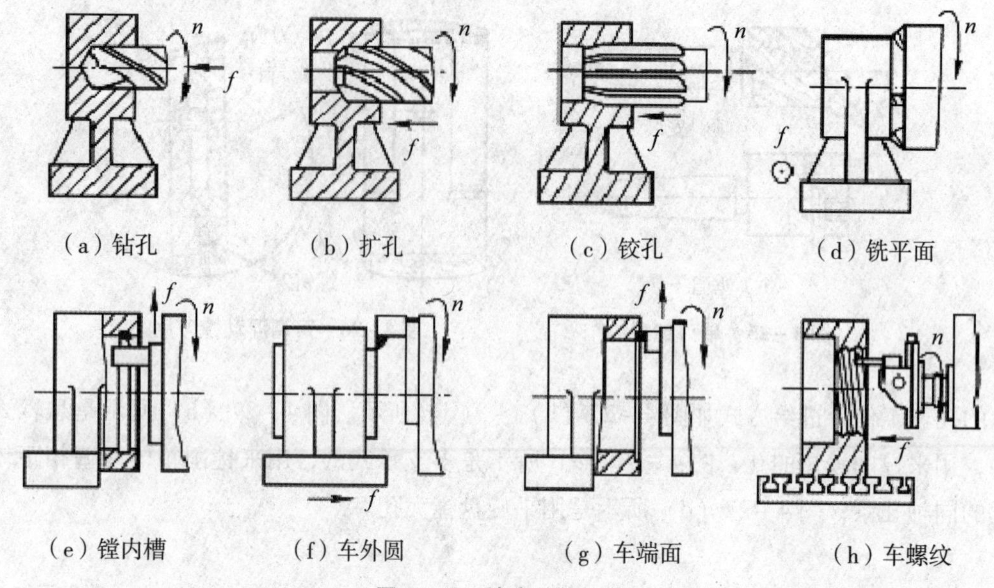

图 4-29　镗床其他工作

4. 镗削的工艺特点及应用

第一，镗床是孔系加工主要设备。可以加工机座、箱体、支架等外形复杂的大型零件的孔径较大、精度较高的孔，这些孔在一般机床上加工很困难，但在镗床上加工却很容易，并可方便地保证孔与孔之间、孔与基准平面之间的位置精度和尺寸精度要求。

第二，加工范围广泛。镗床是一种万能性强、功能多的通用机床，既可加工单个孔，又可加工孔系；既可加工小直径的孔，又可加工大直径的孔；既可加工通孔，又可加工台阶孔及内环形槽。除此之外，还可进行部分铣削和车削工作。

第三，加工质量高。能获得较高的精度和较低的粗糙度。普通镗床镗孔的尺寸公差等级可达 IT7 ~ IT8，表面粗糙度 R_a 值可达 0.8 ~ 1.6μm。若采用金刚镗床（因采用金刚石镗刀而得名）或坐标镗床（一种精密镗床），可获得更高的精度和更低的表面粗糙度。

第四，生产率较低。机床和刀具调整复杂，操作技术要求较高，在单件、小批量生产中不使用镗模，生产率较低，在大批、大量生产中则需使用镗模，以提高生产率。

4.3　刨削及拉削

4.3.1　刨削加工

刨削加工是在刨床上用刨刀加工工件的工艺过程。刨削是平面加工的主要方法之一。

1. **刨床与刨削运动**

刨削加工可在牛头刨床（图4－30）或龙门刨床（图4－31）上进行。

在牛头刨床上加工时，刨刀的纵向往复直线运动为主运动，工件随工作台做横向间歇进给运动。其最大的刨削长度一般不超过1000mm，因此，它适合加工中小型工件。

在龙门刨床上加工时，工件随工作台的往复直线运动为主运动，刀架沿横梁或立柱做间歇的进给运动。由于其刚性好，而且有2～4个刀架可同时工作，因此，它主要用来加工大型工件，或同时加工多个中小型工件。其加工精度和生产率均比牛头刨床高。

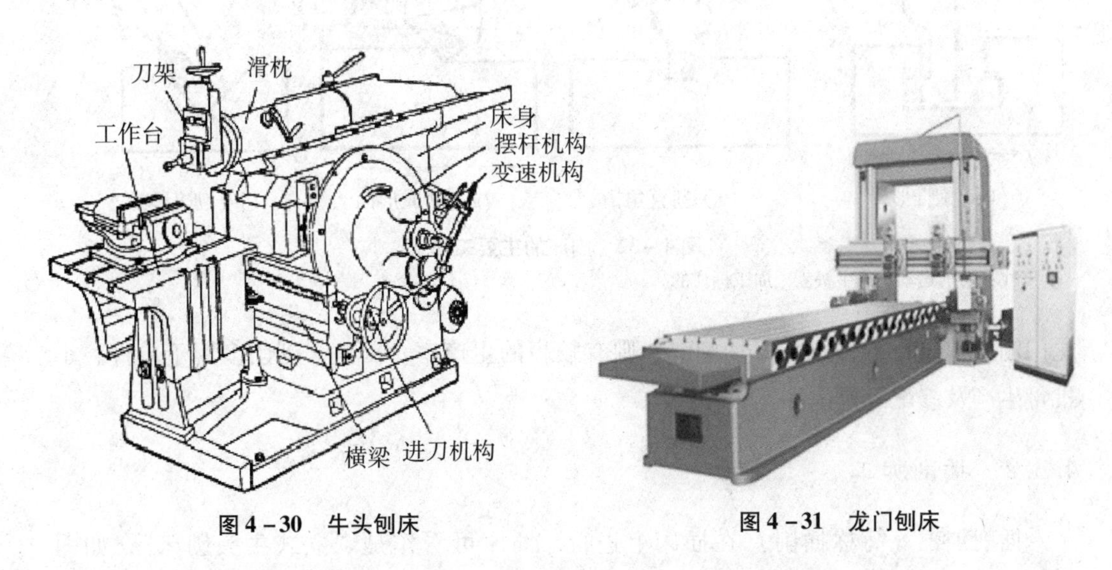

图4－30　牛头刨床　　**图4－31　龙门刨床**

2. **刨床的主要工作**

刨削主要用来加工平面（水平面、垂直面及斜面），也广泛用于加工沟槽（如直角槽、V形槽、T形槽、燕尾槽），如果进行适当的调整或增加某些附件，还可以加工齿条、齿轮、花键和母线为直线的成形面等。刨床的主要工作如图4－32所示。

3. **刨削的工艺特点及应用**

第一，机床与刀具简单，通用性好。刨床结构简单，调整、操作方便；刨刀制造和刃磨容易，加工费用低；刨床能加工各种平面、沟槽和成形表面。

第二，刨削精度低。由于刨削为直线往复运动，切入、切出时有较大的冲击振动，影响了加工表面质量。刨平面时，两平面的尺寸精度一般为IT8～IT9，表面粗糙度值R_a为1.6～6.3μm。在龙门刨床上用宽刃刨刀，以很低的切削速度精刨时，可以提高刨削加工质量，表面粗糙度值R_a达0.4～0.8μm。

第三，生产率较低。因为刨刀为单刃刀具，刨削时有空行程，且每往复行程伴有两次冲击，从而限制了刨削速度的提高，使刨削生产率较低。但在刨削狭长平面或在

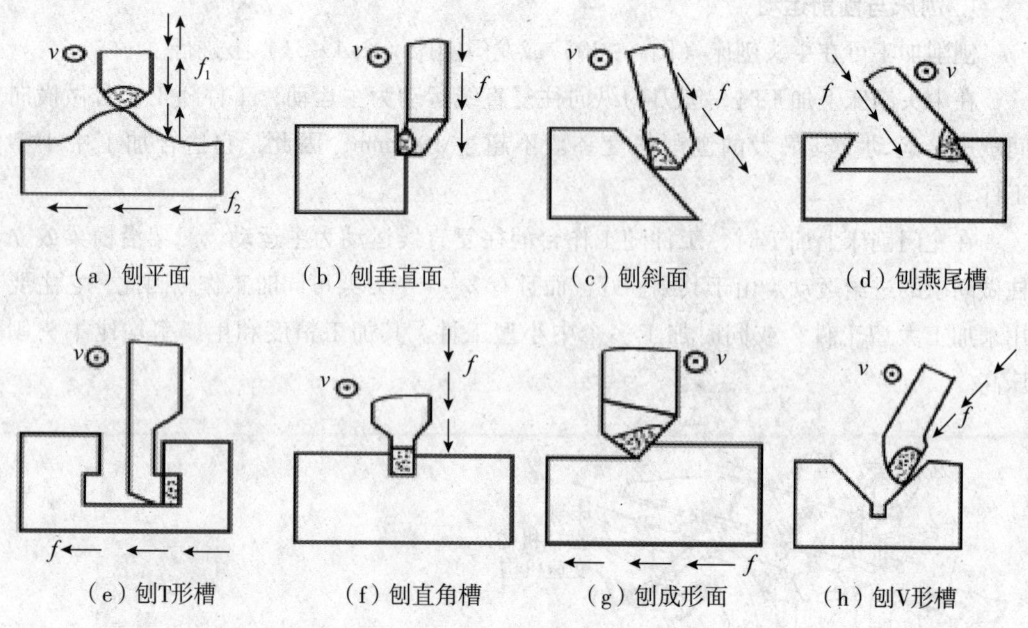

图 4－32　刨床的主要工作

注：切削运动是按牛头刨床加工标注的。

龙门刨床上进行多件、多刀切削时，则有较高的生产率。因此，刨削多用于单件、小批量生产及修配工作中。

4.3.2　插削加工

插削加工（简称插削）在插床上进行，插床可看作是“立式牛头刨床”，如图4－33所示。主运动为滑枕带动插刀做上、下直线往复运动，工件装夹在工作台上，工作台可以实现纵向、横向和圆周的进给运动。插削主要用于在单件、小批量生产中插削某些内表面，如方孔、长方孔、各种多边形孔及孔内键槽等，也可以加工某些零件上的外表面。插削由于刀杆刚性差，加工精度较刨削差。

4.3.3　拉削加工

拉削加工简称拉削，是在拉床上用拉刀加工工件的工艺过程，是一种高生产率和高精度的加工方法。

1. 拉床与拉刀

图4－34为卧式拉床。在床身内装有液压驱动系统，活塞拉杆的右端装有随动支架和刀架，分别用以支承和夹持拉刀。拉刀左端穿过工件预加工孔后夹在刀架上，工件贴靠在床身的支撑上。当活塞拉杆向左做直线移动时，即带动拉刀完成工件加工。拉削时，只有主运动，即拉刀的直线移动，而无进给运动。进给运动可看作是由后一

（a）插床

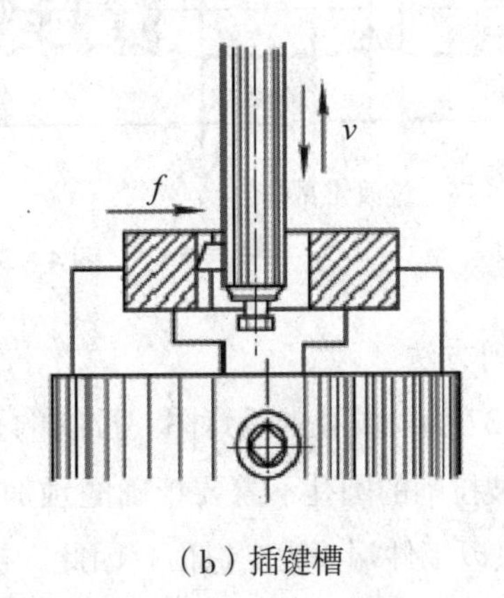

（b）插键槽

1—床身；2—下滑座；3—上滑座；
4—圆工作台；5—滑枕；6—立柱；
7—变速箱；8—分度机构

图 4 – 33 插床与插键槽

个刀齿较前一个刀齿递增一个齿升量的拉刀完成的。在工件上，如果要切去一定的加工余量，当采用刨削或插削时，刨刀、插刀要多次走刀才能完成。而用拉削加工，每个刀齿切去一薄层金属，只需一次行程即可完成。所以，拉削可看作是按高低顺序排列的多把刨刀进行的刨削，如图 4 – 35 所示。

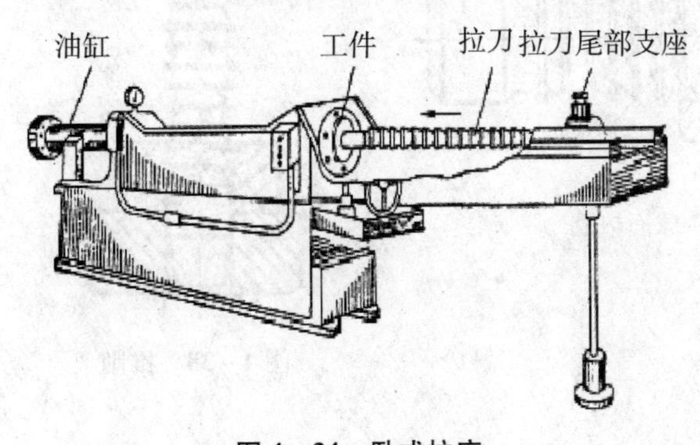

图 4 – 34 卧式拉床

图 4 – 35 拉削

拉刀是一种多刃专用刀具，一把拉刀只能加工一种形状和尺寸规格的表面。各种拉刀的形状、尺寸虽然不同，但它们的组成部分大体一致。图 4 – 36 所示为圆孔拉刀。拉刀切削部分是拉刀的主要部分，担负着切削工作，包括粗切齿和精切齿两部分。切削齿相邻两齿的齿升量一般为 0.02 ~ 0.1mm，其齿升量向后逐渐减小，校准齿无齿升量。为了改善切削齿的工作条件，在拉刀切削齿上开有分屑槽，以便将宽的切屑分割成窄的切屑。

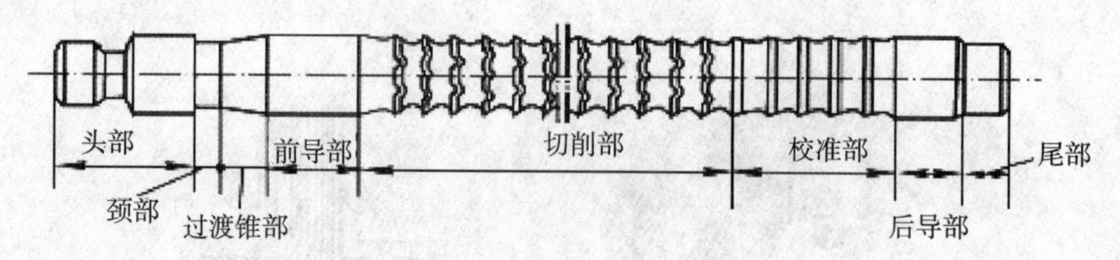

图 4－36　圆孔拉刀

2. **拉削方法**

图 4－37 为拉圆孔的示意图。拉削的孔径一般为 10～100mm，孔的深径比一般不超过 3～5。被拉削的圆孔不需要精确的预加工，钻孔或粗镗后即可拉削。拉孔时工件一般不夹紧，只以工件端面为支撑面。因此，被拉削孔的轴线与端面之间应有一定的垂直度要求。当孔的轴线与端面不垂直时，应将端面贴紧在一个球面垫圈上，这样，在拉削力的作用下，工件连同球面垫圈一起略有转动，可把工件孔的轴线自动调节到与拉刀轴线一致的方向。若加工时刀具所受的力不是拉力而是推力，则称为推削（图 4－38）。

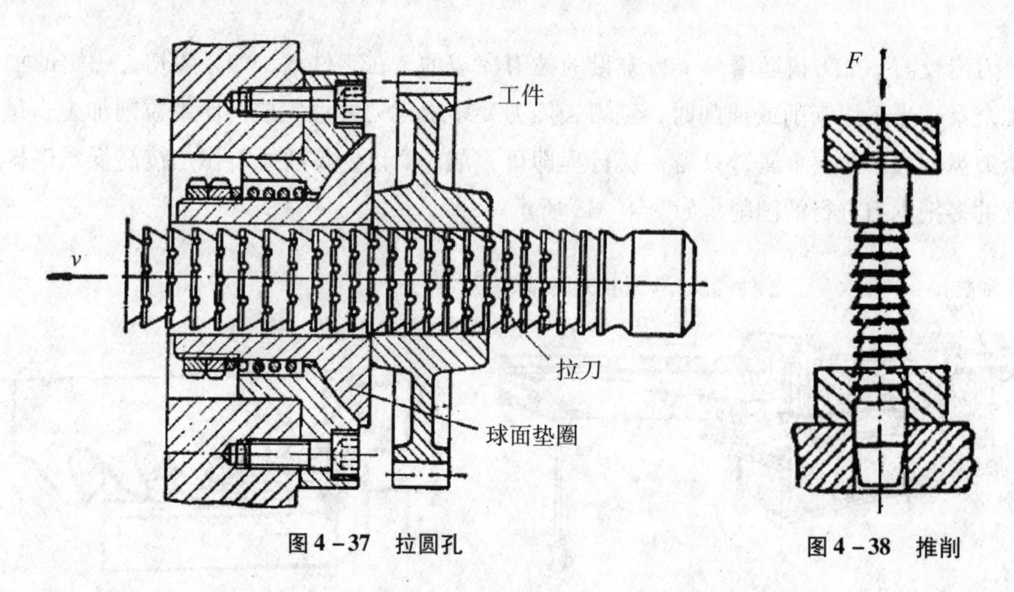

图 4－37　拉圆孔　　图 4－38　推削

3. **拉削的工艺特点及应用**

第一，加工精度高。拉刀是一种定形刀具，在一次拉削过程中，可完成粗切、半精切、精切、校准和修光等工作。拉床采用液压传动，传动平稳，切削速度低，不产生积屑瘤，因此，可获得较高的加工质量。拉削的加工精度一般可达 IT7～IT9，表面粗糙度值 R_a 可达 0.4～1.6μm。

第二，应用范围广。在拉床上可以加工各种形状的通孔。此外，在大批量生产中还被广泛用来拉削平面、半圆弧面和某些组合表面，如图 4－39 所示。

第三，生产率高。拉刀是多刃刀具，一次行程能切除加工表面的全部余量，因此，生产率很高。尤其是加工形状特殊的内外表面时，效果更显著。

第四，拉床结构简单。拉削只有一个主运动，即拉刀的直线运动，故拉床的结构简单，操作方便。

第五，拉刀寿命长。由于拉削时切削速度低，冷却润滑条件好，因此，刀具磨损慢，刃磨一次，可以加工数以千计的工件。一把拉刀又可以重复修磨，故拉刀的寿命较长。但由于一把拉刀只能加工一种形状和尺寸的表面，且制造复杂、成本高，故拉削加工只用于大批、大量生产中。

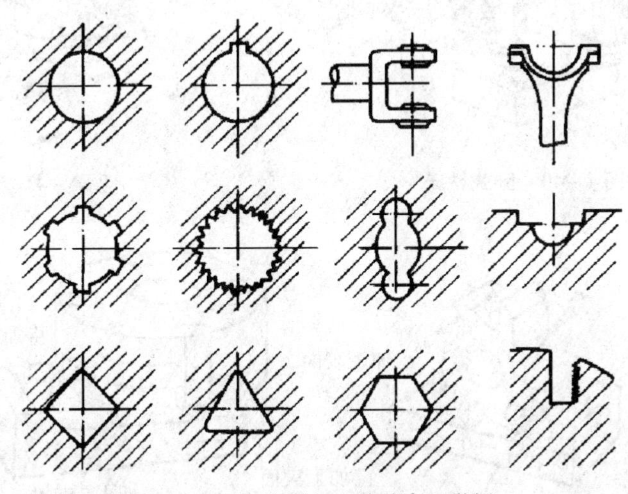

图 4－39　拉削加工各种表面举例

4.4　铣削

1. 铣床与铣削过程

铣削加工（简称铣削）是在铣床上利用铣刀对工件进行切削加工的工艺过程。铣削是平面加工的主要方法之一。铣削可以在卧式铣床（图 4－40）、立式铣床（图 4－41）、龙门铣床、工具铣床以及各种专用铣床上进行。对于单件、小批量生产中的中小型零件，卧式铣床和立式铣床最常用。前者的主轴与工作台台面平行，后者的主轴与工作台台面垂直，它们的基本部件大致相同。龙门铣床的结构与龙门刨床相似，其生产率较高，广泛应用于批量生产的大型工件，也可同时加工多个中小型工件。

铣削时，铣刀做旋转的主运动，工件由工作台带动做纵向或横向或垂直进给运动。铣削要素包括铣削速度 n、进给量 f、铣削深度 a_p、铣削宽度 a_e、切削厚度 a_c、切削宽度 a_w 和切削面积 A_c（图 4－42）。铣削时，铣刀有多个齿同时参加切削，故铣削时的切削面积应为各刀齿切削面积的总和。在铣削过程中，由于切削厚度 a_c 是变化的，切削

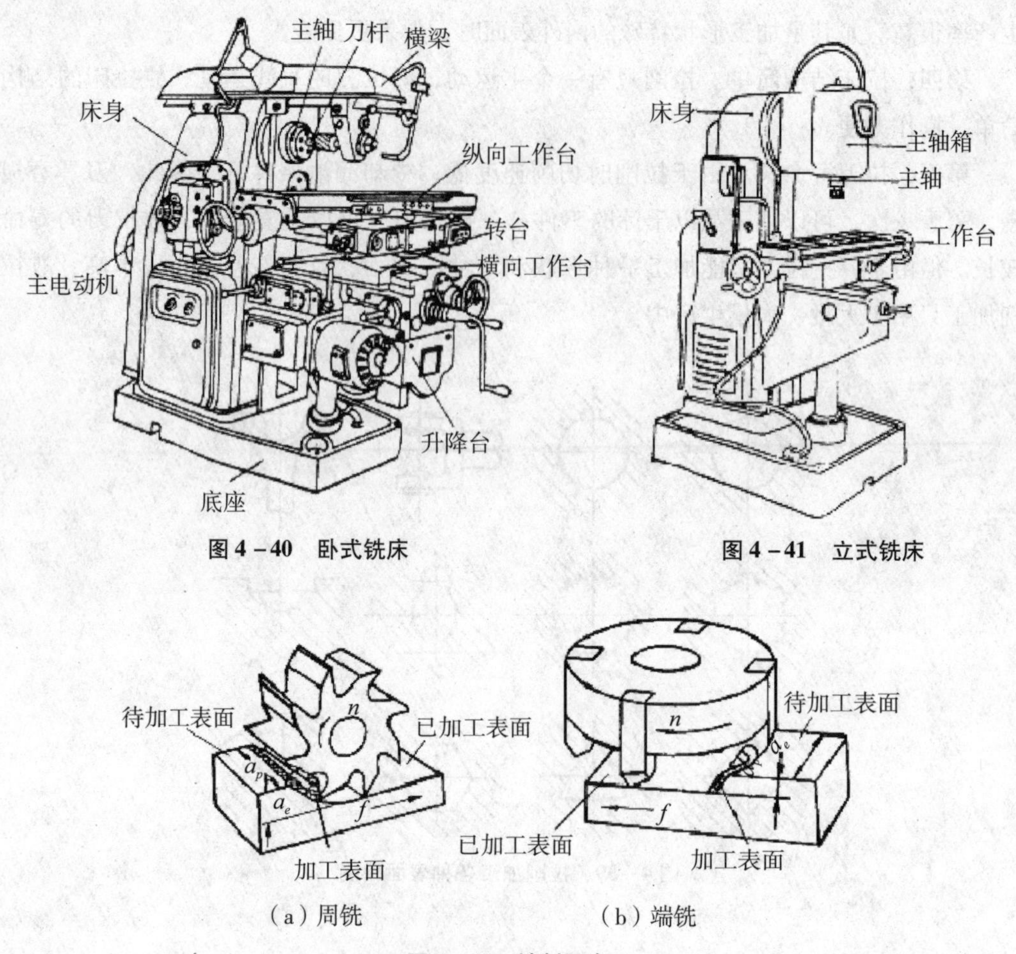

图 4－40　卧式铣床

图 4－41　立式铣床

（a）周铣

（b）端铣

图 4－42　铣削要素

宽度 a_w 有时也是变化的，因而切削面积 A_c 也是变化的，其结果势必引起铣削力的变化，使铣刀的负荷不均匀，在工作中易引起振动。

2. **铣削方式**

铣平面可以用端铣，也可以用周铣。用周铣铣平面又有逆铣与顺铣之分。在选择铣削方法时，应根据具体的加工条件和要求，选择适当的铣削方式，以便保证加工质量和提高生产率。

（1）端铣与周铣。利用铣刀圆周齿切削的称为周铣，如图 4－42（a）所示；利用铣刀端部齿切削的称为端铣，如图 4－42（b）所示。端铣与周铣比较具有下列特点。

①端铣的生产率高于周铣。端铣用的端铣刀大多数镶有硬质合金刀头，且刚性较好，可采用大的铣削用量。而周铣用的圆柱铣刀多用高速钢制成，其刀轴的刚性较差，使铣削用量，尤其是铣削速度受到很大的限制。

②端铣的加工质量比周铣好。端铣时可利用副切削刃对已加工表面进行修光，只

要选取合适的副偏角，可减少残留面积，减小表面粗糙度。而周铣时只有圆周刃切削，已加工表面实际上是由许多圆弧组成，表面粗糙度较大。

③周铣的适应性比端铣好。周铣能用多种铣刀铣削平面、沟槽、齿形和成形面等，适应性较强。而端铣只适宜端铣刀或立铣刀端刃切削的情况，只能加工平面。

综上所述，端铣的加工质量好，在大平面的铣削中目前大都采用端铣；周铣的适应性较强，多用于小平面、各种沟槽和成形面的铣削。

（2）逆铣与顺铣。当铣刀和工件接触部分的旋转方向与工件的进给方向相反时称为逆铣，如图 4－43（a）所示；当铣刀和工件接触部分的旋转方向与工件的进给方向相同时称为顺铣，如图 4－43（b）所示。逆铣与顺铣比较分别具有下列特点。

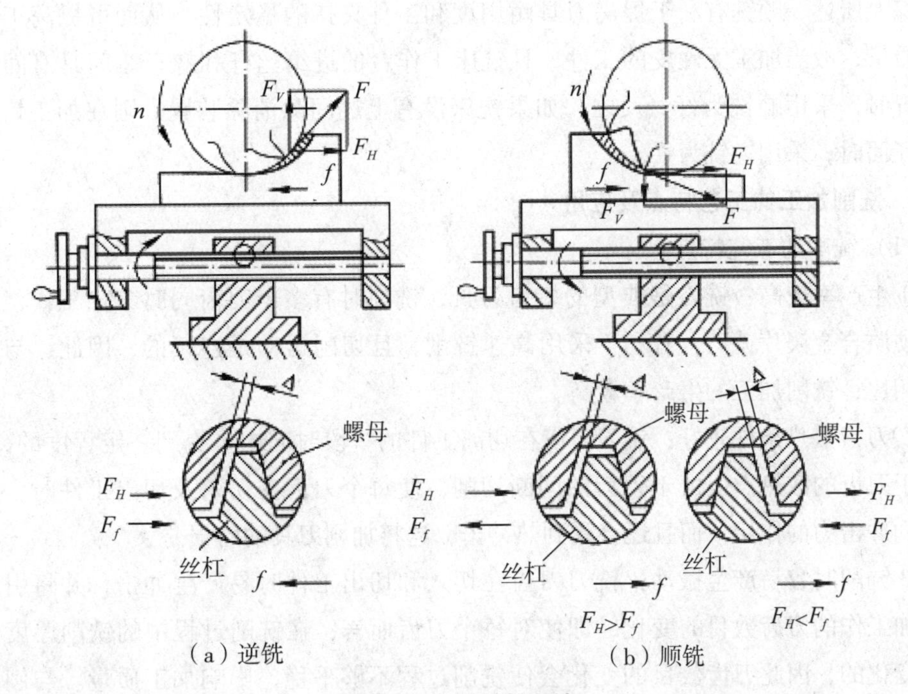

图 4－43　逆铣与顺铣

①逆铣时，铣削厚度从零到最大。刀刃在开始时不能立刻切入工件，而要在工件已加工表面上滑行一小段距离，这样一来，会使刀具磨损加剧，工件表面冷硬程度加重，加工表面质量下降。

工件所受的垂直分力 F_V 方向向上，对工件起上抬作用，不仅不利于压紧工件，还会引起振动。

水平分力 F_H 与进给方向相反，因此，工作台进给丝杠与螺母之间在切削过程中总是保持紧密接触，不会因为间隙的存在而使工作台左右窜动。

②顺铣时，铣削厚度从最大到零。不存在逆铣时的滑行现象，刀具磨损小，工件表面冷硬程度较轻。在刀具耐用度相同的情况下，顺铣可提高铣削速度 30% 左右，可

获得较高的生产率。

工件所受的垂直分力 F_V方向向下，有助于压紧工件，铣削比较平稳，可提高加工表面质量。

水平分力 F_H的方向与工作台的进给方向相同，而工作台进给丝杠与固定螺母之间一般都存在间隙（图 4－43）。因此，当忽大忽小的水平分力 F_H值较小时，丝杠与螺母之间的间隙位于右侧，而当水平分力 F_H值足够大时，就会将工作台连同丝杠一起向右拖动，使丝杠与螺母之间的间隙位于左侧。这样在加工过程中，水平分力 F_H的大小变化会使工作台忽左忽右来回窜动，造成切削过程的不平稳，导致啃刀、打刀甚至损坏机床。

综上所述，顺铣有利于提高刀具耐用度和工件夹持的稳定性，从而可提高工件的加工质量，故当加工无硬皮的工件，且铣床工作台的进给丝杆和螺母之间具有间隙消除装置时，采用顺铣为好。反之，如果铣床没有上述间隙消除装置，则在加工铸、锻件毛坯面时，采用逆铣为妥。

3. 铣削加工的工艺特点及应用

（1）铣削的工艺特点。

①生产率较高：铣刀是典型的多齿刀具，铣削时有多个刀齿同时参加工作，并可利用硬质合金镶片铣刀，有利于采用高速铣削，且切削运动是连续的，因此，与刨削加工相比，铣削加工的生产率较高。

②刀齿散热条件较好：铣刀刀齿在切离工件的一段时间内可得到一定程度的冷却，有利于刀齿的散热。但由于刀齿的间断切削，使每个刀齿在切入及切出工件时，不但会受到冲击力的作用，而且还会受到热冲击，这将加剧刀具的磨损。

③铣削时容易产生振动：铣刀刀齿在切入和切出工件时易产生冲击，并将引起同时参加工作的刀齿数目的变化，即使对每个刀齿而言，在铣削过程中的铣削厚度也是不断变化的，因此刀齿数目的变化会使铣削过程不够平稳，影响加工质量。与刨削加工相比，除宽刀细刨外，铣削的加工质量与刨削大致相当，一般经粗加工、精加工后都可达到中等精度。

由于上述特点，铣削既适用于单件、小批量生产，也适用于大批、大量生产；而刨削多用于单件、小批量生产及修配工作中。

（2）铣削加工的应用。

铣床的种类、铣刀的类型和铣削的形式均较多，加之分度头、圆形工作台等附件的应用，铣削加工的应用范围较广，如图 4－44 所示。

（3）分度及分度加工。

铣削四方体、六方体、齿轮、棘轮以及铣刀、铰刀类多齿刀具的容屑槽等表面时，每铣完一个表面或沟槽，工件必须转过一定的角度，然后再铣削下一个表面或沟槽，

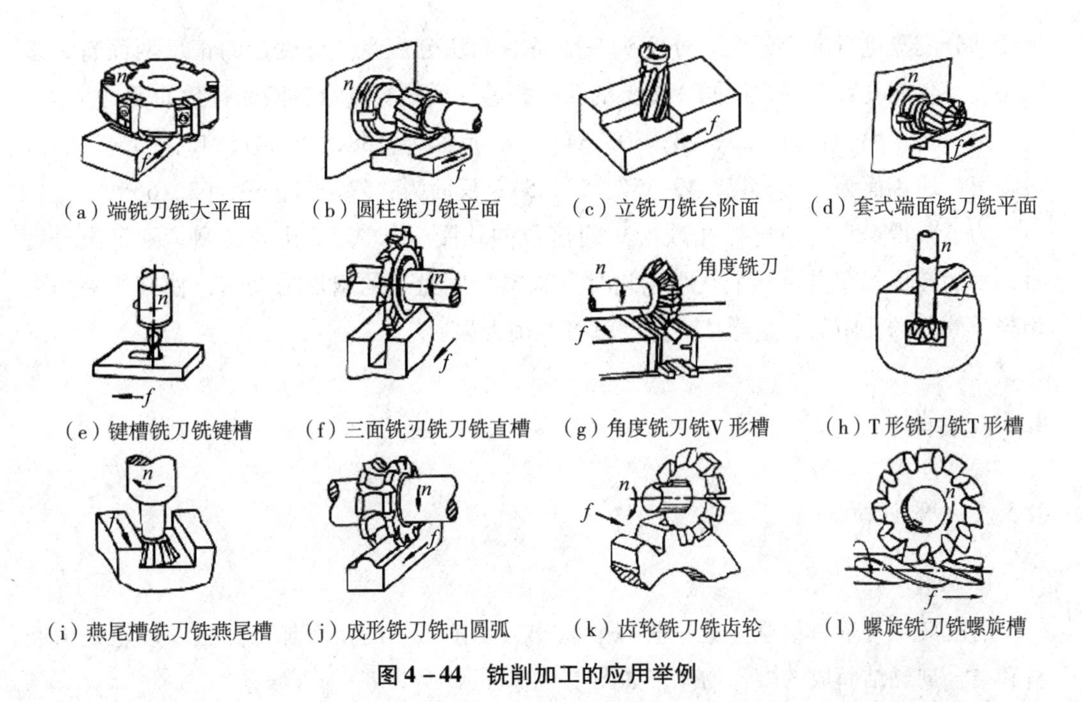

（a）端铣刀铣大平面 （b）圆柱铣刀铣平面 （c）立铣刀铣台阶面 （d）套式端面铣刀铣平面

（e）键槽铣刀铣键槽 （f）三面铣刀铣刀铣直槽 （g）角度铣刀铣V形槽 （h）T形铣刀铣T形槽

（i）燕尾槽铣刀铣燕尾槽 （j）成形铣刀铣凸圆弧 （k）齿轮铣刀铣齿轮 （l）螺旋铣刀铣螺旋槽

图4-44 铣削加工的应用举例

这种工作通常称为分度。分度工作常在万能分度头上进行，如图4-45（a）所示。常用的分度方法，如图4-45（b）所示，是通过分度头内部的传动系统来实现的。分度盘固定在轴套一端，空套在摇臂与齿轮b之间的轴上。齿轮b与a的速比为1∶1。蜗杆为单头，蜗轮为40齿，故其速比为1/40，蜗轮固定在主轴上。

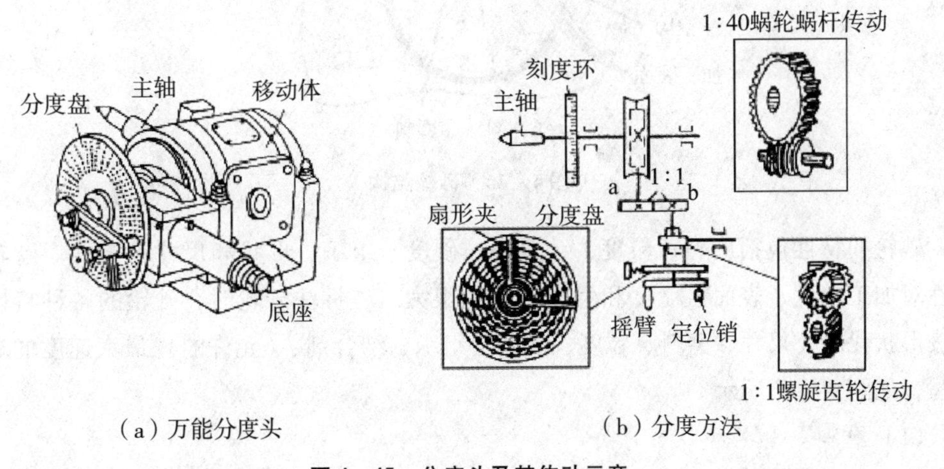

（a）万能分度头 （b）分度方法

图4-45 分度头及其传动示意

进行简单分度时，分度盘用固紧螺钉固定。由传动系统可知，当手柄转1转时，主轴只转1/40r，当对工件进行z等分时，每次分度，主轴转数为$1/z$圈，由此可得手柄转数为$n=40/z$。例如，某齿轮齿数为$z=36$，则每次分度手柄转数应为：$n=40/z=40/36=(1+1/9\text{r})$。即每次分度手柄应转1整圈又1/9圈，其中1/9圈为非整数圈，须借助分度盘进行准确分度。分度头一般备有两块分度盘。分度盘的正反两面有许多圈小孔，各圈孔数不同，但同一圈上的孔距相等。两块分度盘各圈的孔数如下：

第一块正面为：24，25，28，30，34，37；反面为：38，39，41，42，43。

第二块正面为：46，47，49，51，53，54；反面为：57，58，59，62，66。

为了获得1/9r，应选择孔数为9的倍数的孔圈。若选54孔的孔圈，则每次分度时，手柄转1整圈再转6个孔距，此时可调整分度盘上的扇形的夹角，使其所夹角度相当于欲分的孔距数，这样依次分度就可准确无误。

4.5 磨削

4.5.1 磨削加工

1. 砂轮

磨削加工（简称磨削）是一种以砂轮作为切削工具的精密加工方法。砂轮是由磨料和结合剂黏结而成的多孔物体，如图4－46所示。

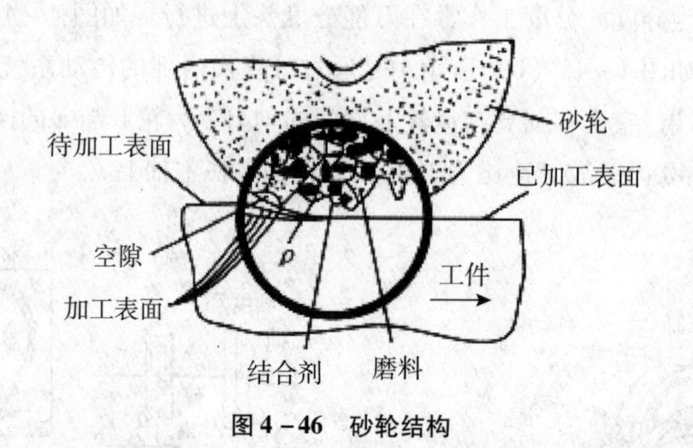

图4－46 砂轮结构

砂轮的特性包括磨料、粒度、结合剂、硬度、组织、形状和尺寸等方面。砂轮的特性对加工精度、表面粗糙度和生产率影响很大。在标注砂轮时，砂轮的各种特性指标按形状代号、尺寸、磨料、粒度、硬度、组织、结合剂、（允许的）最大速度的顺序书写，如图4－47所示。

（1）磨料。

磨料是砂轮和其他磨具的主要原料，直接担负切削工作。磨料应具有高硬度、高耐热性和一定的韧性，在切削过程中受力破碎后还要能形成尖锐的棱角。常用的磨料主要有三大类：刚玉类、碳化硅类和超硬类，它们的名称、代码、性能和应用如表4－1所示。

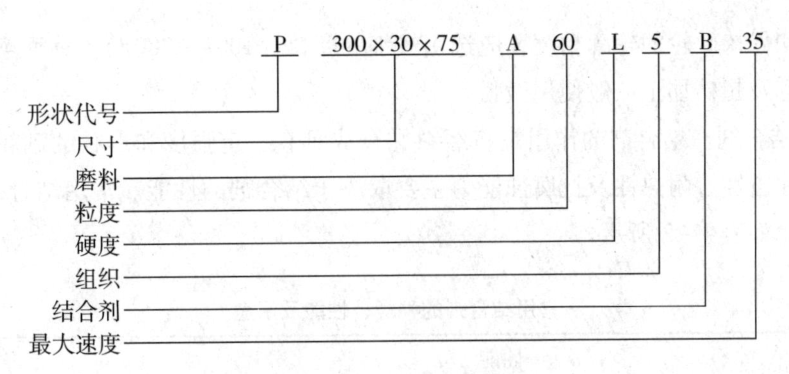

图 4-47　砂轮特性参数

表 4-1　常用磨料及其性能

类别	名称	代码	特性	用途
刚玉类	棕刚玉	A	含氧化铝 >95%，棕色；硬度高，韧性好，价廉	主要适于加工碳钢、合金钢、可锻铸钢、硬青铜等
	白刚玉	WA	含氧化铝 >98.5%，白色；比棕刚玉硬度高、韧性低，棱角锋利，价格较高	主要适于加工淬火钢、高速钢和高碳钢
碳化硅类	墨碳化硅	C	含碳化硅 >98.5%，黑色；硬度比白刚玉高，性脆而锋利，导热性好	主要适于加工铸铁、黄铜、铝及非金属材料
	绿碳化硅	GC	含碳化硅 >99%，绿色；硬度比脆性黑碳化硅更高，导热性好	主要适于加工硬质合金、宝石、陶瓷、玻璃等
超硬类	人造金刚石	SD	无色透明或成淡黄色、黄绿色、黑色；硬度高，比天然金刚石性脆，价格高昂	主要适于加工硬质合金、宝石等硬脆材料
	立方氮化硼	CBN	属于新型磨料，棕黑色，磨粒锋利；硬度略低于金刚石，与铁元素亲和力小	主要用于加工高硬度、高韧性的难加工材料，如不锈钢、高温合金、钛合金等

（2）粒度。粒度是指磨料颗粒（磨粒）的大小。磨粒的大小用粒度号表示，粒度号数字越大，磨粒越小。磨料粒度的选择，主要与加工精度、加工表面粗糙度、生产率以及工件的硬度有关。一般来说，磨粒越细，磨削的表面粗糙度值越小，生产率越低。粗磨时，要求磨削余量大，表面粗糙度较大，而粗磨的砂轮具有较大的气孔，不易堵塞，可采用较大的磨削深度来获得较高的生产率，因此，可选较粗的磨粒（36#～60#）；精磨时，要求磨削余量很小，表面粗糙度很小，须用较细的磨粒（60#～120#）。对于硬度低、韧性大的材料，为了避免砂轮堵塞，应选用较粗的磨粒。对于成形磨削，

为了提高和保持砂轮的轮廓精度，应选用较细的磨粒（100#～280#）。镜面磨削、精细珩磨、研磨及超精加工一般使用微粉。

（3）结合剂。结合剂的作用是将磨料黏合成具有一定强度和形状的砂轮。砂轮的强度、抗冲击性、耐热性及抗腐蚀能力主要取决于结合剂的性能。常用结合剂的种类、性能及用途如表4－2所示。

表4－2　　常用结合剂的种类、性能及用途

名称	代号	性能		用途
		优点	缺点	
陶瓷结合剂	V	耐热，耐腐蚀，强度高，气孔率大，磨削效率高，价格便宜	脆性大，不能承受剧烈振动	应用最广，适于 $V_{轮}<35\text{m/s}$ 磨削；可制造各种磨具，并适宜螺纹、齿形等成形磨削，但不能制作薄片砂轮
树脂结合剂	B	强度高，弹性大，耐冲击，可在高速下工作，有较好的摩擦抛光作用	耐热性、耐腐蚀性均较差	可用于 $V_{轮}>50\text{m/s}$ 的高速磨削；可制作荒磨钢锭或铸件的砂轮以及切割和开槽的薄片砂轮
橡胶结合剂	R	比树脂结合剂强度更高，弹性更大，有良好的抛光性能	气孔率小，磨粒易脱落，耐热性耐腐蚀性较差，有臭味	可制造磨削轴承沟道的砂轮、无心磨的砂轮和导轮、柔软抛光砂轮以及开槽和切割的薄片砂轮
金属结合剂	J	强度高、韧性好	砂轮自锐性差，砂轮修整难度大	制造各种金刚石与立方氮化硼砂轮

（4）硬度。砂轮的硬度和磨料的硬度是两个不同的概念。砂轮的硬度是指砂轮表面上的磨粒在外力作用下脱落的难易程度。容易脱落的为软砂轮，反之为硬砂轮。同一种磨料可做成不同硬度的砂轮，这主要取决于结合剂的性能、比例以及砂轮的制造工艺。常用砂轮的硬度等级如表4－3所示。通常，磨削硬材料时，砂轮硬度应低一些；反之，应高一些。有色金属韧性大，砂轮孔隙易被磨屑堵塞，一般不宜磨削。若要磨削，则应选择较软的砂轮。对于成形磨削和精密磨削，为了较好地保持砂轮的形状精度，应选择较硬的砂轮。一般磨削常采用中软级至中硬级砂轮。

表4－3　　常用砂轮的硬度等级

硬度等级	大级	超软		软			中软		中		中硬			硬		超硬
	小级	超软3	超软4	软1	软2	软3	中软1	中软2	中1	中2	中硬1	中硬2	中硬3	硬1	硬2	超硬
代码		D	F	G	H	J	K	L	M	N	P	Q	R	S	T	Y

（5）组织。砂轮的组织是指砂轮中磨料、结合剂、气孔三者体积的比例关系。砂轮的组织号是由磨料所占百分比来确定的。磨料所占体积越大，砂轮的组织越紧密；反之，组织越疏松，如图 4 – 48 所示。砂轮组织分类如表 4 – 4 所示。为了保证较高的几何形状和较低的表面粗糙度，成形磨削和精密磨削采用 0 ~ 4 级组织的砂轮；磨削淬火钢及刃磨刀具，采用 5 ~ 8 级组织的砂轮；磨削韧性大而硬度较低的材料，为了避免堵塞砂轮，采用 9 ~ 12 级组织砂轮。

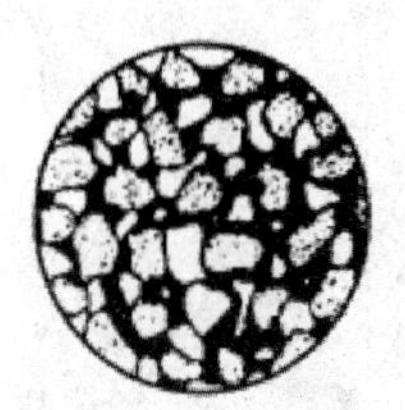
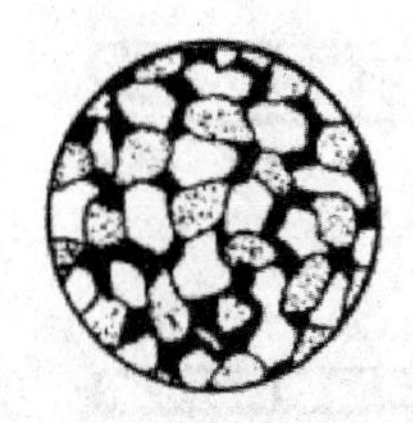
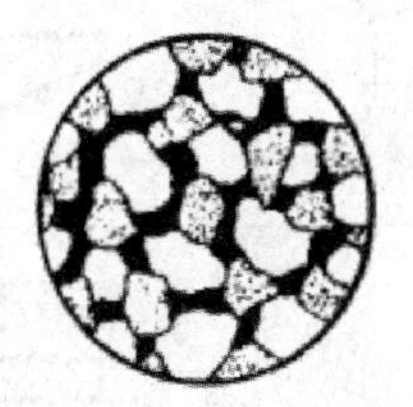

图 4 – 48　砂轮的组织

表 4 – 4　　砂轮组织分类

类别	紧密				中等				疏松				
组织号	0	1	2	3	4	5	6	7	8	9	10	11	12
磨料占砂轮体积（%）	62	60	58	56	54	52	50	48	46	44	42	40	38

（6）砂轮形状。根据机床类型和磨削加工的需要，将砂轮制成各种标准的形状。常用的几种砂轮代号、形状和应用如表 4 – 5 所示。

表 4 – 5　　砂轮的代号、形状及应用

砂轮名称	代号	形状简图	应用
平形砂轮	P		磨削内外圆柱面、平面等
双斜边砂轮	PSX		磨削齿轮与螺纹
筒形砂轮	N		端磨
杯形砂轮	B		磨削平面、内圆及刃磨刀具

续 表

砂轮名称	代号	形状简图	应用
碗形砂轮	BW		刃磨刀具
碟形砂轮	D		刃磨刀具
薄片砂轮	PB		切断与切槽

2. 磨削过程

磨削是用分布在砂轮表面上的磨粒进行切削的。每一颗磨粒的作用相当于一把车刀，整个砂轮的作用相当于具有很多刀齿的铣刀，这些刀齿是不等高的，具有不同的几何形状和切削角度。比较凸出和锋利的磨粒，可获得较大的切削深度，能切下一层材料，具有切削作用；凸出较小或磨钝的磨粒，只能获得较小的切削深度，在工件表面上划出一道细微的沟纹，工件材料被挤向两旁而隆起，但不能切下一层材料；凸出很小的磨粒，没有获得切削深度，既不能在工件表面上划出一道细微的沟纹，也不能切下一层材料，只对工件表面产生滑擦作用。对于那些起切削作用的磨粒，刚开始接触工件时，由于切削深度极小，磨粒切削能力差，在工件表面上只是滑擦而过，工件表面只产生弹性变形；随着切削深度的增大，磨粒与工件表面之间的压力增大，工件表层逐步产生塑性变形而刻划出沟纹；随着切削深度的进一步增大，被切材料层产生明显滑移而形成切屑。

综上所述，磨削过程就是砂轮表面上的磨粒对工件表面的切削、划沟和滑擦的综合作用过程。砂轮表面上的磨粒在高速、高温与高压下，逐渐磨损而钝化。钝化磨粒的切削能力急剧下降，如果继续磨削，作用在磨粒上的切削力将不断增大。当此力超过磨粒的极限强度时，磨粒就会破碎，形成新的锋利棱角进行磨削。当此力超过砂轮结合剂的黏结强度时，钝化磨粒就会自行脱落，使砂轮表面露出一层新鲜锋利的磨粒，从而使磨削加工能够继续进行。砂轮的这种自行推陈出新、保持自身锐利的性能称为自锐性。不同结合剂的砂轮其自锐性不同，陶瓷结合剂砂轮的自锐性最好，金属结合剂砂轮的自锐性最差。在砂轮使用一段时间后，砂轮会因磨粒脱落不均匀而失去外形精度或被堵塞，此时砂轮必须进行修整。

4.5.2 磨削的工艺特点

与其他加工方法相比，磨削加工具有以下特点。

1. 加工精度高、表面粗糙度小

由于磨粒的刃口半径 ϱ 小（46#白刚玉磨粒的 $\varrho=0.006\sim0.012$mm，而普通车刀的 $\varrho=0.012\sim0.032$mm），能切下一层极薄的材料；又由于砂轮表面上的磨粒多，磨削速度高（30～35m/s），同时参加切削的磨粒很多，在工件表面上形成细小而致密的网络磨痕，再加上磨床本身的精度高、液压传动平稳，因此，磨削的加工精度高（IT5～IT8），表面粗糙度小（$R_a=0.2\sim1.6\mu m$）。

2. 径向分力 F_y 大

磨削力一般分解为轴向分力 F_x、径向分力 F_y 和切向分力 F_z。车削加工时，主切削力 F_z 最大。而磨削加工时，由于磨削深度和磨粒的切削厚度都较小，所以，F_z 较小，F_x 更小。但因为砂轮与工件的接触宽度大，磨粒的切削能力较差，因此，F_y 较大。一般 $F_y=(1.5\sim3)F_z$。

3. 磨削温度高

由于具有较大负前角的磨粒在高压和高速下对工件表面进行切削、划沟和滑擦作用，砂轮表面与工件表面之间的摩擦非常严重，消耗功率大，产生的切削热多。又由于砂轮本身的导热性差，因此，大量的磨削热在很短的时间内不易传出，使磨削区的温度升高，有时高达800～1000℃。高的磨削温度容易烧伤工件表面。干磨淬火钢工件时，会使工件退火，硬度降低；湿磨淬火钢工件时，如果切削液喷注不充分，可能出现二次淬火烧伤，即夹层烧伤。因此，磨削时，必须向磨削区喷注大量的磨削液。

4. 砂轮有自锐性

砂轮的自锐性可使砂轮进行连续加工，这是其他刀具没有的特性。

4.5.3 普通磨削方法

磨削加工可以用来进行内孔、外圆表面、内外圆锥面、台肩端面、平面以及螺纹、齿形、花键等成形表面的精密加工。由于磨削加工精度高，粗糙度低，且可加工高硬度材料，所以应用非常广泛。

1. 外圆磨削

外圆磨削通常作为半精车后的精加工。外圆磨削有纵磨法、横磨法、深磨法和无心外圆磨法四种。

（1）纵磨法：在普通外圆磨床或万能外圆磨床上磨削外圆时，工件随工作台做纵向进给运动，每个单行程或往复行程终了时砂轮做周期性的横向进给，这种方式称为纵磨，如图4－49所示。由于纵磨时的磨削深度较小，所以磨削力小，磨削热少。当磨到接近最终尺寸时，可做几次无横向进给的光磨行程，直至火花消失为止。一个砂轮可以磨削不同直径和不同长度的外圆表面。因此，纵磨法的精度高，表面粗糙度 R_a 值小，适应性好，但生产率低。纵磨法广泛用于单件、小批量和大批、大量生产中。

（2）横磨法：在普通外圆磨床或万能外圆磨床上磨削外圆时，工件不做纵向进给运动，砂轮以缓慢的速度连续或断续地向工件做横向进给运动，直至磨去全部余量为止。这种方式称为横磨法，也称为切入磨法，如图 4－50 所示。横磨法生产率高，但工件与砂轮的接触面大，发热量大，散热条件差，工件容易发生热变形和烧伤现象。横磨法的径向力很大，工件更易产生弯曲变形。由于无纵向进给运动，工件表面易留下磨削痕迹，因此，有时在横磨的最后阶段进行微量的纵向进给以减小磨痕。横磨法只适宜磨削大批、大量生产的、刚性较好的、精度较低的、长度较短的外圆表面以及两端都有台阶的轴颈。

（3）深磨法：深磨法的加工原理如图 4－51 所示。磨削时采用较小的进给量（一般取 1～2mm/r），较大的磨削深度（一般为 0.3mm 左右），在一次切削行程中切除全部磨削余量。深磨所使用的砂轮被修整成锥形，其锥面上的磨粒起粗磨作用；直径大的圆柱表面上的磨粒起精磨与修光作用。因此，深磨法的生产率较高，加工精度较高，表面粗糙度较低。深磨法适用于大批、大量生产的、刚度较大工件的精加工。

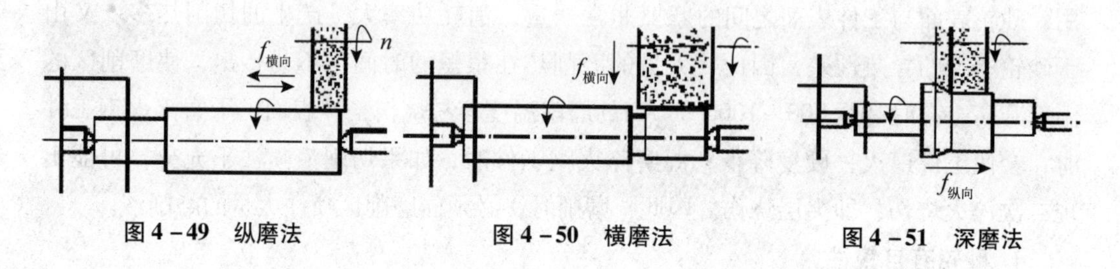

图 4－49　纵磨法　　图 4－50　横磨法　　图 4－51　深磨法

（4）无心外圆磨法：无心外圆磨法的加工原理如图 4－52 所示。磨削时，工件放在两轮之间，下方有一托板。大轮为工作砂轮，旋转时起切削作用；小轮是磨粒极细的橡胶结合剂砂轮，称为导轮。两轮与托板组成 V 形定位面托住工件。导轮速度 $v_导$ 很低，一般为 0.3～0.5m/s，无切削能力，其轴线与工作砂轮轴线斜交 β 角。$v_导$ 可分解成 $v_工$ 与 $v_进$。$v_工$ 用以带动工件旋转，即工件的圆周进给速度；$v_进$ 用以带动工件轴向移动，即工件的纵向进给速度。为了使工件定位稳定，并与导轮有足够的摩擦力矩，必须把导轮与工件接触部位修整成直线。因此，导轮圆周表面为双曲线回转面。无心外圆磨削在无心外圆磨床上进行。无心外圆磨床生产率很高，但调整复杂；不能校正套类零件孔与外圆的同轴度误差；不能磨削具有较长轴向沟槽的零件，以防外圆产生较大的圆度误差。因此，无心外圆磨法主要用于大批、大量生产的细长光轴、轴销和小套等。

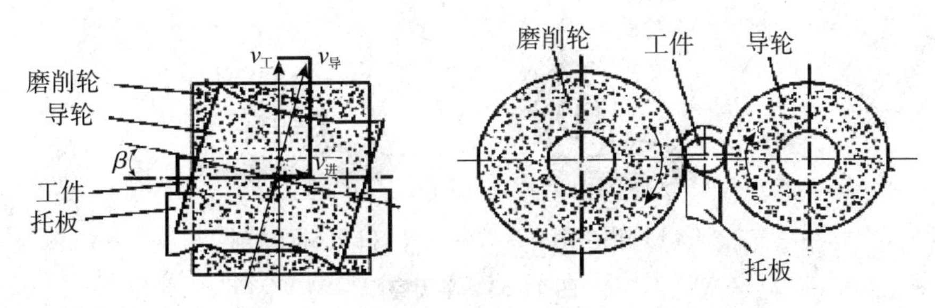

图4-52 无心外圆磨法

2. 内圆磨削

内圆磨削在内圆磨床或无心内圆磨床上进行，其主要磨削方法有纵磨法和横磨法。

（1）纵磨法：纵磨法的加工原理与外圆的纵磨法相似，纵磨法需要砂轮旋转、工件旋转、工件往复运动和砂轮横向间隙运动。

（2）横磨法：横磨法的加工原理与外圆的横磨法基本相同，其不同的是砂轮的横向进给是从内向外。

与外圆磨削相比，内圆磨削主要有下列特征。

①磨削精度较难控制。因为磨削时砂轮与工件的接触面积大，发热量大，冷却条件差，工件容易产生热变形，特别是因为砂轮轴细长，刚性差，易产生弯曲变形，造成圆柱度（内圆锥）误差。因此，一般需要减小磨削深度，增加光磨次数。内圆磨削的尺寸公差等级可达IT6~IT8。

②磨削表面粗糙度 R_a 大。内圆磨削时砂轮转速一般不超过20000r/min。由于砂轮直径很小，外圆磨削时其线速度很难达到30~50m/s。内圆磨削的表面粗糙度 R_a 值一般为0.4~1.6μm。

③生产率较低。因为砂轮直径很小，磨耗快，冷却液不易冲走屑末，砂轮容易堵塞，故砂轮需要经常修整或更换。此外，为了保证精度和表面粗糙度，必须减小磨削深度和增加光磨次数，也必然影响生产率。

基于以上情况，在某些生产条件下，内圆磨削常被精镗或铰削所代替。但内圆磨削毕竟还是一种精度较高、表面粗糙度较低的加工方法，能够加工高硬度材料，且能校正孔的轴线偏斜。因此，有较高技术要求的或具有台肩而不便进行铰削的内圆表面，尤其是经过淬火的零件内孔，通常还要采用内圆磨削。

3. 平面磨削

平面磨削主要有圆周磨削和端面磨削两种方式，如图4-53所示。

（1）圆周磨削：是利用砂轮圆周上的磨粒进行磨削的。砂轮与工件的接触面积小，磨削力小，磨削热少，冷却与排屑条件好，砂轮磨损均匀，所以磨削的精度高，表面粗糙度低。磨削的两平面之间的尺寸公差等级可达IT5~IT6，表面粗糙度 R_a 值为0.2~0.8μm，直线度可达0.02~0.03min/m。

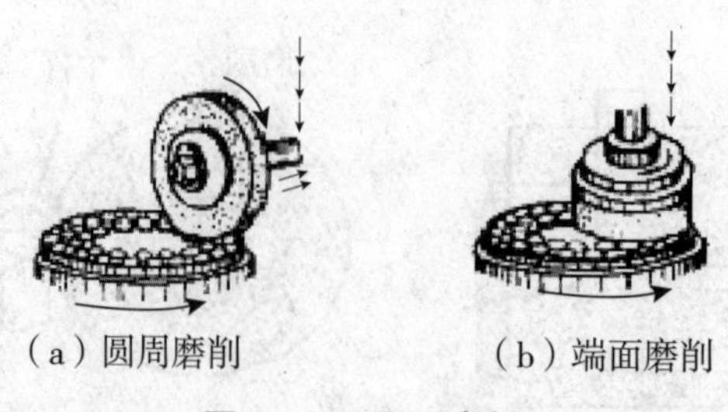

（a）圆周磨削　　（b）端面磨削

图4-53　平面磨削

（2）端面磨削：是利用砂轮的端面磨粒进行磨削的。这种磨削所采用的磨床功率很大，砂轮轴悬伸长度短，刚性好，可采用较大的磨削用量，生产率较高。但砂轮与工件的接触面积大，磨削热多，冷却与散热条件差，工件产生热变形大。此外，砂轮各点的圆周速度不同，砂轮磨损不均匀。因此，磨削精度较低，一般用来磨削精度不高的平面或作为粗磨代替平面铣削和刨削。

4.5.4　先进磨削方法

随着当代科学技术的发展，普通磨削已逐步向高精度、高效率、自动化等方向发展。

1. 高精度、低粗糙度磨削

高精度、低粗糙度磨削主要包括精密磨削、超精磨削和镜面磨削。其加工精度很高，表面粗糙度 R_a 值极小，加工质量可以达到光整加工的水平。提高精度和降低粗糙度必须采取以下措施。

（1）必须采用高精度的磨床，其砂轮主轴旋转精度、砂轮架相对工作台振动的振幅、横向进给机构的重复精度均应达到1~2μm，当工作台纵向进给速度≤10mm/min时应无爬行现象。

（2）必须提高工件定位基准的精度，尽量减小工件的受力变形和热变形，合理选择砂轮磨粒并对砂轮进行精细的修整。使用锋锐的金刚石笔，以0.002~0.005mm/str的横向进给量和10~50mm/min的纵向进给速度对砂轮进行2~4次的精细修整，可使砂轮上原有的磨粒形成许多近于等高的微小切削刃，表现为微刃性和微刃的等高性，如图4-54所示。

（3）磨削时利用微刃切削形成浅细的磨痕，利用半钝状态的微刃对工件表面起摩擦抛光作用，从而可获得很低的表面粗糙度。高精度、低粗糙度磨削的磨削深度一般为0.0025~0.005mm。

（4）为了减小磨床振动，磨削速度应较低，一般为15~30m/s。

2. 高效率磨削

高效率磨削的主要发展方向是高速磨削、缓进深切磨削、砂带磨削。

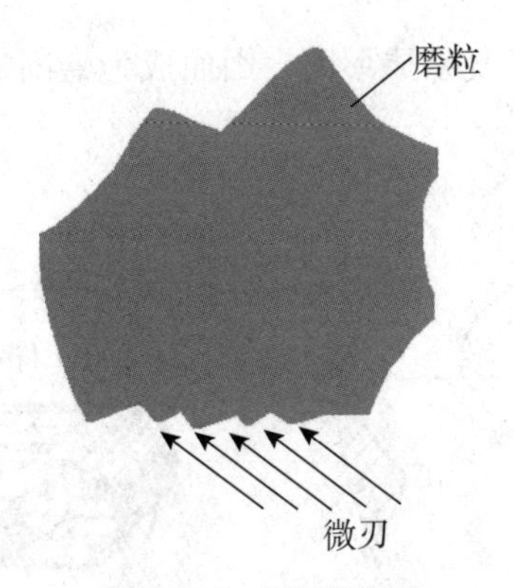

图 4－54　磨粒的微刃

（1）高速磨削：是砂轮速度 $v > 50\mathrm{m/s}$ 的磨削。迄今为止，最高试验磨削速度已达到 400m/s。磨削速度为 80～250m/s 的磨削是最常用的高速磨削技术。高速磨削的主要优越性如下。

①可以大幅提高磨削效率。由图 4－55 可知，当砂轮速度提高时，若磨削深度和工件圆周进给速度不变，则每个磨粒的切削深度减小，磨粒在工件表面留下的磨痕深度减小，表面粗糙度 R_a 值减小；若保持整个磨粒的切削厚度不变，即表面粗糙度不变，则可相应增加工件的圆周进给速度和磨削速度，从而大大提高生产率。例如，磨削速度为 200m/s 的磨削效率比磨削速度为 80m/s 的磨削效率提高 150%。但高速磨削对磨床、砂轮、冷却液供应提出了较高的要求。

②加工精度高、表面粗糙度低。当磨削效率相同时，磨削速度从 80m/s 提高到 200m/s 时，其磨削力降低了 50%，有利于保证工件的加工精度。当磨削速度由 33m/s 提高到 200m/s 时，其加工表面粗糙度值降低了一半。

③可减小砂轮磨损，大幅延长砂轮寿命，有助于实现磨削加工自动化和无人化。用金刚石砂轮磨削氮化硅陶瓷时，磨削速度由 30m/s 提高到 160m/s，砂轮磨削比提高了 5.6 倍。在磨削效率不变的条件下，当磨削速度由 80m/s 提高到 200m/s 时，砂轮寿命提高了 7.8 倍。

（2）缓进深切磨削：是以大的磨削深度（可达十几毫米）和很小的纵向进给（是普通磨削的 1/100～1/10）进行磨削的方法。由于磨削深度增大，砂轮与工件的接触弧长比普通磨削大十几倍到几十倍，同时参加磨削的粒度数随之增多，磨削力和磨削热也增加。为此，要采用顺磨法，即砂轮与工件接触部分的旋转方向和工件的进给运动方向一致，以改善冷却条件，可获得较低的表面粗糙度。缓进深切磨削适用于加工各种型面和沟槽，特别是能有效地磨削难加工材料的各种成形表面，并可将铸、锻件毛坯直接磨削成形。

（3）砂带磨削：其加工原理如图 4－56 所示，砂带回转为主运动，工件由传送带带动做进给运动，工件经过支承板上方的磨削区，即完成加工。砂带磨削的生产率高，加工质量好，并能方便地加工复杂成形面，因而成为磨削加工发展的重要方向之一。

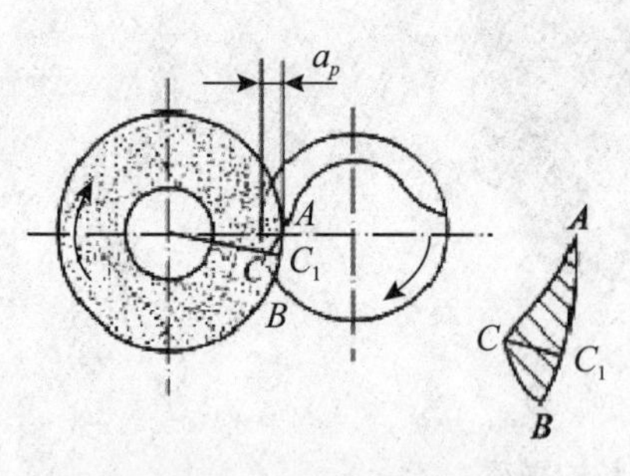

图 4－55　外圆磨削厚度示意

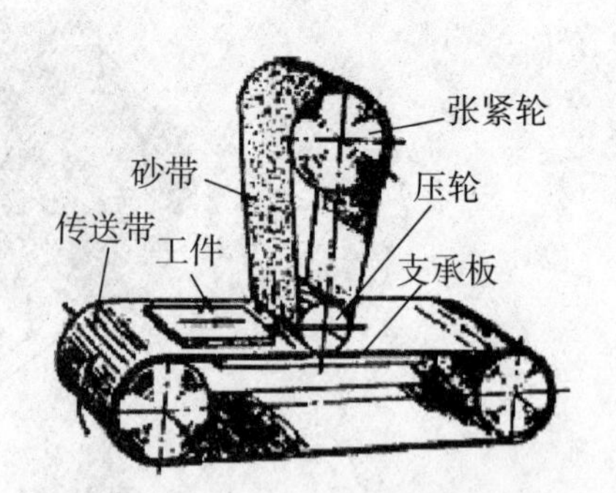

图 4－56　砂带磨削原理示意

3. **超硬磨料砂轮磨削**

超硬磨料砂轮就是金刚石砂轮与立方氮化硼砂轮的总称。金刚石是目前硬度最高的磨料，强度高，耐磨性和导热性好，且颗粒锋利。因此，金刚石砂轮具有良好的磨削性能，是磨削和切割光学玻璃、宝石、硬质合金、陶瓷、半导体等高硬脆材料的最好磨具。用金刚石砂轮磨削硬质合金刀具，刃口锋利，表面不出现裂纹，表面粗糙度 R_a 值可达 0.2～0.4μm，刀具耐用度可提高 1～3 倍，生产率比用碳化硅砂轮提高 5 倍，砂轮的磨耗也很小，但金刚石砂轮价格高昂。金刚石中的碳与铁分子的亲和力很强，故不宜磨削铁族金属。立方氮化硼砂轮的结构和磨料的性能与金刚石砂轮类似，但它与铁族元素分子的亲和力小，适于磨削不锈钢、高速钢、钛合金、高温合金等硬度高、强度高的难加工材料。用金刚石砂轮与立方氮化硼砂轮磨削时，工件余量不应超过 0.1～0.2mm，磨削深度一般为 0.005～0.01mm。磨削质量高，生产率高，磨削比大，经济性好。

4. **磨削加工自动化**

磨削加工自动化可以提高生产率、节省劳动力、改善劳动条件和降低生产成本。磨削加工自动化已经从自动进给、自动磨削循环、磨削自动测量、砂轮自动平衡与自动修整、自动补偿等发展到现在的计算机数控（CNC）磨床加工和磨削加工中心加工。磨削加工中心除了具有数控磨床的功能以外，还要具备以下三个基本功能：①连机测量；②自动交换砂轮，实现砂轮多位化；③自动交换工件，实现工件装卸无人化。目前，磨削中心的精度为：主轴回转精度 0.5μm，定位精度 ±1.0μm，重复定位精度 0.7μm，轮廓加工精度 5μm。

习题

1. 一般情况下，车削的切削过程为什么比刨削、铣削等平稳？对加工有何影响？

2. 加工要求精度高、表面粗糙度值小的紫铜或铝合金轴件外圆时，应选用哪种加工方法？为什么？

3. 何谓钻孔时的“引偏”？试举出几种减小引偏的措施。

4. 在车床上钻孔或在钻床上钻孔，由于钻头弯曲都会产生“引偏”，它们对所加工的孔有何不同影响？在随后的精加工中，哪一种比较容易纠正？为什么？

5. 试分析钻孔、扩孔和铰孔三种孔加工方法的工艺特点，并说明这三种孔加工工艺之间的联系。

6. 拉削加工的质量好、生产率高，为什么在单件、小批量生产中却不宜采用？

7. 镗床镗孔与车床镗孔有何不同？各适用于什么场合？

8. 试述刨削的工艺特点和应用。

9. 试述铣削加工的工艺范围及特点。

10. 端铣与周铣，逆铣与顺铣各有何特点？应用如何？

11. 用周铣法铣平面时，从理论上分析，顺铣比逆铣有哪些优点？实际生产中，目前多采用哪种铣削方法？为什么？

12. 试分析磨平面时，端磨法与周磨法各自的特点。

13. 普通砂轮有哪些组成要素？各以什么代号表示？

14. 说明下面标志的意义：

1 型 – 圆周型面 400 × 50 × 203 – WAF60K5V – 35m/s

15. 既然砂轮在磨削过程中有自锐作用，为什么还要进行修整？

16. 磨孔和磨平面时，由于背向力 F 的作用，可能产生什么样的形状误差？为什么？

5 典型表面加工方案分析

零件表面的加工方法很多，加工时必须根据具体情况，选择最合适的加工方法，即在保证加工质量的前提下，选择生产率高且加工成本低的加工方法。零件表面加工方法选择的主要依据有：加工表面的精度和粗糙度、零件的结构特点、零件材料的性质、毛坯种类及生产类型。本章的主要内容如下：

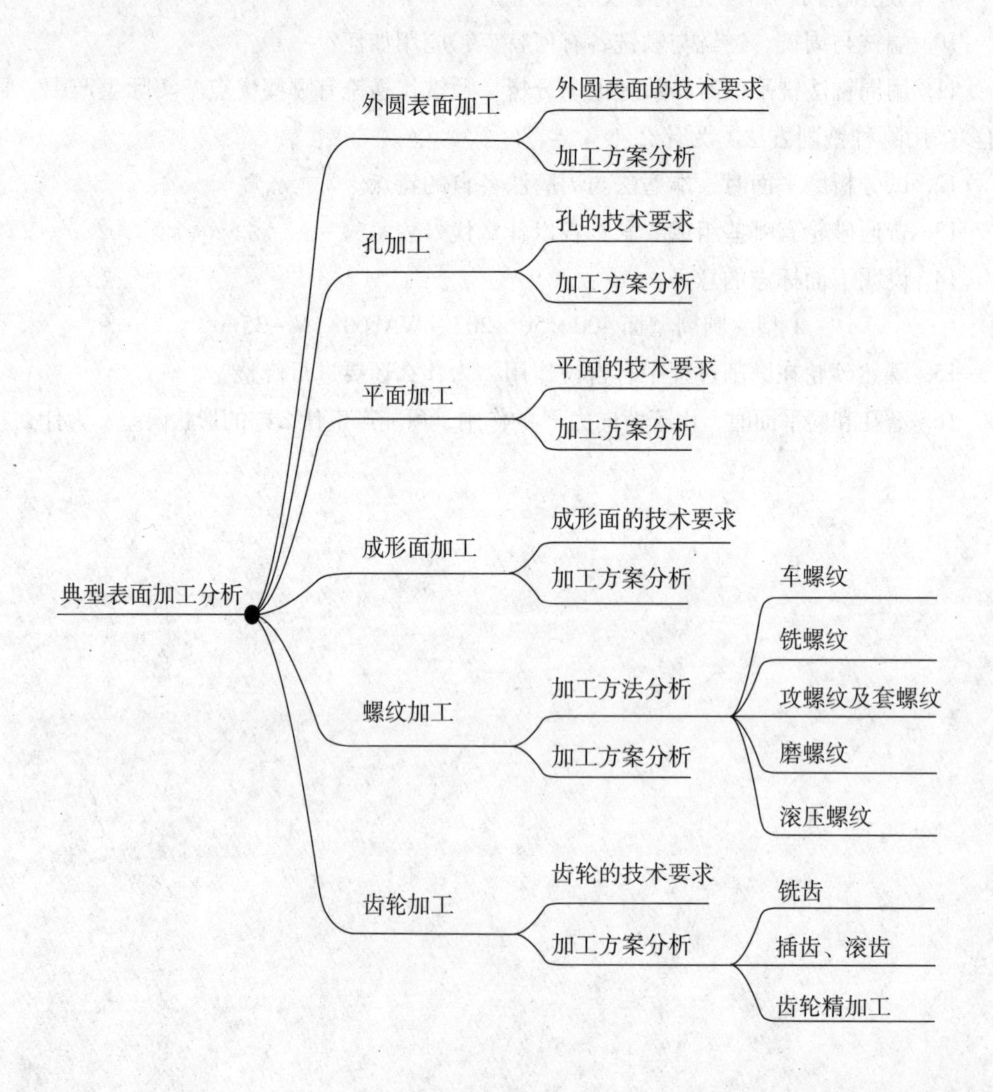

5.1　外圆表面加工

1. 外圆表面的技术要求

外圆表面的技术要求主要有：外圆表面本身的尺寸精度；外圆表面的形状精度（圆度、圆柱度等）；外圆表面与其他表面的位置精度（与内圆表面之间的同轴度、与端面之间的垂直度等）；表面完整性（表面粗糙度、表面残余应力、表面硬度、金相组织等）。

2. 外圆表面加工方案的选择

外圆表面的加工方法主要有：车削、磨削、精密磨削、研磨和超级光磨。依据毛坯情况和加工要求，分为粗车、半精车、精车和精细车等加工阶段。粗车的主要任务是采用较大的背吃刀量、较大的进给量和中等切削速度，迅速切除毛坯上多余的金属层，尽可能提高生产率；粗车之后为磨削或精车安排的预加工，其主要任务是提高尺寸精度和减小表面粗糙度；精车是达到精度要求的最终加工或为精磨加工和光整加工做准备的预加工；精细车用于有色金属加工或者精度要求很高而形状复杂、不便磨削与光整加工的钢件的最终加工。外圆磨削是外圆面精加工的主要方法，既能加工淬硬零件，也能加工未淬火零件。根据不同的加工精度和表面粗糙度要求，外圆磨削可分为粗磨、精磨、精密磨削和超精密磨削。外圆表面的加工顺序如图 5－1 所示，外圆表面的加工方案如表 5－1 所示。

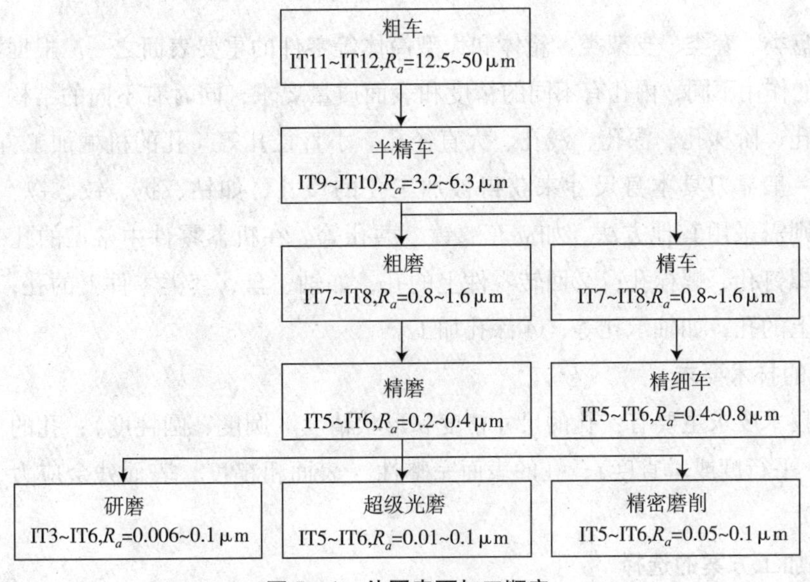

图 5－1　外圆表面加工顺序

表 5-1　　外圆表面加工方案

加工方案	适用范围	
	精度及表面粗糙度	工件材料
粗车	IT11 ~ IT12 $R_a = 12.5 \sim 50\mu m$	热处理前硬度≤32HRC，如钢件、铸铁件、有色金属、高温合金等
粗车—半精车	IT9 ~ IT10 $R_a = 3.2 \sim 6.3\mu m$	
粗车—半精车—粗磨	IT7 ~ IT8 $R_a = 0.8 \sim 1.6\mu m$	
粗车—半精车—粗磨—精磨	IT5 ~ IT6 $R_a = 0.2 \sim 0.4\mu m$	有色金属除外
粗车—半精车—粗磨—精磨—研磨（或超级光磨、精密或超精密磨削）	IT5 ~ IT6 $R_a = 0.006 \sim 0.1\mu m$	
粗车—半精车—精车	IT7 ~ IT8 $R_a = 0.8 \sim 1.6\mu m$	有色金属
粗车—半精车—精车—精细车	IT5 ~ IT6 $R_a = 0.4 \sim 0.8\mu m$	

5.2　孔加工

孔是盘类、套类、支架类、箱体和大型筒体等零件的重要表面之一。根据零件在机械产品中的作用不同，内孔有不同的精度和表面质量要求，同时有不同的结构尺寸，如通孔、盲孔、阶梯孔、深孔、浅孔、大直径孔、小直径孔等。孔的机械加工方法较多。中小型孔一般靠刀具本身尺寸来获得被加工孔的尺寸，如钻、扩、铰、锪、拉孔等；较大型孔则需采用其他方法，如立车、镗、磨孔等。在机器零件中常见的孔有：①紧固孔，如螺钉孔、螺栓孔；②回转零件上的孔，如轴、盘、套类零件上的孔；③箱体、支架零件上的孔，如轴承孔等；④深孔加工。

1. 孔的技术要求

孔的技术要求主要有：孔的尺寸精度和形状精度（圆度、圆柱度）；孔的位置精度（同轴度、平行度或垂直度）；孔的表面完整性（表面粗糙度、表面残余应力、表面加工硬化等）。

2. 孔加工方案的选择

孔的主要加工方法有传统加工，如钻、扩、铰、镗、拉、磨，还有一些特种加工方法，如电解加工、电火花加工、超声波加工、激光加工等。孔的各种加工方法所能

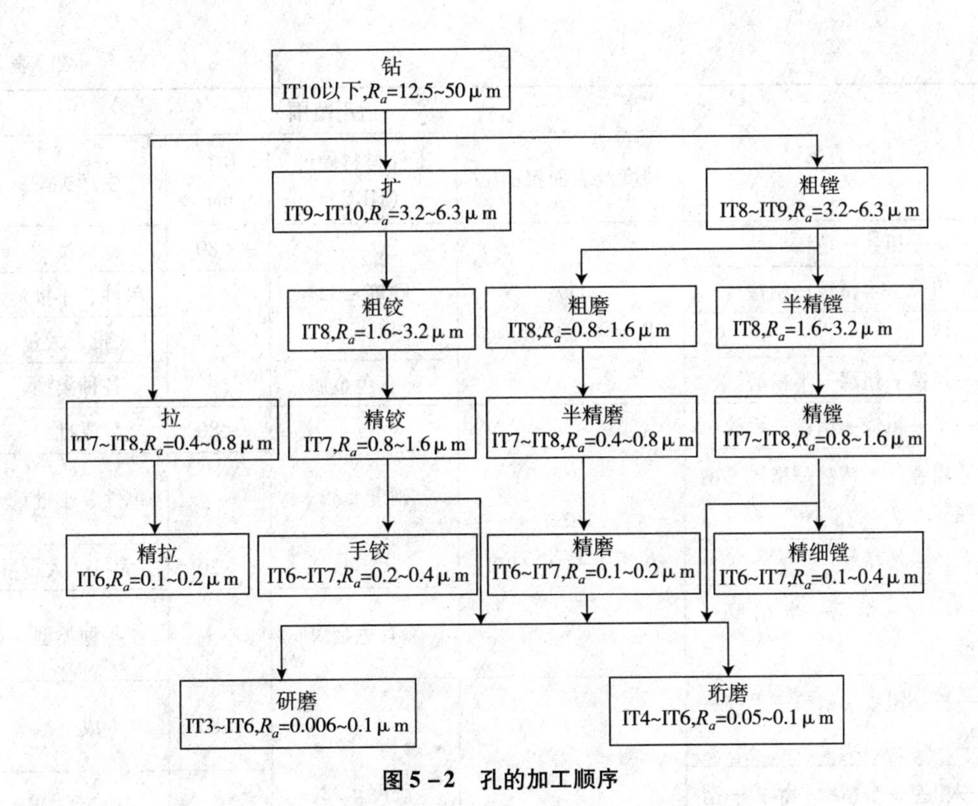

图 5－2 孔的加工顺序

达到的精度、表面粗糙度和加工顺序如图 5－2 所示。孔的加工可分为在实体材料上加工孔和对已有的孔进行进一步加工。在实体材料上加工孔的方案如表 5－2 所示。对已铸出或锻出的孔进行加工时，开始采用扩孔或镗孔，后续加工与表 5－2 所述完全一致。对于工件材料硬度大于 32HRC 的孔，一般采用特种加工，然后根据需要进行光整加工。对于平底盲孔一般采用“钻—镗”加工方案。

表 5－2 孔的加工方案

加工方案	适用范围			
	精度及表面粗糙度	工件材料硬度（HRC）	孔径（mm）	生产类型
钻	IT11 以下 $R_a=12.5\sim50\mu m$	硬度≤32	≤75	各种类型
钻—扩	IT9～IT10 $R_a=3.2\sim6.3\mu m$		≤30	
钻—粗镗			>30	
钻—扩—粗铰	IT8 $R_a=1.6\sim3.2\mu m$		≤80	成批
钻—粗镗—半精镗			>20	单件、小批量
钻—拉				大批、大量
钻—粗镗—粗磨		除有色金属		各种类型

续 表

加工方案	适用范围			
	精度及表面粗糙度	工件材料硬度（HRC）	孔径（mm）	生产类型
钻—扩—粗铰—精铰	IT7 $R_a=0.4\sim1.6\mu m$	硬度≤32	≤80	成批
钻—粗镗—半精镗—精镗			>20	单件、小批量
钻—拉				大批、大量
钻—粗镗—粗磨—半精磨		除有色金属		各种类型
钻—扩—粗铰—精铰—手铰	IT6 $R_a=0.2\sim0.7\mu m$	硬度≤32	≤80	成批
钻—粗镗—半精镗—精镗—精细镗			>20	单件、小批量
钻—拉—精拉				大批、大量
钻—粗镗—粗磨—半精磨—精磨		除有色金属		各种类型
钻—扩—粗铰—精铰—手铰—研磨	IT6 $R_a=0.006\sim0.1\mu m$	硬度≤32	≤80	成批
钻—粗镗—半精镗—精镗—精细镗—研磨			>20	单件、小批量
钻—拉—精拉—研磨				大批、大量
钻—粗镗—粗磨—半精磨—精磨—研磨		除有色金属		单件、小批量
钻—粗镗—粗磨—半精磨—精磨—珩磨				大批、大量

5.3　平面加工

平面是盘形、板形、箱体及支架零件的主要表面，是其他表面的基准面。

1. 平面的技术要求

平面的技术要求主要有：平面本身的尺寸精度和形状精度（平面度）；平面的位置精度（如平面与平面、外圆轴线、内孔轴线的平行度或垂直度）；平面的表面完整性（如表面粗糙度、表面残余应力、表面加工硬化等）。

2. 平面的加工方案选择

平面的加工方法有：铣削、刨削、磨削、车削、拉削等，其中以铣削和刨削为主。平面的各种加工方法所能达到的精度、表面粗糙度和加工顺序如图 5－3 所示。平面的加工方案如表 5-3 所示。如果需要光整加工，可采用研磨、超级光磨或超精密磨削。但磨削、超级光磨和超精密磨削不能加工有色金属。

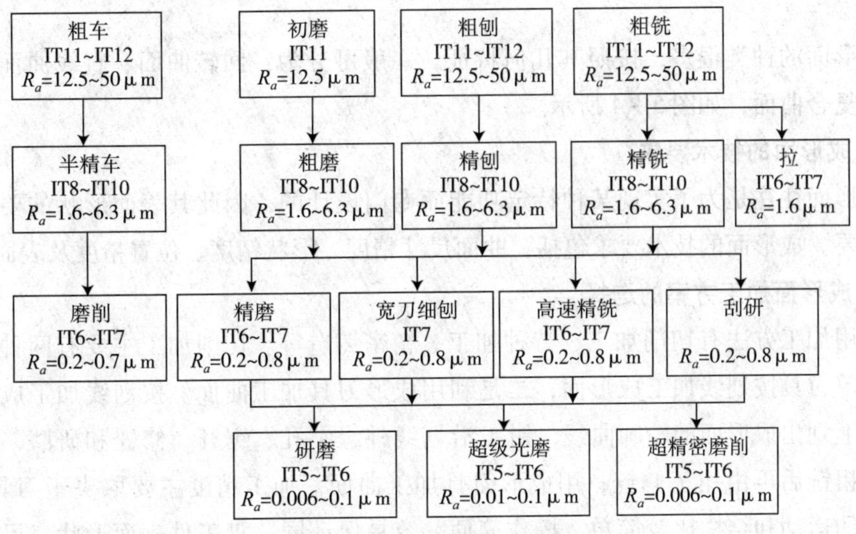

图 5-3　平面的加工顺序

表 5-3　　平面加工方案

加工方案	适用范围			
	精度及表面粗糙度	工件材料硬度（HRC）	平面类型	生产类型
粗刨或粗铣	IT11~IT12 R_a=12.5~50μm	≤32	各种类型	各种类型
初磨		>32	各种类型	各种类型
粗刨—精刨	IT8~IT10 R_a=1.6~6.3μm	≤32	各种类型	单件、小批量
			窄长平面	各种类型
粗铣—精铣			各种类型	大批、大量
粗车—半精车			端面	各种类型
初磨—粗磨		>32	各种类型	各种类型
粗刨—精刨—宽刀细刨	IT6~IT7 R_a=0.2~0.8μm	≤32	窄长平面	各种类型
粗铣—精铣—高速精铣			各种类型	各种类型
粗铣—拉削			窄小平面	大批、大量
粗铣（刨）—精铣（刨）—磨削			各种类型	各种类型
粗车—半精车—磨削			端面	各种类型
初磨—粗磨—精磨		>32	各种类型	各种类型
粗铣（刨）—精铣（刨）—刮研	IT8~IT10 R_a=0.2~0.8μm	≤32	各种类型	单件、小批量

5.4 成形面加工

成形面的种类很多，按照其几何特征，一般可分为：回转曲面、直线曲面、立体曲面及复合曲面，如图 5 - 4 所示。

1. 成形面的技术要求

成形面往往是为了实现某种特定功能而专门设计的，因此其表面形状的要求显得更为重要。成形面的技术要求包括：曲面尺寸精度、形状精度、位置精度及表面质量。

2. 成形面加工方案的选择

常用加工方法有切削加工、特种加工、精密铸造等。切削加工主要有两种：一是利用简单刀具按划线加工成形面，二是利用成形刀具加工曲面。按划线加工成形面是在工件上划出成形面的轮廓曲线，钳工沿划线外缘钻孔、锯开、修锉和研磨，也可以用铣床粗铣后再由钳工修锉；用成形刀具加工曲面，加工精度主要取决于刀具精度，且机床的运动和结构比较简单，操作简便，容易保证同一批工件表面形状、尺寸的一致性和互换性。成形面加工方法的选择主要根据成形面的尺寸、性状、批量来选择，如表 5 - 4 所示。

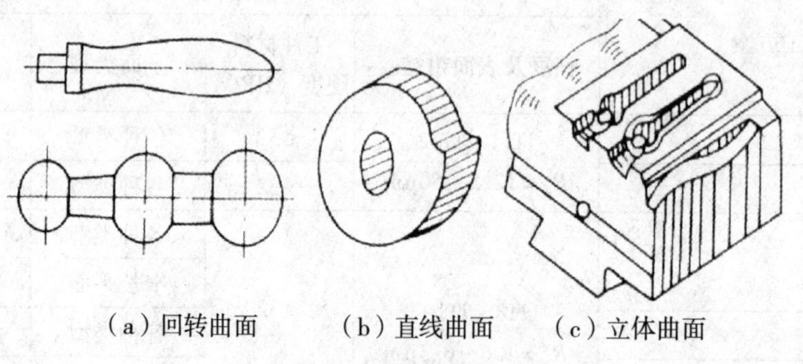

（a）回转曲面　（b）直线曲面　（c）立体曲面

图 5 - 4　成形面分类

表 5 - 4　成形面加工方法

尺寸	性状	批量	加工方法
小	回转体	大批、大量	成形车刀—自动车床
		小批量	成形车刀—普通车床
	直槽和螺旋槽		成形铣刀—万能车床
较大	成形面	大批、大量	仿形车、仿形铣
		小批量	普通车、铣、刨；数控机床（高效）
	特定成形面	大批、大量	拉刀—专门化机床

5.5 螺纹加工

5.5.1 螺纹加工方法

螺纹加工的方法很多，常用的方法有车螺纹、铣螺纹、攻螺纹及套螺纹、磨螺纹、滚压螺纹及电火花加工螺纹等。

1. 车螺纹

车螺纹（图5－5）是在卧式车床上用螺纹车刀进行加工的一种传统方法，其刀具结构简单、通用性强，可加工未淬火的各种材料、各种形状及尺寸的内、外螺纹，特别适于加工大尺寸螺纹，精度可达4～8级，表面粗糙度 R_a 值可达0.4～3.2μm。

车螺纹生产效率低，加工质量主要取决于工人的技术水平、机床及刀具本身的精度。由于此法通用性强，故适用于单件、小批量生产。为提高车螺纹的生产率，实际生产中还经常采用螺纹梳刀进行加工。如图5－6所示，常用的螺纹梳刀有三种：平体螺纹梳刀、棱体螺纹梳刀和圆体螺纹梳刀。螺纹梳刀实质上是把几个螺纹廓形的切削刃组合在一起的多齿螺纹车刀，由各刀齿分担切削负荷，一次走刀就能切出全部螺纹，故生产率高。使用这种方法，刀具生产成本较高，适于批量生产。

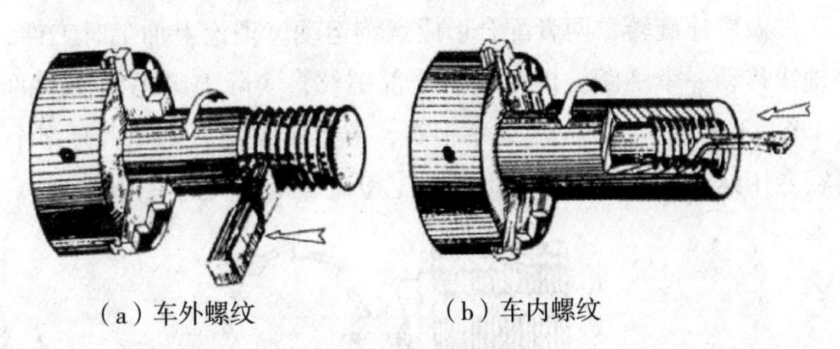

（a）车外螺纹　（b）车内螺纹

图5－5　车螺纹

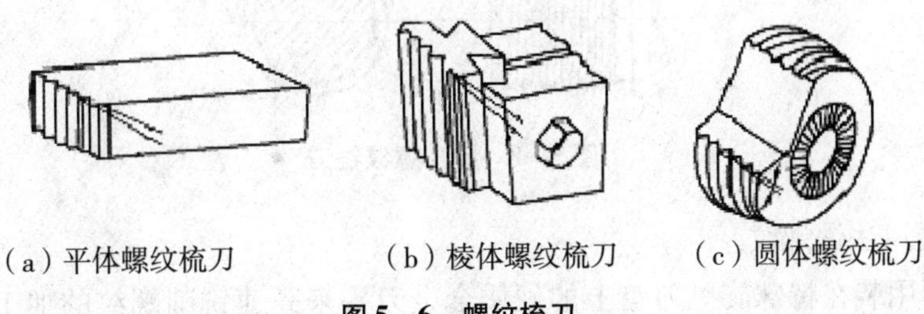

（a）平体螺纹梳刀　（b）棱体螺纹梳刀　（c）圆体螺纹梳刀

图5－6　螺纹梳刀

2. 铣螺纹

铣螺纹多用于大直径、螺距较大的梯形螺纹和模数螺纹加工。与车螺纹相比，铣螺纹的精度较低，可达6～9级，表面粗糙度 R_a 值可达3.2～6.3μm，生产效率较高，常用于大批量生产中螺纹的粗加工或半精加工。常用的铣螺纹的方法有以下几种。

（1）盘状铣刀铣螺纹。

图5－7所示为在万能卧铣上用盘状铣刀铣削梯形螺纹。工件的安装、配换齿轮的计算与铣削螺旋槽相同，并且需要使工作台旋转；工作台不能旋转时（普通铣床）可使用万能铣头，使铣刀轴线与工件轴线夹角等于螺纹升角。加工时，铣刀高速旋转，而工件由工作台带动沿工件轴线移动，并由分度头带动慢速转动。如果要铣削多线螺纹，可以利用分度头对工件进行分线，再依次铣出各条螺纹槽。由于加工精度较低，通常只作为粗加工。

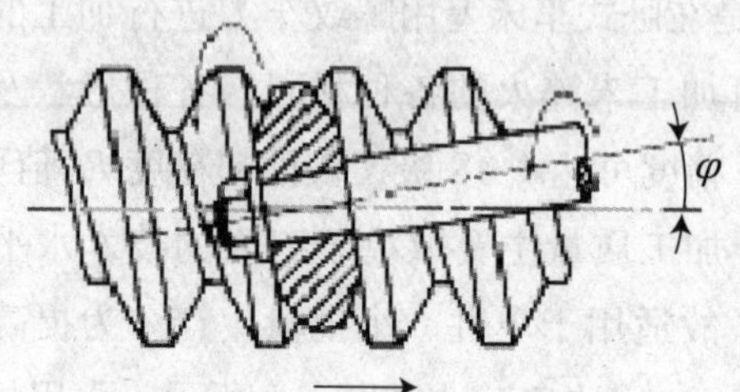

图5－7　盘状铣刀铣削梯形螺纹

（2）梳形铣刀铣螺纹。

如图5－8所示，加工时，梳形螺纹铣刀与工件轴线平行做高速旋转运动并沿工件轴线移动。工件做慢速旋转，两者配合形成螺旋运动。理论上加工时工件只需转一转，铣刀沿工件轴线移动一个螺距，即可切出全部螺纹，实际上考虑到铣刀的切入和退出工件需多转1/6～3/8转。此法加工效率很高，梳形螺纹铣刀实际上是多个盘状铣刀的组合，需要在专用螺纹铣床上加工，适于加工短而螺距不大的三角螺纹。

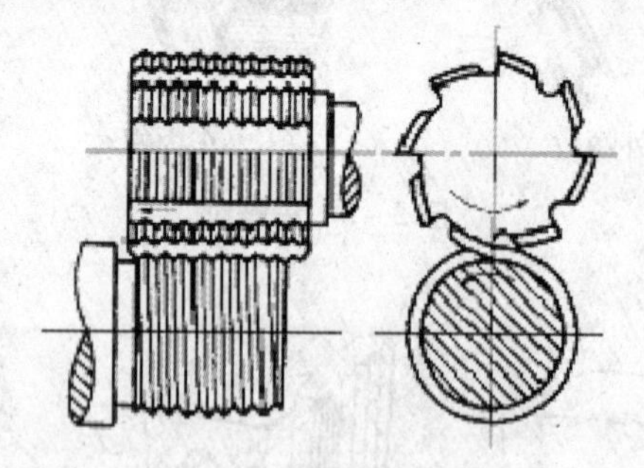

图5－8　梳形螺纹铣刀

（3）旋风法铣螺纹。

这是利用装在特殊旋风刀盘上的硬质合金刀头来高速铣削螺纹的加工方法，可以在专用铣床上进行，也可以在改装后的普通车床上进行，如图5－9所示。

加工时，安装在大拖板上的铣刀盘（旋风切削头）做高速旋转（1000～3000r/min），并沿工件轴线方向做纵向进给运动，工件做缓慢转动（3～30r/min）。工件每转一转，旋风刀盘纵向移动一个导程 L，其轴线与工件轴线的夹角为螺纹升角，两者旋转中心的

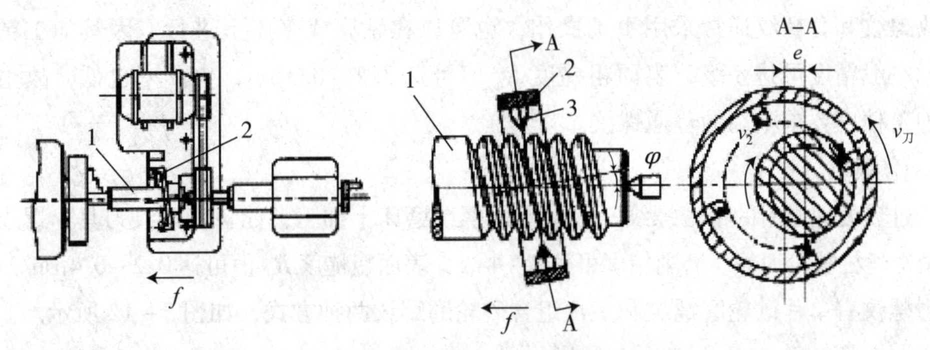

1—工件；2—刀盘；3—刀具

图5-9 旋风法铣螺纹

偏心距 e 等于螺纹牙深加2~4mm（退刀间隙）。每个刀头只在回转轨迹的1/6~1/3圆弧线上与工件接触，因此只有很少量的时间在切削，大部分时间在空气中冷却，因此可以采用高速切削。此法生产率高，一般比盘状铣刀铣螺纹高3~8倍，适用于成批大量生产。旋风法可以铣削内、外三角螺纹，其加工精度可达6~8级，表面粗糙度 R_a 值可达1.6μm。

3. **攻螺纹及套螺纹**

攻螺纹及套螺纹是应用很广的一种加工方法，也叫攻丝、套扣，常用于加工中小尺寸连接螺纹。攻螺纹使用的刀具为丝锥，套螺纹使用的刀具为板牙，分别如图5-10、图5-11所示。

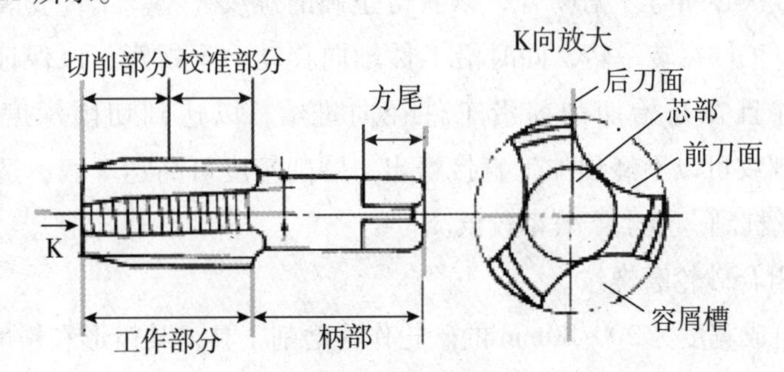

图5-10 丝锥

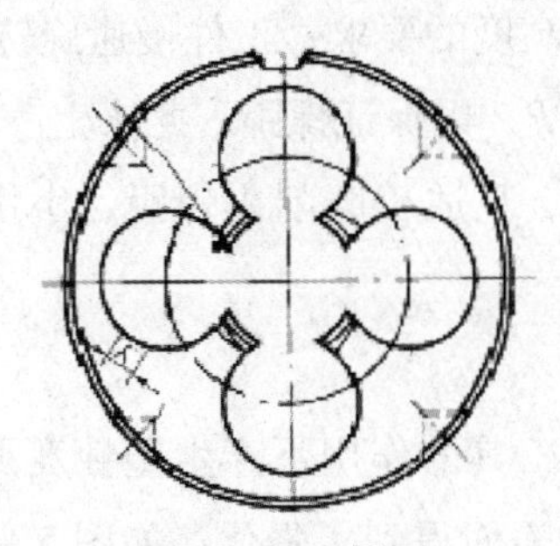

图5-11 板牙

攻螺纹和套螺纹通常采用手工操作，也可以在钻床或车床上进行。因其加工精度较低，一般精度可达 8 级，表面粗糙度 R_a 值可达 3.2～6.3μm，生产率也低，故主要用于加工精度要求不高的普通螺纹。

4. 磨螺纹

经过热处理之后的精密螺纹一般在专用螺纹磨床上加工，如各种螺纹刀具、螺纹量规、精密丝杠及滚刀等。磨削精度可达 3～4 级，表面粗糙度 R_a 值可达 0.2～0.4μm。

磨螺纹有单片砂轮磨螺纹和多片组合砂轮磨螺纹两种方式，如图 5－12 所示。

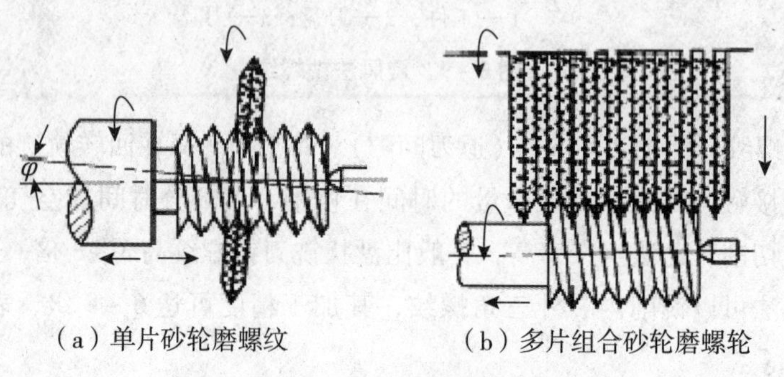

（a）单片砂轮磨螺纹　　（b）多片组合砂轮磨螺轮

图 5－12　磨削螺纹

（1）单片砂轮磨螺纹。

图 5－12（a）所示，砂轮的轴线与工件轴线夹角必须等于螺纹升角，砂轮在螺纹轴向截面上的形状必须与牙槽吻合，以获得正确的螺纹牙型。工件安装在螺纹磨床的前后顶尖之间。工件每转一转，同时沿工件轴向移动一个螺距，以保证螺距准确；砂轮高速旋转，并且在开始切削前沿工件径向进给，以达到切削深度要求。螺距为 1.5mm 以下的螺纹可以不经预加工直接磨出；磨削精度可高达 3 级，适宜加工各种精密螺纹和滚珠丝杠副，但生产效率较低。

（2）多片组合砂轮磨螺纹。

由梳形齿组成宽度为 20～80mm 的砂轮作为磨削工具，其齿形和精度与被磨削的螺纹相当，如图 5－12（b）所示，多片组合砂轮切入进给磨削，即砂轮高速旋转的同时沿工件径向进给，以达到牙型高度的要求；工件慢速旋转做圆周进给；工件每转一转，同时沿工件轴向准确移动螺距 P，以保证螺距。此法生产率较高，但因多片组合砂轮修整困难，螺纹的磨削精度较低，只适于磨削小螺距、小螺旋升角、低精度和刚度较好的短螺纹。

5. 滚压螺纹

滚压螺纹是使工件在滚压工具的作用下产生塑性变形的无屑加工方法，可以节约材料 15%～25%，并且使螺纹表面得到了强化，如图 5－13 所示是滚压螺纹和切削螺纹的比较，由于材料纤维没有被破坏，使得滚压螺纹的疲劳强度可提高 20%～40%，抗拉强度可提高20%～30%，表面粗糙度 R_a 值可达0.2～0.8μm，是高效高质量的加工方法，已经成为大批量生产螺钉、螺栓、小型蜗杆等零件的主要方法。滚压方式有以下两种。

（1）滚丝轮滚压。

如图5－14所示，加工时两个表面带有螺纹的滚丝轮同向等速旋转，工件放置在两滚丝轮之间的支承板上，由两滚丝轮带动做自由旋转。当径向进给滚丝轮向固定滚轮径向进给时，工件受挤压产生塑性变形而形成螺纹。径向进给滚丝轮进给至工件所规定的尺寸后，即停止进给，并继续将工件滚光，随后径向进给滚丝轮退回原位，即可取下工件。滚丝轮加工出的螺纹精度可达4～5级，表面粗糙度 R_a 值可达0.2～0.8μm；加工效率高，每小时可达千件以上。但滚压螺纹对工件的尺寸精度要求高，只能加工塑性较好的材料，且只能加工外螺纹，直径可为0.3～120mm。

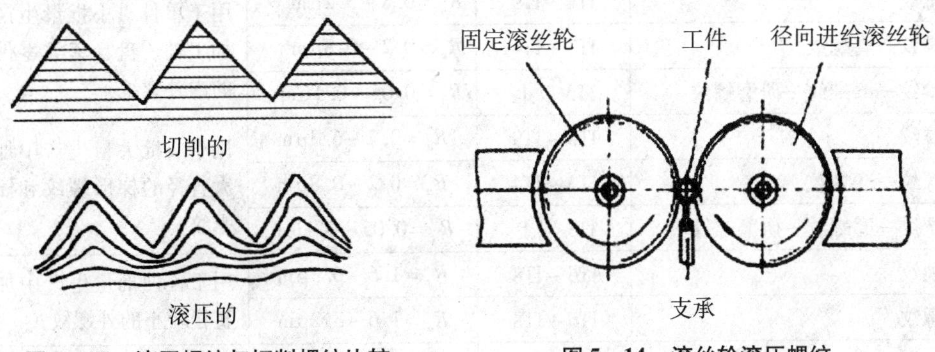

图5－13　滚压螺纹与切削螺纹比较　　**图5－14　滚丝轮滚压螺纹**

（2）搓丝板滚压。

如图5－15所示，搓丝板由两块组成，其工作面的齿面为展开螺纹，其截形与被加工螺纹截形相同，旋向相反，上下搓丝板的螺纹应错开半个螺距。下搓板固定在机床工作台上，称为静板；上搓板与机床滑块一起沿工件切向运动，称为动板。

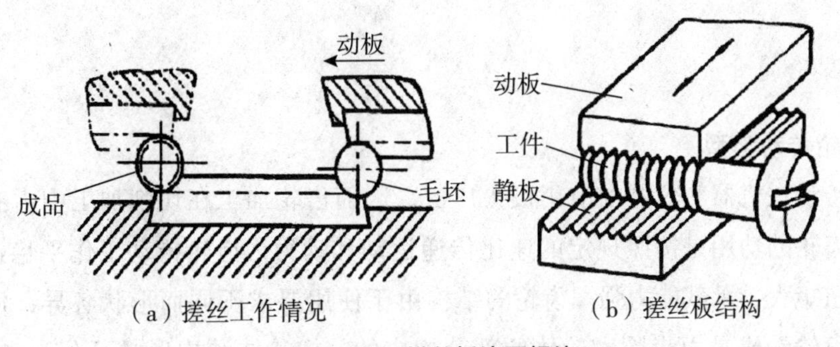

（a）搓丝工作情况　　（b）搓丝板结构

图5－15　搓丝板滚压螺纹

加工时，工件被两板挤压并使之滚动，搓丝板上凸出的螺纹逐渐压入工件表面形成螺纹。动板往复一次即可加工出一个工件，效率比滚丝轮滚压更高，每小时可加工数千件。精度为5～6级，表面粗糙度 R_a 值可达0.8～1.6μm；工件直径为2～35mm，长度可达100mm。

5.5.2 螺纹的加工方案选择

螺纹加工方案选择的主要依据是螺纹的精度等级、生产批量和热处理方法等。表5－5列出螺纹常用的加工方案，以供选择时参考。

表5－5 螺纹常用的加工方案

<table>
<tr><th>加工方案</th><th>加工精度等级</th><th>表面粗糙度</th><th>适用范围</th></tr>
<tr><td>车螺纹</td><td>IT4～IT9</td><td>R_a＝0.8～3.2μm</td><td rowspan="3">用于单件、小批量生产中加工轴、盘、套类零件上的内外螺纹</td></tr>
<tr><td>车螺纹—磨螺纹</td><td>IT3～IT4</td><td>R_a＝0.2～0.8μm</td></tr>
<tr><td>车螺纹—磨螺纹—研磨螺纹</td><td>IT3以上</td><td>R_a＝0.05～0.1μm</td></tr>
<tr><td>铣螺纹</td><td>IT8～IT9</td><td>R_a＝3.2～6.3μm</td><td rowspan="3">用于成批大量生产中加工大直径的梯形螺纹和模数螺纹</td></tr>
<tr><td>铣螺纹—磨螺纹</td><td>IT3～IT4</td><td>R_a＝0.2～0.8μm</td></tr>
<tr><td>铣螺纹—磨螺纹—研磨螺纹</td><td>IT3以上</td><td>R_a＝0.05～0.1μm</td></tr>
<tr><td>攻螺纹</td><td>IT6～IT8</td><td>R_a＝1.6～6.3μm</td><td rowspan="2">用于各种批量生产中加工直径较小的外螺纹</td></tr>
<tr><td>套螺纹</td><td>IT6～IT8</td><td>R_a＝1.6～3.2μm</td></tr>
<tr><td>搓螺纹</td><td>IT5～IT7</td><td>R_a＝0.8～1.6μm</td><td rowspan="2">大批量生产中加工螺钉、螺栓等标准件上的外螺纹，滚螺纹还可加工传动丝杠</td></tr>
<tr><td>滚螺纹</td><td>IT4～IT6</td><td>R_a＝0.2～0.8μm</td></tr>
</table>

5.6 齿轮加工

5.6.1 齿轮简介

1. 齿轮传动类型

齿轮传动在机器和仪器中应用极为广泛，因而齿轮加工在切削加工中占有很重要的地位。齿轮的功用是按照规定的速比传递运动和动力。齿轮传动工作平稳，传递速比准确，扭矩大，承载能力强。齿轮的结构由于使用要求不同而形状各异，但从工艺角度可将齿轮看成是由齿圈和轮体两部分构成的。按轮体结构形状可分为盘形齿轮、套筒齿轮、轴齿轮、蜗轮和齿条等；按齿圈的数量可分为单联齿轮、双联齿轮、三联齿轮等；按齿圈上轮齿的分布形式可分为直齿、斜齿（螺旋齿）、人字齿和曲线齿等；按齿廓形状可分为渐开线、摆线和圆弧曲线等，通常采用渐开线齿形。常见齿轮传动类型如图 5 - 16 所示。

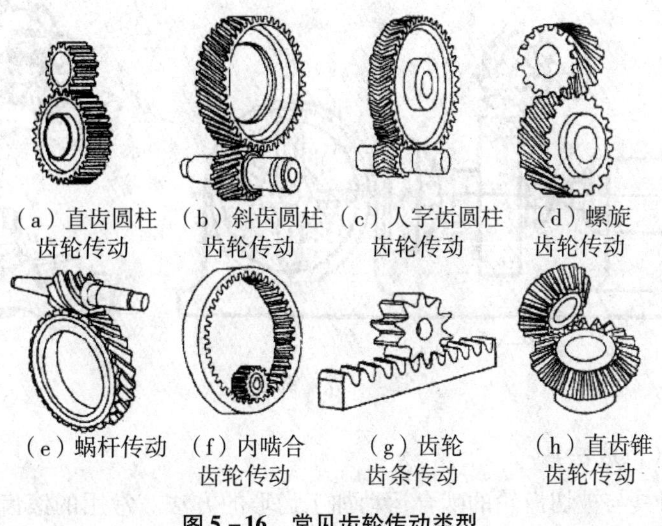

图 5 - 16　常见齿轮传动类型

2. 齿轮精度要求

齿轮的制造精度应满足下列使用要求。

（1）传递运动的准确性。要求齿轮能准确地传递运动，传动比恒定，即要求齿轮在旋转一圈时，转角误差不要超过指定范围。

（2）传递运动的平稳性。要求齿轮在工作中传动平稳，尤其是高速传动，要避免冲击、振动和噪声，即要求齿轮在一转范围内，多次重复的瞬时速比变化要小。

（3）载荷分布的均匀性。要求齿轮在工作时，相互啮合的齿面接触良好，以免造成应力集中，引起齿面局部磨损，影响齿轮使用寿命。

（4）传动侧隙的合理性。要求齿轮传动时，相互啮合的轮齿的非工作齿面间应留有一定的间隙，以便储存润滑油，减少磨损，补偿齿轮的热变形、受力变形以及齿轮的制造和安装误差。

3. 齿轮精度等级

在国家标准中，将圆柱齿轮的精度分为 12 个等级，从 1 ~ 12 级依次降低。其中 1 ~ 2级是远景精度级，3 ~ 5 级是高精度级，6 ~ 8 级是中等精度级，9 ~ 12 级是低精度级。齿轮的制造精度和齿侧间隙主要根据齿轮的用途和工作条件来确定。

5.6.2　常用的齿形加工方法

齿轮的齿形加工按形成轮齿的加工原理可分为成形法和展成法两种。

1. 成形法（仿形法）

采用刀刃形状与被加工齿轮齿槽的法向廓形相符的成形刀具加工齿轮的方法。如铣齿（图5－17）、拉齿及成形砂轮磨齿。

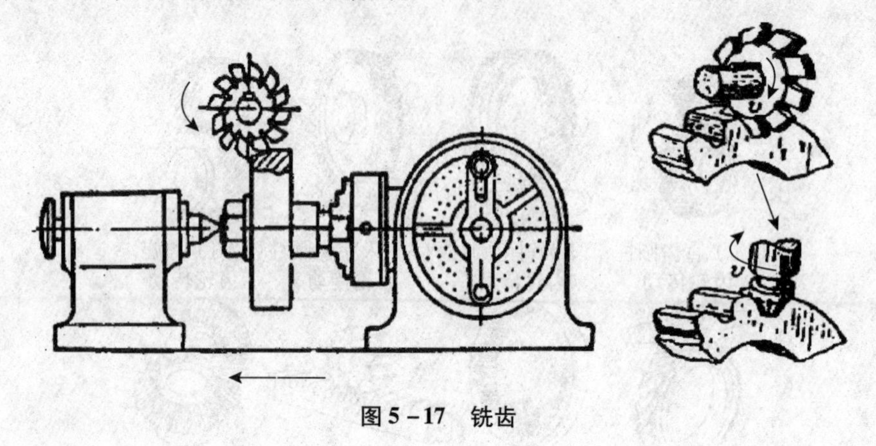

图5－17　铣齿

2. 展成法（范成法）

利用齿轮刀具与被切齿轮的啮合运动加工齿形的方法。常用的滚齿、插齿、剃齿、珩齿及大部分磨齿等都属于这种方法。展成法加工精度和生产率较高，应用广泛，但需要专门化机床。常见的齿形加工方法及应用如表5－6所示。

表5－6　常见的齿形加工方法及应用

齿形加工方法		刀具	机床	加工精度	适用范围
成形法	铣齿	成形铣刀	铣床	9级以下	生产率低，粗加工或单件小批量生产
	拉齿	齿轮拉刀	拉床	6～9级	生产率高，适宜大量生产内齿轮
展成法	滚齿	齿轮滚刀	滚齿机	6～8级	生产率较高，可加工直齿、斜齿等外啮合齿轮及蜗轮
	插齿	插齿刀	插齿机	6～7级	生产率高，适于加工内、外齿轮（包括阶梯齿轮）、扇形齿轮、齿条等
	剃齿	剃齿刀	剃齿机	6～7级	生产率高，适于淬火前的直齿和斜齿圆柱齿轮的精加工
	挤齿	挤轮	挤齿机	6～7级	主要用于大量生产小模数齿轮
	珩齿	珩磨轮	珩齿机	6～7级	对剃齿和高频淬火后的齿形进行精加工
	磨齿	砂轮	磨齿机	4～7级	生产率一般不高，用于加工淬火后的硬齿面齿轮

5.6.3　常用的齿形精加工方法

1. **剃齿**

剃齿是对未淬火齿轮进行精加工的方法。剃齿刀（图5-18）与被切齿轮相当于一对轴线交叉的螺旋齿轮无侧隙的自由啮合。剃齿刀是一个高精度的螺旋齿轮，只是沿渐开线方向开有许多小槽，形成了切削刃。在加工过程中，剃齿刀齿面上的切削刃从工件齿面上剃下很细的切屑，提高了工件的齿形精度并减小了齿面粗糙度。

图5-19所示为剃削直齿圆柱齿轮，工件固定在心轴上，并且装在剃齿机的两顶尖之间，由剃齿刀带动做旋转运动。剃齿刀带动工件高速正、反转，以剃削轮齿的两个侧面；由于剃齿刀的刀齿为斜（螺旋）齿，当它与直齿轮啮合时，其轴线与工件轴线偏斜螺旋角β，剃齿刀高速旋转时，其A点的切削速度v_A分解为沿齿面切线方向的分速度v_{A_n}和沿齿面法线方向的分速度v_{A_t}。v_{A_n}带动工件旋转，v_{A_t}使两啮合齿面间产生相对滑动，即剃削速度。为剃出全齿宽，工作台带动工件沿轴向做往复直线运动。工作台每往复一次，剃齿刀做径向进给运动，以剃除全部余量。

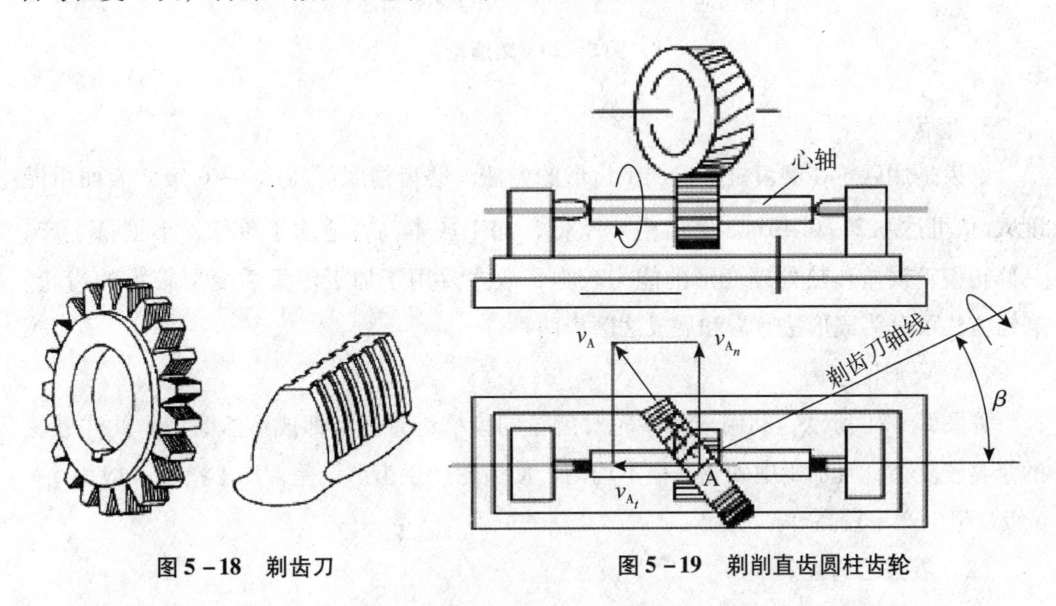

图5-18　剃齿刀　　　图5-19　剃削直齿圆柱齿轮

剃齿精度一般可达6~7级，表面粗糙度R_a值为可达0.4~0.8μm。主要用于加工滚齿或插齿后未淬火的直齿和斜齿圆柱齿轮。剃齿的生产率高，一般加工一个中等尺寸的齿轮只需2~4min，效率比磨齿高10倍以上。

2. **珩齿**

珩齿是用珩磨轮在珩齿机上对齿形进行精加工的方法，其加工原理与剃齿相同。

珩磨轮是用金刚砂或白刚玉磨料与环氧树脂溶化后浇注或热压而成的螺旋齿轮，如图5-20所示。当模数$m>4$时，采用带齿芯的珩磨轮；模数$m\leqslant4$时，珩磨轮不带齿芯。珩磨时，珩磨轮的转速比剃齿刀高得多，一般可达 1000～2000r/mm。珩磨轮与工件呈一对螺旋齿轮无侧隙的紧密啮合，借助齿面上的压力，由珩磨轮带动工件高速旋转，并沿齿面产生相对滑动，工件做轴向往复进给运动及径向进给运动，以切除齿面上的加工余量。珩齿具有低速磨削、研磨和抛光的综合作用，且珩齿时，齿面间沿齿向和渐开线方向产生滑动，故齿面形成复杂的网纹，提高了齿面质量，显著减小齿面粗糙度，R_a 值为 0.2～0.4μm。

珩齿主要用于去除淬火后的氧化皮和毛刺等。珩齿精度可达 6～7 级。珩齿生产率很高，一般每分钟加工一个齿轮。

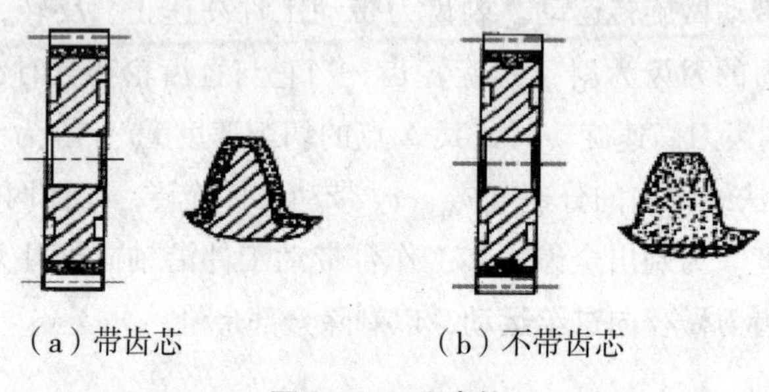

（a）带齿芯　　（b）不带齿芯

图 5－20　珩磨轮

3. **磨齿**

磨齿是用砂轮在磨齿机上精加工齿形的方法。磨齿精度可高达 4～6 级，表面粗糙度 R_a 值可达 0.2～0.4μm。磨齿生产率低，加工成本高，适用于单件、小批量生产。其修正齿轮误差和热处理变形的能力较强，故主要用于加工淬火后变形较大的齿轮。磨齿方法可分为成形法磨齿和展成法磨齿两种。

（1）成形法磨齿。

如图 5－21 所示，利用成形砂轮对齿轮的齿槽进行磨削即成形法磨齿。此法砂轮的修整较复杂，且加工中砂轮磨损不均匀，使齿轮产生齿形误差，加工精度一般为 5～6 级，但生产率较高。

（2）展成法磨齿。

展成法磨齿常用的有锥形砂轮磨齿和双片碟形砂轮磨齿。图 5－22 所示为锥形砂轮磨齿，是把砂轮的工作面修整成假想齿条的齿形，磨削时，砂轮与被磨齿轮保持齿条与齿轮的强制啮合运动关系，从而获得渐开线齿形。磨削时，砂轮高速旋转，被磨齿轮沿固定的假想齿条做往复纯滚动，分别磨出齿槽的两个侧面；砂轮沿齿轮轴向做往复进给运动，以便磨出全齿宽；每磨完一个齿槽，砂轮自动退离工件，工件自动进行分度。图 5－23 所示为双片碟形砂轮磨齿，将两片碟形砂轮构成假想齿条的两个侧面，其加工原理与锥形砂轮磨齿相同。

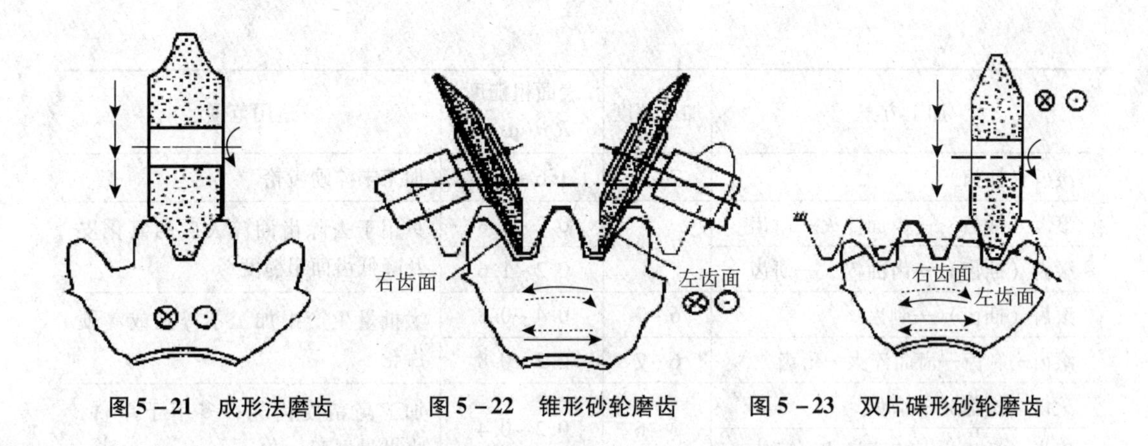

图 5－21　成形法磨齿　　**图 5－22　锥形砂轮磨齿**　　**图 5－23　双片碟形砂轮磨齿**

5.6.4　齿形加工方案及其选择

常见的齿形加工方法有铣齿、滚齿、插齿、剃齿、珩齿和磨齿等；少无切削加工方法有冷挤齿和精锻齿轮等；特种加工方法有电解加工和线切割加工等。选择齿形加工方案的主要依据是齿轮的精度等级、生产批量和热处理方法等（图 5－24）。表 7－7 列出了切削加工的齿形加工方案，以供选择时参考。

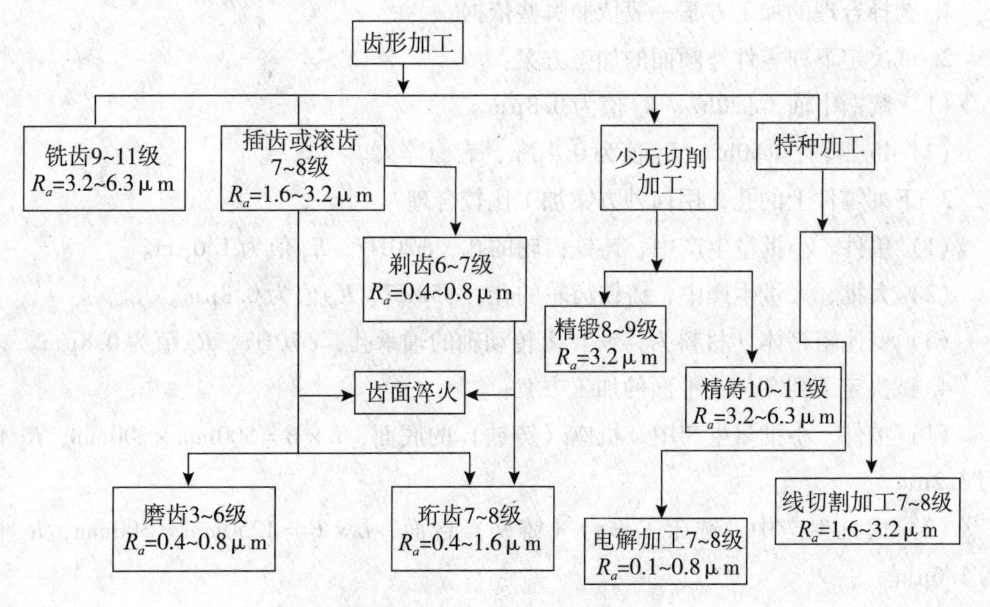

图 5－24　齿形加工方案

表 5－7　　　　齿形加工方案

加工方案	加工精度	表面粗糙度 R_a（μm）	适用范围
铣齿	9 级以下	3.2～6.3	单件、小批量生产中加工未淬硬齿轮

续 表

加工方案	加工精度	表面粗糙度 R_a（μm）	适用范围
滚齿（插齿）	7～8	1.6～3.2	加工未淬硬齿轮
滚齿（插齿）—齿面淬火—珩齿	7～8	0.2～0.8	只用于去除齿面淬火后的氧化皮及降低齿面粗糙度
滚齿（插齿）—齿面淬火—研齿		0.2～1.6	
滚齿（插齿）—剃齿	6～7	0.4～0.8	大批量生产中加工不淬硬或淬硬齿轮
滚齿—剃齿—齿面淬火—珩齿	6～7	0.2～0.8	
滚齿（插齿）—磨齿	3～6	0.2～0.4	加工高精度齿轮；多用于单件、小批量生产
滚齿（插齿）—齿面淬火—磨齿			
滚齿（插齿）—冷挤齿	6～7	1.6	主要用于大批量生产
拉齿	7	0.4～1.6	适于大批量生产加工内齿轮

习题

1. 选择合理的加工方案一般依照哪些依据？

2. 试决定下列零件外圆面的加工方案：

（1）紫铜小轴，ϕ20h7，R_a 值为 0.8μm。

（2）45 钢轴，ϕ50h5，R_a 值为 0.4μm，表面淬火。

3. 下列零件上的孔，用何种方案加工比较合理？

（1）单件、小批量生产中，铸铁齿轮的孔，ϕ20H7，R_a 值为 1.6μm。

（2）大批、大量生产中，铸铁齿轮的孔，ϕ50H7，R_a 值为 0.8μm。

（3）变速箱箱体（材料为铸铁）上传动轴的轴承孔，ϕ70H7，R_a 值为 0.8μm。

4. 试决定下列零件上平面的加工方案：

（1）单件、小批量生产中，机座（铸铁）的底面，$L \times B = 500\text{mm} \times 300\text{mm}$，$R_a$ 值为 3.2μm。

（2）成批生产中，铣床工作台（铸铁）台面，$L \times B = 1250\text{mm} \times 300\text{mm}$，$R_a$ 值为 1.6μm。

（3）大批、大量生产中，发动机连杆（45 钢调质，217～255HBS）侧面，$L \times B = 25\text{mm} \times 10\text{mm}$，$R_a$ 值为 3.2μm。

5. 车削螺纹时，主轴与丝杠之间能否采用带传动？为什么？

6. 试从加工零件的形状尺寸、加工精度、生产效率四个方面比较车螺纹、铣螺纹、攻（套）螺纹、滚螺纹、搓螺纹。

7. 下列零件上的螺纹，应采用哪种方法加工？为什么？

（1）10000 个标准六角螺母，M10 －7H。

（2）100000 个十字槽沉头螺钉，M8 ×30 －8h 材料为普通碳钢 Q235AF。

（3）30 件传动轴轴端的紧固螺纹，M20 ×1 －6h。

（4）500 根车床丝杠螺纹的粗加工，螺纹为 T32 ×6。

8. 按加工原理的不同，齿轮齿形加工可以分为哪两大类？

9. 为什么在铣床上铣齿的精度和生产率皆较低？

10. 插齿和滚齿各适于加工何种齿轮？

11. 剃齿、珩齿和磨齿各适用于什么场合？

12. 7 级精度的斜齿圆柱齿轮、蜗轮、扇形齿轮、多联齿轮和内齿轮，各采用什么方法加工比较合适？

13. 齿面淬硬和齿面不淬硬的 6 级精度直齿圆柱齿轮，其齿形的精加工应当采用什么方法？

6　工艺过程的基本知识

由于各种机械零件的结构形状、精度、表面质量、技术条件和生产数量等要求各不相同，针对某一零件的具体要求，应综合考虑机床设备、生产类型、经济效益等因素，确定一个合适的加工方案，并合理安排加工顺序，经过一定的加工工艺过程，才能制造出符合要求的零件。本章将主要介绍与制定机械加工工艺过程有关的一些基础知识，内容如下：

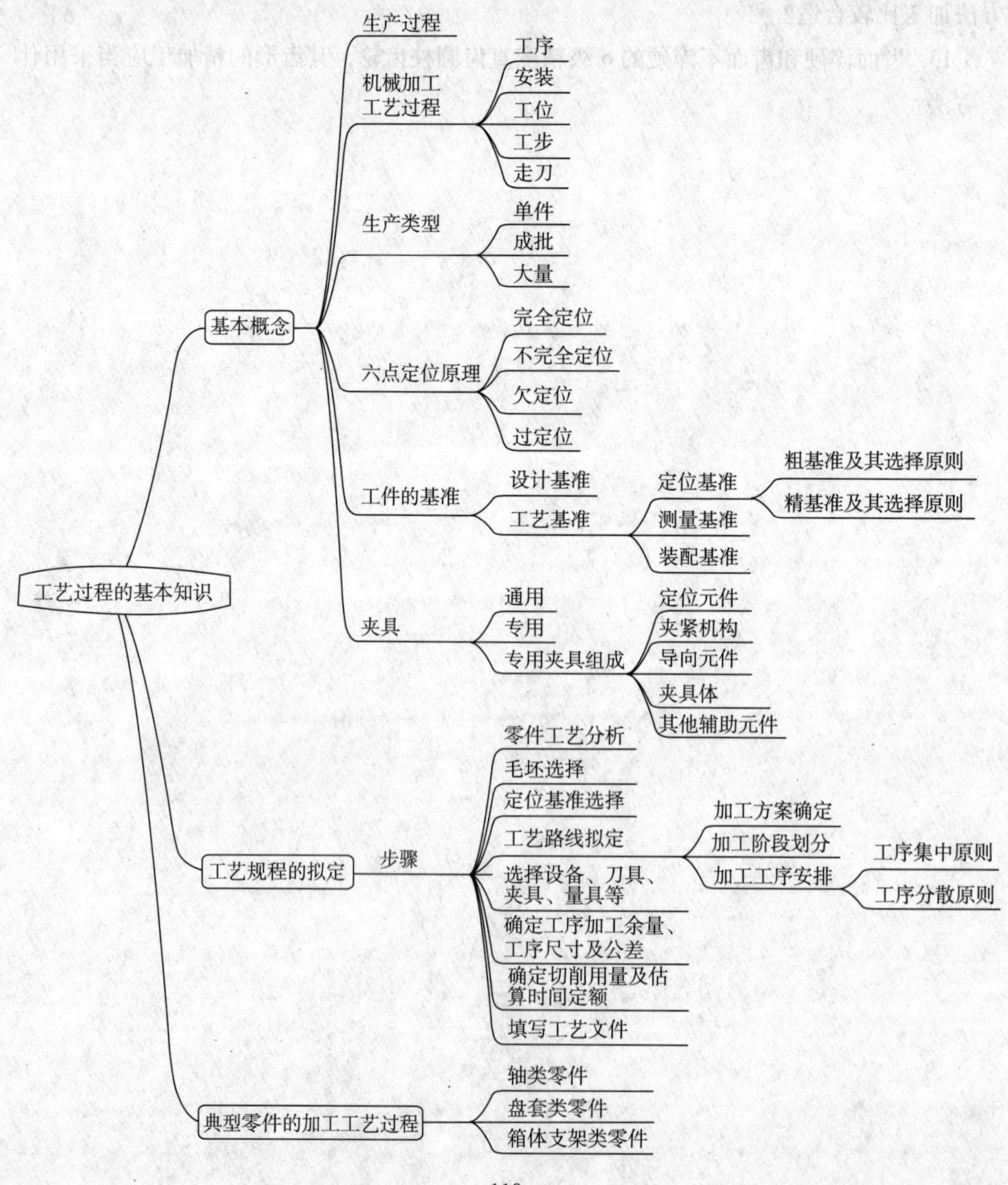

6.1　基本概念

6.1.1　生产过程与工艺过程

1. 生产过程

在制造机器时，由原材料制成各种零件，并装配成机器的全部劳动过程，称为生产过程。一台机器往往由几十个甚至上千个零件组成，其生产过程相当复杂。它包括原材料的运输和保管、生产准备、毛坯制造、机械加工、热处理、产品装配、检验、调试以及油漆和包装等。

2. 工艺过程与工艺规程

在生产过程中，直接改变原材料或毛坯的形状、尺寸、性能以及相互位置关系，使之成为成品的过程，称为工艺过程。工艺过程主要包括毛坯的制造（铸造、锻造、冲压等）、热处理、机械加工和装配。因此，工艺过程可分为机械加工工艺过程、铸造工艺过程、锻造工艺过程、焊接工艺过程、热处理工艺过程、装配工艺过程等。通常把合理的工艺过程编写成技术文件（机械加工工艺过程卡片、机械加工工序卡片或机械加工工艺卡片），用于指导生产，这类文件称为工艺规程。

3. 机械加工工艺过程

用机械加工的方法逐步改变毛坯的形状、尺寸和表面完整性，使之成为合格零件的过程，称为机械加工工艺过程。

（1）工序：机械加工工艺过程是由一系列的工序组成的。所谓工序就是一个（或一组）工人在一台机床（或一个工作场地）上，对一个（或一组）工件连续进行的那一部分工艺过程。

在单件生产条件下，图6－1所示半联轴器零件的加工工艺过程可以分为如表6－1所示的三个工序。

表6－1　　半联轴器的加工工艺过程

工序号	工序内容	工作地点
1	车外圆、车端面、镗孔、内孔倒角	车床
2	钻6个均布孔	钻床
3	插键槽	插床

（2）安装：在同一道工序中，工件可能要安装多次。工件在机床上每装卸一次所完成的那部分工序，称为安装。图6－1所示零件的第一道工序包括两次安

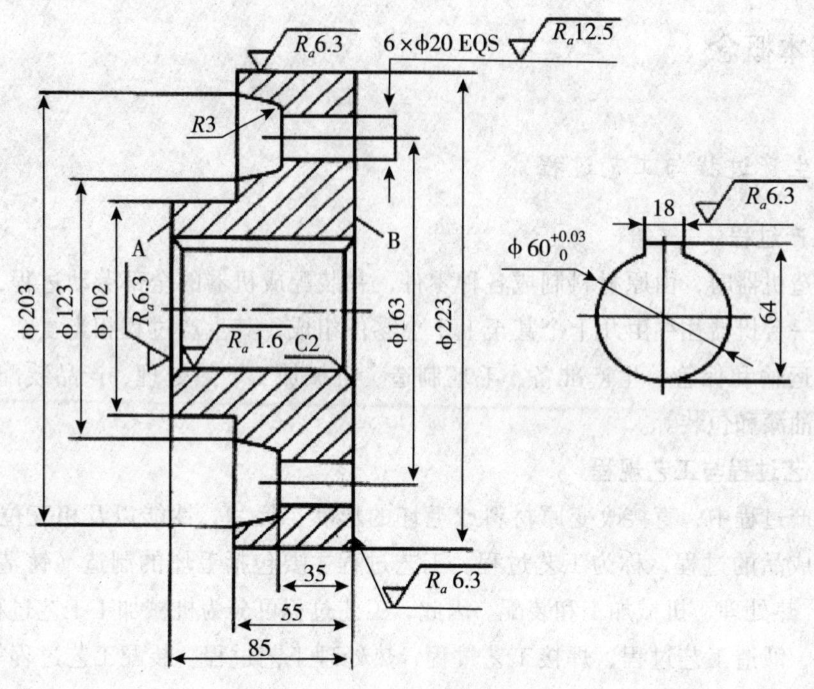

图 6－1 半联轴器

注：EQS 为均匀布量，简称均布。

装。第一次安装：用三爪卡盘夹住 ϕ102 外圆，车端面，镗内孔 $\phi 60^{+0.03}_{0}$，内孔倒角，车 ϕ223 外圆；第二次安装：调头用三爪卡盘夹住 ϕ223 外圆，车端面 A 和 B，内孔倒角。

(3) 工位：在一次安装中，工件在机床上占有位置，在这个位置上所完成的那部分工序，称为工位。工位分单工位和多工位。

(4) 工步：在一次安装或在一个工位中，当加工表面、切削工具、切削速度和进给量都不变的情况下所完成的那部分工序，称为工步。

(5) 走刀：在一个工步中，由于余量较大，须分几次切削，每次切削所完成的那部分工序，称为走刀。

6.1.2 生产类型

在制定机械加工工艺的过程中，工序的安排不仅与零件的技术要求有关，而且与生产类型有关。根据产品的大小和生产纲领（一年制造的合格产品的数量，即年产量）的不同，机械制造可分为 3 种不同的类型，即单件生产、成批生产（小批、中批、大批）和大量生产。

生产类型的划分如表 6－2 所示，其工艺特征如表 6－3 所示。

表 6－2　　　　　　　　　　生产类型的划分

生产类型		零件的年产量（件）		
		重型零件	中型零件	轻型零件
单件生产		$\leqslant 5$	$\leqslant 10$	$\leqslant 100$
成批生产	小批	$5 < n \leqslant 100$	$10 < n \leqslant 200$	$100 < n \leqslant 500$
	中批	$100 < n \leqslant 300$	$200 < n \leqslant 500$	$500 < n \leqslant 5000$
	大批	$300 < n \leqslant 1000$	$500 < n \leqslant 5000$	$5000 < n \leqslant 50000$
大量生产		> 1000	> 5000	> 50000

表 6－3　　　　　　　　各种生产类型的工艺特征

	单件生产	成批生产	大量生产
机床设备	通用设备	通用的和部分专用的设备	广泛使用高效率专用设备
夹具	通用夹具	广泛使用专用夹具	广泛使用高效率专用夹具
刀具和量具	一般刀具，通用量具	部分采用专用刀具和量具	使用高效率专用刀具和量具
毛坯	木模铸造，自由锻	部分采用金属模铸造和模锻	金属模铸造，模锻等
工艺规程	工艺路线卡片	简单工艺规程	详细工艺规程
对工人的要求	需要技术熟练的工人	需要技术比较熟练的工人	调整工要求技术熟练，操作程度较低

在制定零件工艺时，单件、小批量生产由于使用通用机床、通用夹具和量具，工序安排通常尽可能集中。当生产固定且产量很大时，由于有条件采用高生产率的专用工、夹、量具，所以常常采用工序分散的原则。

6.2　工件的定位和夹具

6.2.1　工件的定位

在机床上加工工件时，必须使工件在机床或夹具上处于某一正确位置，这一过程称为定位。为了使工件在切削力的作用下仍能保持其正确位置，工件定位之后还需要夹紧、夹牢，这一过程称为夹紧。所以，工件在机床（或夹具）上的安装一般经过定位和夹紧两个过程。

1. 工件的六点定位原理

不受任何约束的物体，在空间具有 6 个自由度，即沿 3 个互相垂直的坐标轴的移动（用 $\vec{X}$，$\vec{Y}$，$\vec{Z}$ 表示）和绕这 3 个坐标轴的转动（用 $\overset{\frown}{X}$，$\overset{\frown}{Y}$，$\overset{\frown}{Z}$ 表示），如图

6－2所示。因此，要使物体在空间具有确定的位置（即定位），就必须约束这6个自由度。

在机床上要确定工件的正确位置，同样要限制工件的6个自由度。一般情况下，用支承点来限制工件的自由度，一个支承点限制工件的一个自由度，要限制工件的6个自由度，最少需要6个支承点，而且必须按一定的规律分布。工件的定位原理是指用按照一定的规律分布在3个相互垂直表面内的6个支承点来限制工件的6个自由度。由于采用6个支承点，所以也称“六点定则”，如图6－3所示。*XOY*平面上的3个支承点限制*X*，*Y*和*Z*这3个自由度；*XOZ*平面上的2个支承点限制*Y*和*Z*这2个自由度；*YOZ*平面上的1个支承点限制*X*这1个自由度。

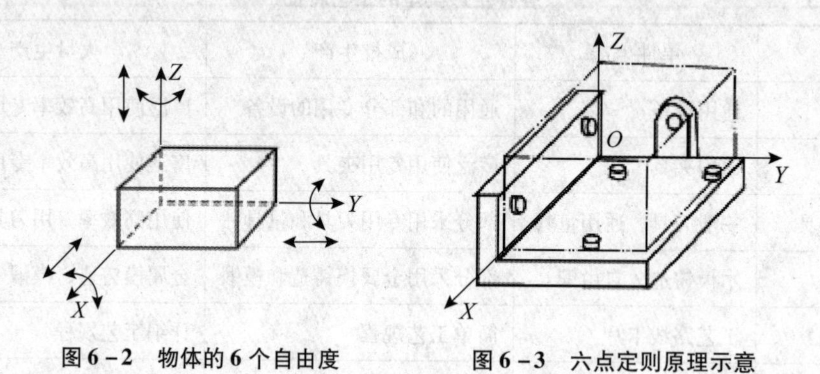

图6－2　物体的6个自由度　　**图6－3　六点定则原理示意**

2. 六点定则的应用

工件在夹具上定位时，并非在任何情况下都必须限制6个自由度，究竟哪几个自由度需要限制，主要取决于工件的技术要求、结构尺寸和加工方法等。

（1）完全定位：工件上的6个自由度全部被限制的定位称为完全定位，如图6－4所示零件。

在铣床上给一批长方体工件上铣一槽，保证*x*，*y*，*z* 3个尺寸，就必须限制工件上的6个自由度，其实现方法如图6－5所示。

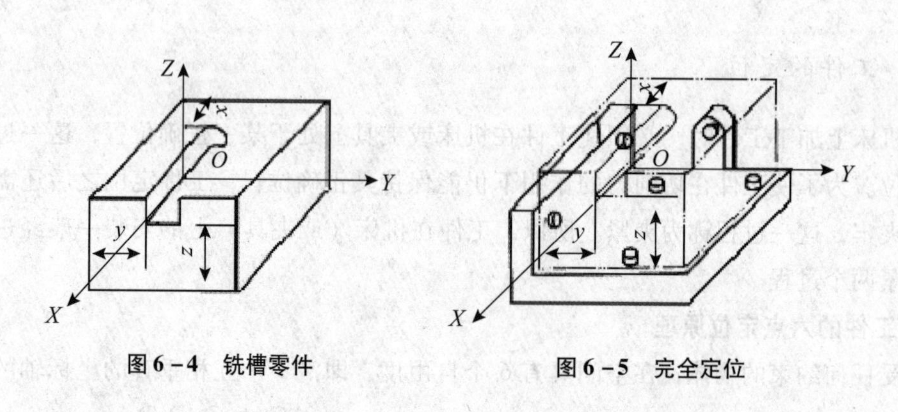

图6－4　铣槽零件　　**图6－5　完全定位**

（2）不完全定位：工件上的6个自由度没有被全部限制的定位称为不完全定位，如图6－6所示零件。在铣床上给一批长方体工件上铣一台阶，保证z，y两个尺寸，只需要限制工件上的5个自由度，沿X移动的自由度没有被限制，并不影响工件的加工精度。其实现方法如图6－7所示。

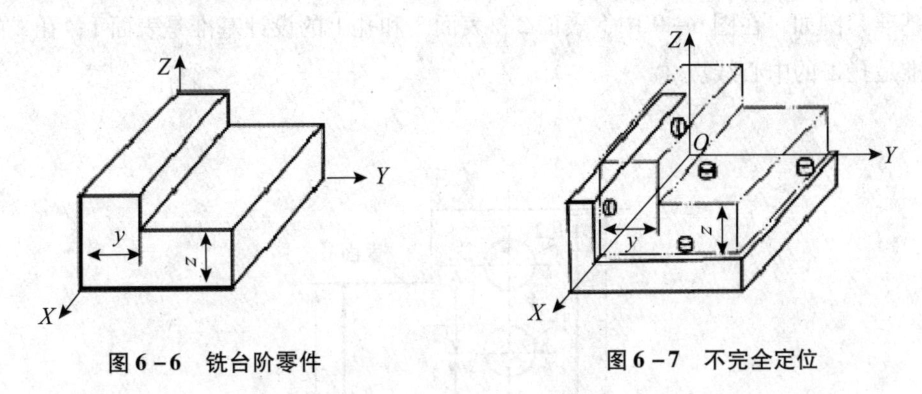

图6－6　铣台阶零件　　**图6－7　不完全定位**

（3）欠定位：应该限制的自由度，定位时未被限制的定位称为欠定位（定位不足）。如果把图6－5所示的YOZ平面内的支承点去掉，沿X轴移动的自由度即为应该限制而未被限制，这样在加工沟槽时，就无法保证长度x尺寸。因此，欠定位在加工过程中是不允许出现的。

（4）过定位：有1个或1个以上的自由度被重复限制了两次或两次以上的定位称为过定位（或超定位）。如图6－8所示定位情况，前后顶尖已限制了五个自由度（沿X，Y，Z的移动和绕Y，Z转动），而（卡短）三爪卡盘又限制了两个自由度（沿Y，Z的移动），在沿Y，Z移动的两个自由度上，定位点多于一个。过定位一般情况下不允许采用。由于三爪卡盘的夹紧力，会使顶尖和工件变形，增加加工误差，是不合理的，但这是传递运动和动力所需要的。若改用卡箍和拨盘带动工件旋转，就可避免过定位。

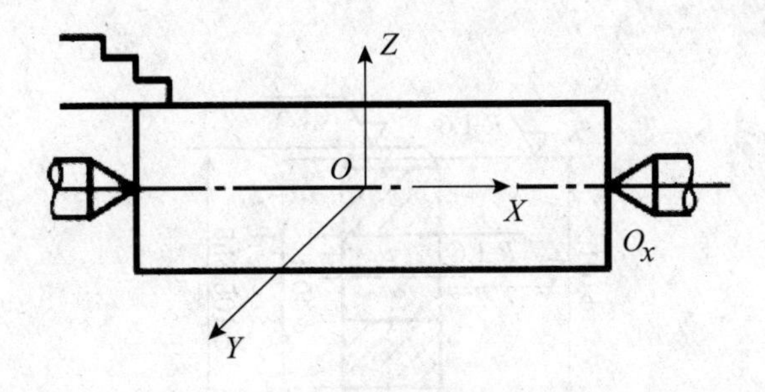

图6－8　过定位

6.2.2　工件的基准

在零件或部件的设计、制造和装配过程中，必须根据一些点、线或面来确定另一些点、线或面的位置，这些作为根据的点、线或面称为基准。基准按其作用可分为设计基准和工艺基准。

1. **设计基准**

在零件图上用以标注尺寸和表面相互位置关系时所用的基准（点、线或面）称为设计基准。例如，在图 6－9 中，表面 2、表面 3 和孔 1 的设计基准是表面 1；孔 2 的设计基准是孔 1 的中心线。

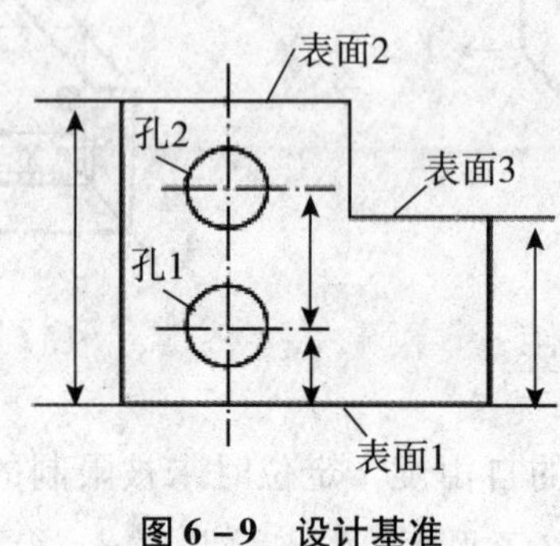

图 6－9　设计基准

2. **工艺基准**

在制造零件和装配机器的过程中所使用的基准称为工艺基准。按用途不同，工艺基准又分为定位基准、测量基准和装配基准三种。

（1）定位基准：在机械加工中用来确定工件在机床或夹具上正确位置的基准（点、线或面）称为定位基准。如图 6－10 所示齿轮，在切齿时，利用已经过精加工的孔和端面，将工件安装在机床夹具上，所以孔的轴线和端面是加工齿形时的定位基准。需要说明的是，工件上作为定位基准的点、线和面，通常是由具体的表面来体现的。例如，如图 6－10 所示齿轮孔的轴线实际上是由孔的表面来体现的。因此，定位基准可称为定位基面。

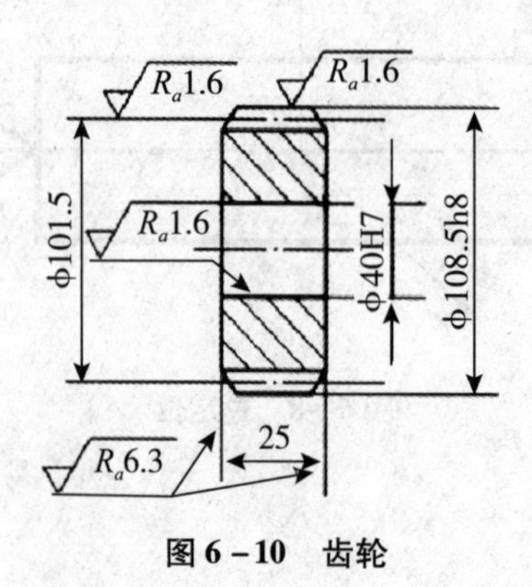

图 6－10　齿轮

（2）测量基准：检验已加工表面的尺寸及位置精度时所使用的基准称为测量基准。如图 6－10 所示的齿轮，其内孔就是检验端面圆跳动和径向圆跳动的测量基准。

（3）装配基准：装配时用以确定零件或部件在机器中位置的基准称为装配基准。如图 6－10 所示的齿轮是以孔作为装配基准的。

6.2.3　定位基准的选择

对毛坯进行机械加工时，第一道工序只能以毛坯表面作为定位基准，这种以毛坯表面作为定位基准称为粗基准。以加工过的表面作为定位基准称为精基准。在拟订零件工艺过程时，首先利用合适的粗基准，加工出将要作为精基准的表面。

1. 粗基准的选择

选择粗基准一般要遵循以下原则。

（1）选取不加工的表面作为粗基准，这样可以保证零件的加工表面与不加工表面之间的相互位置关系，并可能在一次装夹中加工出更多的表面。如图 6－11 所示，以不需要加工的小外圆面作为粗基准，可以在一次安装中把绝大部分需要加工的表面加工出来，并能保证大外圆面与内孔的同轴度以及端面与内孔轴线的垂直度。如果零件上有好几个不加工表面，则应选取与加工表面有相互位置要求的表面作为粗基准。

（2）选取要求加工余量均匀的表面作为粗基准。图 6－12 所示为车床床身，要求导轨面 A 耐磨性好，希望在加工时能均匀地切去较薄的一层金属，以保证铸件表面耐磨性好、硬度高的特点。若先选择导轨面 A 作为粗基准，加工床身底面 B，如图 6－12（a）所示，再以底面 B 为精基准加工导轨面 A，如图 6－12（b）所示，就能达到此目的。

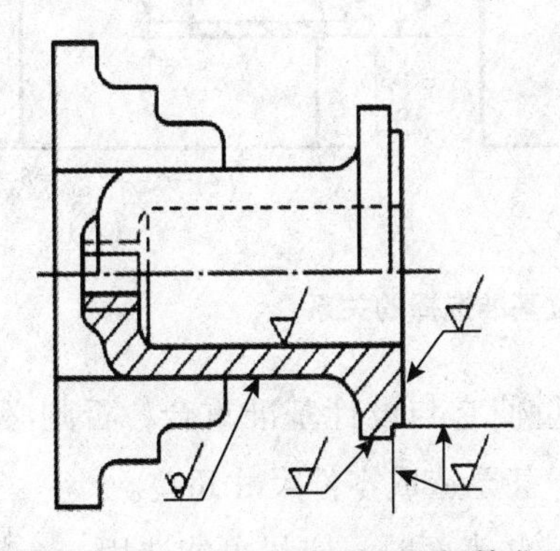

图 6－11　不加工表面作为粗基准

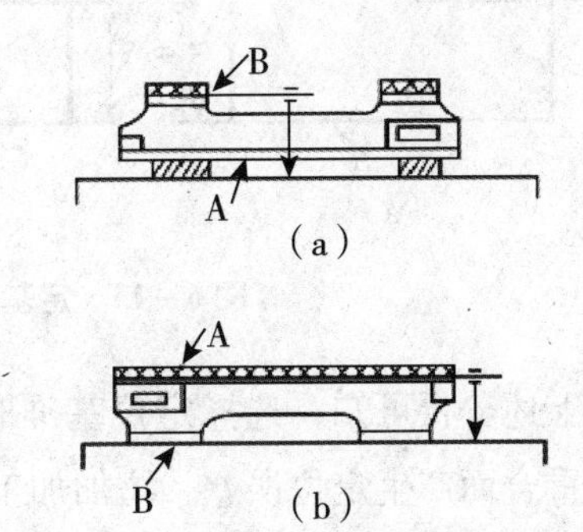

图 6－12　余量均匀的表面作为粗基准

（3）应选取余量和公差最小的表面作为粗基准，这样可以避免因余量不足而造成废品。

（4）选作粗基准的表面应尽可能平整，并有足够大的面积，这样使定位准确，夹紧可靠。

（5）粗基准在一个方向上只使用一次，应尽量避免重复使用。因为粗基准表面粗糙，定位精度不高，若重复使用，在两次装夹中会使加工表面产生较大的位置误差，对于相互位置精度要求较高的表面，常常会造成超差而使零件报废。

2. 精基准的选择

选择精基准应保证加工精度，使装夹方便可靠。具体原则如下。

（1）基准重合原则。应尽可能选用设计基准作为定位基准。这样就可以避免定位基准与设计基准不重合而引起的定基误差。

如图 6－13（a）所示的零件（简图），A 面是 B 面的设计基准，B 面是 C 面的设计基准。以 A 面定位加工 B 面，直接保证尺寸 a，符合基准重合原则，不会产生基准不重合的定位误差。若以 B 面定位加工 C 面，直接保证尺寸 c，符合基准重合原则，影响精度的只有加工误差，只要把此误差控制在 δ_c 之内，就可以保证尺寸的精度。但这种方法定位和加工既不方便，也不稳固。

如果以 A 面定位加工 C 面，直接保证尺寸 b，如图 6－13（b）、（c）所示，这时设计尺寸 c 是由尺寸 a 和尺寸 b 间接得到的，它决定于尺寸 a 和 b 的加工精度。影响尺寸 c 精度的，除了加工误差 δ_b 之外，还有加工误差 δ_a，只有当 $\delta_b+\delta_a\leqslant\delta_c$ 时，尺寸 c 的精度才能得到保证。其中 δ_a 是由于基准不重合而引起的，故称为基准不重合误差。当 δ_c 为一定值时，由于 δ_a 的存在，势必减小 δ_b 的值，这将增加加工的难度。

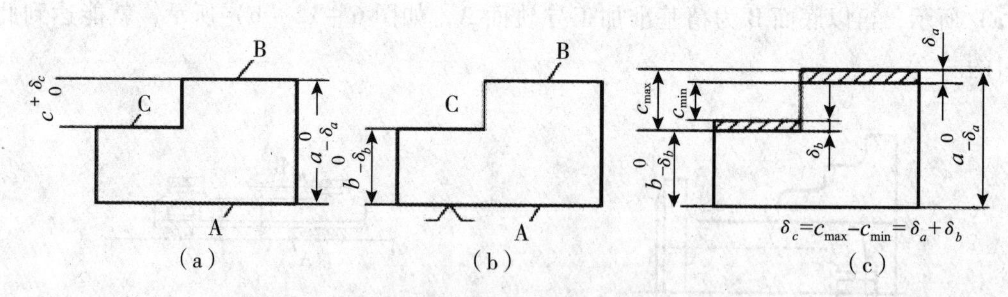

图 6－13　定基误差与定位基准选择的关系

由上述分析可知，选择定位基准时，应尽量使它与设计基准重合，否则必然会因基准不重合而产生定位误差，增加加工的困难，甚至造成零件尺寸超差。

（2）基准同一原则。加工位置精度较高的某些表面时，应尽可能选用一个精基准。例如，精加工图 6－10 所示的齿轮，一般总是先精加工孔，然后以孔作为精基准分别精加工外圆、端面和齿形，这样可以保证每个表面的位置精度，如同轴度、垂直度等。

（3）一次安装原则。在一次安装中加工出有相互位置要求的所有表面，这样加工表面之间的相互位置精度只与机床精度有关，而与定位误差无关。

（4）互为基准原则。有位置精度要求的两个表面在加工时，用其中任意一个表面作为定位基准来加工另一表面，用这种方法来保证两个表面之间的位置精度称互为基准。例如，对于有较高的同轴度要求的零件，在加工中常采用互为基准来保证同轴度要求。

（5）选择精度较高、安装方便且稳定可靠的表面作为精基准。在实际工作中，精基准的选择要完全符合上述原则，有时是不可能的。这就要根据具体情况进行分析，选择最合理的方案。

6.2.4 夹具的简介

1. 夹具的种类

在切削加工中，用于安装工件的工艺装备称为夹具。根据夹具的通用程度可分为通用夹具、专用夹具等。

（1）通用夹具：已经标准化的且能较好地适应工序和工件变换的夹具称为通用夹具。如车床的三爪卡盘、四爪卡盘，铣床的平口钳、分度头，平面磨床的电磁吸盘等。

用通用夹具安装工件时，主要有直接找正安装和画线找正安装两种方式。

①直接找正安装是由工人目测或用划针、百分表等方法来找正零件的正确位置，边检验边找正，经过多次反复确定出正确位置。定位精度取决于工人的水平、找正面的精度、找正方法及所用工具。缺点是找正时间长，要求工人技术高。因此，直接找正安装只适合单件、小批量生产。

②画线找正安装是预先在毛坯上画出加工表面的轮廓线，再按所画轮廓线来找正工件在机床上的正确位置。此种方法需要增加画线工序，生产率低，精度低。因此，它适合于精度要求低，且不宜用专用夹具的场合。

（2）专用夹具：针对某一工件的某一工序的要求而专门设计制造的夹具。常用的有车床类夹具、铣床类夹具、钻床类夹具等。这些夹具上有专门的定位和夹紧装置，工件无须进行找正就能获得正确的位置。专用夹具一般用于大批、大量的生产中。

2. 专用夹具的组成

如图 6－14 所示是轴上钻孔的专用夹具。钻模 V 形铁和挡铁起定位作用，夹紧机构起夹紧作用，钻套起引导刀具作用，夹具体起与机床的连接作用。根据夹具各部件的作用，专用夹具主要由以下部分组成。

（1）定位元件：夹具上与工件的定位基准接触，用来确定工件正确位置的零件。如图 6－14 中所示的挡铁和 V 形铁都是定位元件。常用的定位元件有：平面定位用的支承钉和支承板，如图 6－15 所示；内孔定位用的心轴和定位销，如图 6－16 所示；外圆定位用的 V 形铁，如图 6－17 所示。

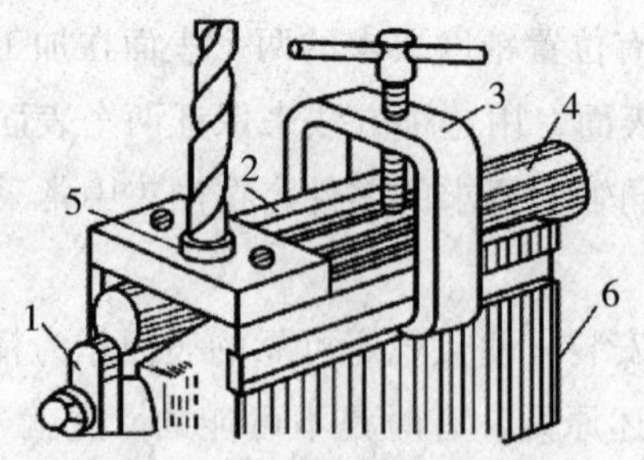

1—挡铁；2—V形铁；3—夹紧机构；
4—工件；5—钻套；6—夹具体

图 6-14　轴上钻孔的专用夹具

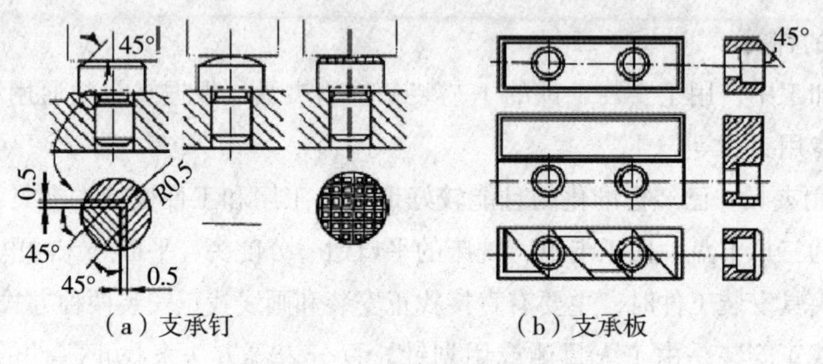

（a）支承钉　　（b）支承板

图 6-15　平面定位用的定位元件

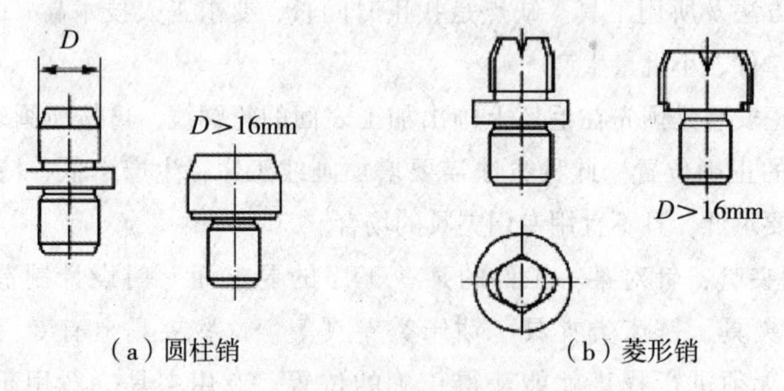

（a）圆柱销　　（b）菱形销

图 6-16　定位销

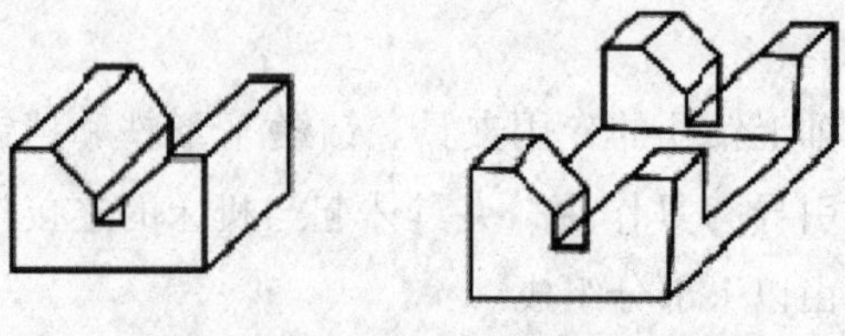

图 6-17　V 形铁

（2）夹紧机构：把定位后的工件压紧在夹具上的机构。常用的夹紧机构还有螺钉压板夹紧机构和偏心压板夹紧机构，如图 6-18 所示。

（3）导向元件：用来对刀和引导刀具进入正确加工位置的零件，如图 6-14 所示

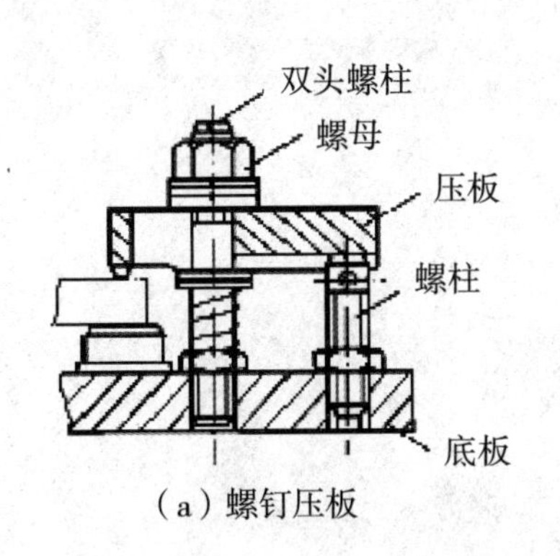

（a）螺钉压板

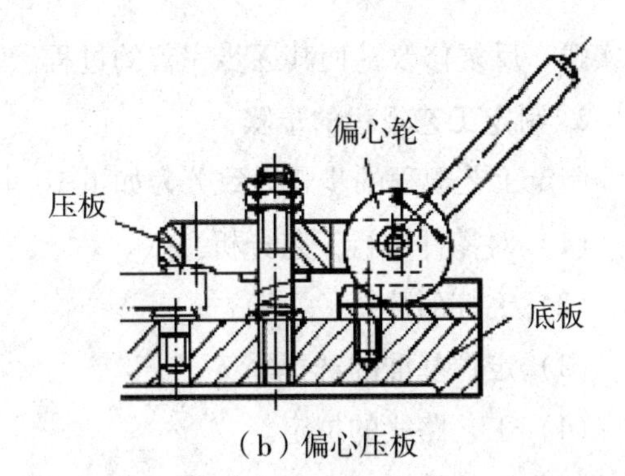

（b）偏心压板

图 6－18　夹紧机构

的钻套。其他导向元件还有铣床夹具的对刀块和镗床夹具的导向套等。

（4）夹具体：用它来连接夹具上的各种元件及机构，使之成为一个夹具整体，并通过它将夹具安装在机床上。

（5）其他辅助元件：根据工件的加工要求，有时还需要在夹具上设有分度机构、导向键、平衡铁等。

6.3　工艺规程的拟定

工艺规程是指导生产的技术文件，它必须满足产品质量、生产率和经济性等多方面要求。工艺规程应适应生产发展的需要，尽可能采用先进的工艺方法。但先进的设备成本较高，因此，所制定的工艺规程必须经济合理。

6.3.1　制定工艺规程的要求和步骤

零件的工艺规程就是零件的加工方法和步骤。它的内容包括：排列加工工艺（包括热处理工序），确定各工序所用的机床、装夹方法、度量方法、加工余量、切削用量和工时定额等。将各项内容填写在一定形式的卡片上，这就是机械加工工艺的规程，即通常所说的“机械加工工艺卡片”。

1. 制定工艺规程的要求

不同的零件，由于结构、尺寸、精度和表面粗糙度等要求不同，其加工工艺也随之不同。即使是同一零件，由于生产批量、机床设备以及工、夹、量具等条件的不同，其加工工艺也不尽相同。在一定生产条件下，一个零件可能有几种工艺方案，但其中总有一个是更合理的。合理的加工工艺必须能保证零件的全部技术要求；在一定的生产条件下，使生产率最高，成本最低；有良好、安全的劳动条件。因此，制定一个合理的加工工艺规程，并非轻而易举。除了需要具备一定的工艺理论知识和实践经验外，还要深入工厂或车间，了解实际的生产情况。一个较复杂零件的工艺，往往要经过反复实践、反复修改，使其逐步完善的过程。

2. **制定工艺规程的步骤**

制定工艺规程的步骤大致分为如下 10 个。

（1）对零件进行工艺分析。

（2）毛坯的选择。

（3）定位基准的选择。

（4）工艺路线的拟定。

（5）选择或设计、制造机床设备。

（6）选择或设计、制造刀具、夹具、量具及其他辅助工具。

（7）确定工序的加工余量、工序尺寸及公差。

（8）确定工序的切削用量。

（9）估算时间定额。

（10）填写工艺文件。

6.3.2 制定工艺规程时所要解决的主要问题

1. **零件的工艺分析**

在了解产品的用途、性能、工作条件以及该零件在产品中的地位和作用，并且熟悉产品的装配图的基础上，根据零件图对其全部技术要求做全面的分析。然后从加工的角度出发，对零件进行工艺分析，其主要内容如下。

（1）检查零件的图纸是否完整和正确，分析零件主要表面的精度、表面完整性、技术要求等在现有生产条件下能否实现。

（2）检查零件材料的选择是否恰当，是否会使工艺变得困难和复杂。

（3）审查零件的结构工艺性，检查零件结构是否能被经济、有效地加工出来。

如果发现问题，应及时提出，并与有关设计人员共同研究，按规定程序对原图纸进行必要的修改与补充。

2. **毛坯的选择**

毛坯的选择对经济效益影响很大。因为工序的安排、材料的消耗、加工工时的多少等，都在一定程度上取决于所选择的毛坯。毛坯的类型一般有型材、铸件、锻件、焊接件等。具体选择要根据零件的材料、形状、尺寸、数量和生产条件等因素综合考虑决定。

单件、小批量生产轴类零件时，一般采用自由锻毛坯；成批生产中小轴类零件时，一般采用模锻毛坯；单件、小批量生产箱体零件时，一般采用砂型铸造毛坯；成批生产中小箱体零件时，一般采用金属型铸造毛坯。

3. 定位基准的选择

在拟定加工路线之前，先要选择工件的粗基准与主要精基准。粗基准与精基准的选择必须遵循上一节所述原则。以下是几种常见零件的主要精基准。

（1）轴类零件的主要精基准。

传动用的阶梯轴，一般选用两端的中心孔作为主要精基准。因为阶梯轴的主要位置精度是各外圆之间的同轴度或径向圆跳动及各轴肩对轴线的垂直度或端面圆跳动。以两端中心孔作为精基准加工各段外圆及端面，符合基准同一原则，能较好地保证它们之间的位置精度。轴线是各外圆的设计基准，两端的中心孔是基准轴线的体现，选用中心孔作为定位精基准，符合基准重合原则。在磨削前，一般要修研中心孔，目的是提高定位精度，从而提高被加工表面的位置精度。

（2）盘套类零件的主要精基准。

盘套类零件一般以中心部位的孔作为主要精基准，具体应用时有以下几种情况。

①在一次装夹中完成主要表面的加工（如精车齿轮坯的孔、大外圆和大端面），以保证这些表面的位置精度要求。

②先精加工孔，然后以孔作为精基准，加工其他各表面。

③外圆与孔互为基准。

（3）支架箱体类零件的主要精基准。

对于支架箱体类零件，一般采用机座上的主要平面（即轴承支承孔的设计基准）作为主要精基准加工各轴承支承孔，以保证各轴承支承孔之间以及轴承支承孔与主要平面的位置精度要求。

4. 工艺路线的拟定

拟定工艺路线就是把加工零件所需要的各个工序按顺序排列起来，它主要包括以下几个方面。

1）加工方案的确定。

根据零件每个加工表面（特别是主要表面）的精度、表面粗糙度及技术要求，选择合理的加工方案，确定每个表面的加工方法和加工次数。常见典型表面的加工方案可参照第 4 章来确定。在确定加工方案时还应考虑以下几方面的内容。

（1）被加工材料的性能及热处理要求。例如，强度低、韧性高的有色金属不宜磨削，而钢件淬火后一般要采用磨削加工。

（2）生产批量的大小。如齿轮孔，在单件、小批量生产中应选择镗削的方法，而在大批、大量生产中，则须选用拉削的方法。

（3）加工表面的形状和尺寸。不同形状的表面，有各种特定的加工方法。同时，加工方法的选择与加工表面的尺寸有直接关系。如大于 ϕ80mm 的孔采用镗孔或磨孔进行精加工。

（4）还应考虑本厂和本车间的现有设备情况、技术条件和工人技术水平。

2）加工阶段的划分。

当零件的精度要求较高或零件形状较复杂时，应将整个工艺过程划分为以下几个阶段。

（1）粗加工阶段。其主要目的是切除绝大部分余量。

（2）半精加工阶段。使次要表面达到图纸要求，并为主要表面的精加工提供基准。

（3）精加工阶段。保证各主要表面达到图纸要求。

当零件主要表面的粗糙度 R_a 值不大于 0.1μm 时，需要将加工阶段划分为粗加工阶段、半精加工阶段、精加工阶段和光整加工阶段。光整加工阶段的目的是提高尺寸精度和降低表面粗糙度。划分加工阶段的目的一是有利于保证加工质量。由于粗加工余量大，切削力大，切削温度高，工件变形大，变形恢复时间长，如果不划分加工阶段，连续进行粗、精加工，会使已加工好的表面精度因变形恢复而受到破坏。二是有利于合理使用设备。粗加工采用精度低、功率大、刚性好的机床，有利于提高生产率；精加工采用精度高的机床，既有利于保证加工质量，也有利于长期保持设备精度。三是有利于安排热处理工序。四是可避免损伤已加工好的主要表面，也可及时发现毛坯缺陷，及时采取补救措施或报废，以免浪费过多工时。

但是，加工阶段的划分并不是绝对的，在有些情况（如精度要求较低的重型零件）下，可以不划分加工阶段。在实际生产中，是否划分加工阶段，要根据具体情况而定。

3）加工工序的安排。

要合理地安排机械加工工序、热处理工序、检验工序和其他辅助工序，以保证加工质量，提高生产率，提高经济效益。

（1）机械加工工序的安排。在安排机械加工工序时，必须遵循以下几项原则。

①基准先行。作为精基准的表面应首先加工出来，以便用它作为定位基准加工其他表面。

②先粗后精。先进行粗加工，后进行精加工，有利于保证加工精度和提高生产率。

③先主后次。先安排主要表面的加工，然后根据情况相应安排次要表面的加工。主要表面就是要求精度高、表面粗糙度低的一些表面，次要表面是除主要表面以外的其他表面。因为主要表面是零件上最难加工且加工次数最多的表面，因此安排好了主要表面的加工，也就容易安排次要表面的加工。

④先面后孔。在加工箱体零件时，应先加工平面，然后以平面定位加工各个孔，这样有利于保证孔与平面之间的位置精度。

（2）热处理工序的安排。根据热处理工序的目的不同，可将热处理工序分为以下几项。

①预备热处理是为了改善工件的组织和切削性能而进行的热处理，如低碳钢的正火和高碳钢的退火。

②时效处理是为了消除工件内部因毛坯制造或切削加工所产生的残余应力而进行的热处理。

③最终热处理是为了提高零件表面层的硬度和强度而进行的热处理，如调质、淬火、渗碳、氮化等。

上述热处理工序的安排位置如图 6－19 所示。退火或正火安排在毛坯制造之后、粗加工之前。时效处理一般安排一次，通常安排在毛坯制造之后、粗加工之前，也可安排在粗加工之后、半精加工之前。对于复杂零件时效处理可安排两次。调质工序安排在粗加工之后、半精加工之前。淬火工序和渗碳（渗碳＋淬火）工序安排在半精加工之后、精加工之前。因为淬火后零件表面会产生脱碳层，需要继续加工以去除零件表面上的脱碳层。氮化工序安排在精加工之后，因为氮化后的零件不需要淬火，零件表面没有脱碳层，不需要再加工。如果零件的精度要求较高，则可在氮化后再精磨一次。

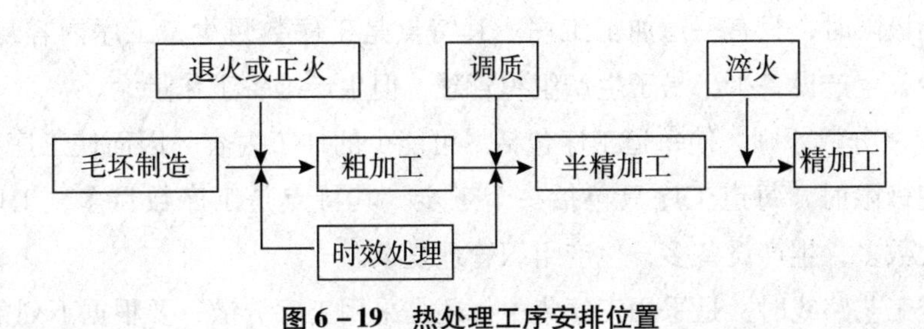

图 6－19　热处理工序安排位置

（3）检验工序的安排。为了保证产品的质量，除每道工序由操作人员自检以外，还应在下列情况下安排检验工序。

①粗加工之后。毛坯表面层有无缺陷，粗加工之后就能看见，如果能及时发现毛坯缺陷，就能有效降低生产成本。

②工件在转换车间之前。在工件转换车间之前，工件是否合格，需要进行检验，以避免扯皮现象的发生。

③关键工序的前后。关键工序是最难加工的工序，加工时间长，加工成本高，如果能在关键工序之前发现工件已经超差，可避免不必要的加工，从而降低生产成本。另外，关键工序是最难保证的工序，工件容易超差，因此，关键工序的前后要安排检验工序。

④特种检验之前。因为特种检验费用较高，因此，在特种检验之前必须知道工件是否合格。

⑤全部加工结束之后。工件加工完后是否符合零件图纸要求，需要按图纸进行检验。

（4）辅助工序的安排。辅助工序主要有表面处理、特种检验、去毛刺、去磁、清洗等。

①零件表面处理工序。为了提高零件表面的耐蚀性、耐磨性等而采取的一些工艺措施，主要包括电镀、氧化、油漆等，一般均安排在加工过程的最后。

②特种检验。为了特殊目的而进行的非常规检验。最常用的是无损探伤，用于检验工件内部质量，一般安排在毛坯制造之后，粗加工之前；磁力探伤、荧光探伤等用于检验工件表面层的质量，通常安排在精加工阶段；密封性检验根据情况而定；平衡检验安排在工艺过程的最后。

③去毛刺、去磁、清洗等。根据加工过程的具体情况而定。

4）工序的集中与分散。

在制定工艺路线时，在确定了加工方案以后，就要确定零件加工工序的数目和每道工序所要加工的内容。可以采用工序集中原则，也可以采用工序分散原则。

（1）工序集中原则。使每道工序包括尽可能多的加工内容，因而工序数目减少。工序集中到极限时，只有一道加工工序。其特点是工序数目少，工序内容复杂，工件安装次数少，生产设备少，易于生产组织管理，但生产准备工作量大。

（2）工序分散原则。使每道工序包括尽可能少的加工内容，因而使工序数目增加。工序分散到极限时，每道工序只包括一个工步。其特点是工序数目多，工序内容少，工件安装次数多，生产设备多，生产组织管理复杂。

在制定工艺路线时，是采用工序集中，还是采用工序分散，要根据下列条件确定。

①生产类型。单件、小批量生产时，采用工序集中原则；大批量生产时，采用工序分散原则，有利于组织流水线生产。

②工件的尺寸和重量。对于大尺寸和大重量的工件，由于安装和运输的问题，一般采用工序集中原则。

③工艺设备条件。自动化程度高的设备一般采用工序集中原则，如加工中心、柔性制造系统。

5. 确定加工余量

为了使毛坯变成合格零件而从毛坯表面上所切除的金属层称为加工余量。

加工余量分为总余量和工序余量。从毛坯到成品总共需要切除的余量称为总余量。在某工序中所要切除的余量称为该工序的工序余量。总余量应等于各工序的余量之和。

工序余量的大小应按加工要求来确定。余量过大，既浪费材料，又增加切削工时；工序余量过小，会使工件的局部表面切削不到，不能修正前道工序的误差，从而影响加工质量，甚至造成废品。

6. 填写工艺文件

工艺过程拟定之后，将工序号、工序内容、工艺简图、所用机床等项目内容用图表的方式填写成工艺文件。工艺文件的繁简程度主要取决于生产类型和加工质量。常用的工艺文件有以下3种。

（1）机械加工工艺过程卡片：其主要作用是简要说明机械加工的工艺路线。实际生产中，机械加工工艺过程卡片的内容也不完全一样，最简单的只有工序目录，较详细的则附有关键工序的工序卡片。主要用于单件、小批量生产中。

（2）机械加工工序卡片：要求工艺文件尽可能详细、完整，除了有工序目录以外，还有每道工序的工序卡片。工序卡片的主要内容有加工简图、机床、刀具、夹具、定位基准、夹紧方案、加工要求等。填写工序卡片的工作量很大，因此，主要用于大批量生产中。

（3）机械加工工艺（综合）卡片：对于成批生产而言，机械加工工艺过程卡片太简单，而机械加工工序卡片太复杂且没有必要。因此，应采用一种比机械加工工艺过程卡片详细，比机械加工工序卡片简单且灵活的机械加工工艺卡片，既要说明工艺路线，又要说明各工序的主要内容，甚至要加上关键工序的工序卡片。

6.4　典型零件的加工工艺过程

6.4.1　轴类零件

轴类零件是机器中用来支承齿轮、皮带轮等传动零件并传递扭矩的零件，是最常见的典型零件之一。按结构的不同，轴类零件一般可分为简单轴、阶梯轴和异形轴。下面以图6－20所示传动轴的加工过程为例，说明在单件、小批量生产中一般轴类零件的加工工艺过程。

1. 技术要求分析

（1）轴的主要加工表面分析：ϕ30轴颈用于安装齿轮，传递运动和动力；两端轴颈ϕ25是轴的两个支承面；轴肩是齿轮的安装面或轴本身的安装面，它们的精度要求很高，表面粗糙度较低（R_a为0.8μm）。所以，轴颈以及轴肩为主要加工表面。

（2）ϕ30轴颈对两端ϕ25轴的同轴度允差为0.02mm。

（3）工件材料为45钢，热处理硬度为40～45HRC。

2. 工艺分析

（1）轴的各配合表面除本身有一定精度和表面粗糙度要求以外，对轴线的同轴度还有一定的要求。根据对各表面的具体要求，根据图5－1外圆表面加工顺序，加工可采用如下加工方案：粗车—半精车—热处理—粗磨—精磨。

（2）轴上的键槽可在立式铣床上用键槽铣刀铣出。

3. 基准选择

根据基准重合与基准同一原则，可选用轴两端中心孔作为粗加工、精加工的定位基准。这样，既有利于保证各配合表面的位置精度，也有利于提高生产率。另外，为

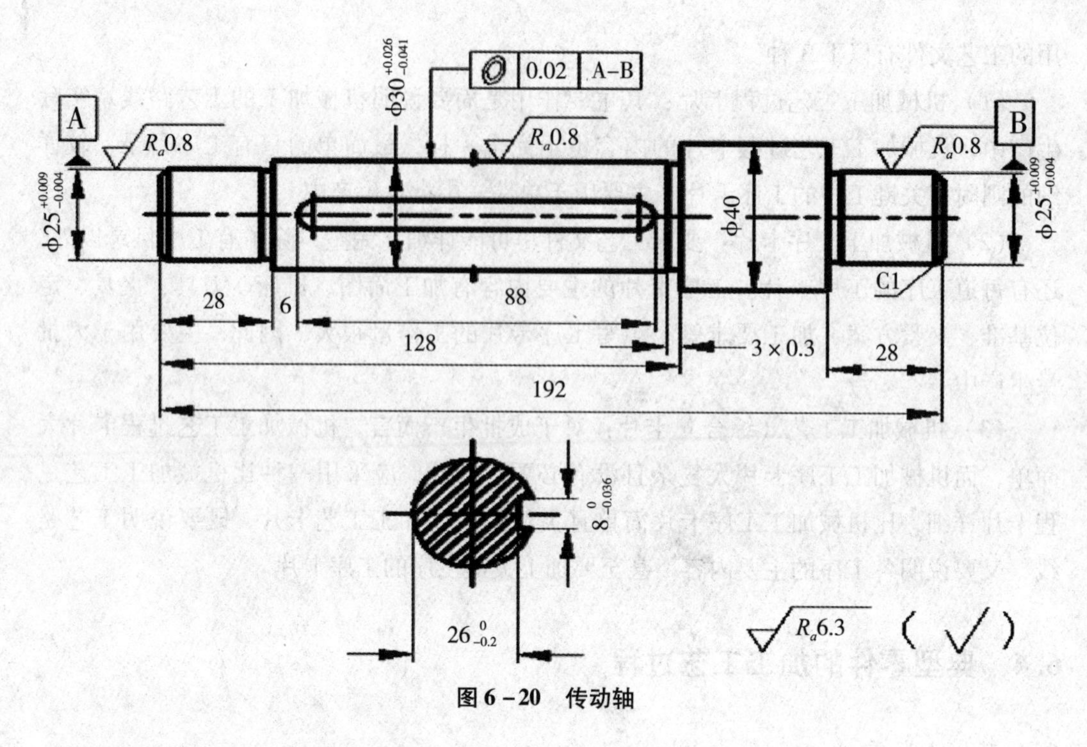

图 6－20　传动轴

了保证基准的精度和表面粗糙度，热处理后应修研中心孔。

4. 工艺过程

轴的毛坯选用 φ45 的圆钢料。在单件、小批量生产中，其加工工艺过程如表 6－4 所示。

表 6－4　　传动轴加工工艺过程

工序号	工种	工序内容	加工简图	设备
Ⅰ	下料	φ45×195	—	锯床
Ⅱ	车	1. 车端面，钻中心孔； 2. 车另一端面，钻中心孔	φ45　2–A2/4.25　192	卧式车床
Ⅲ	车	1. 粗车、半精车右端 φ40、φ25 外圆、槽和倒角，留磨削余量 1mm； 2. 粗车、半精车左端 φ30、φ25 外圆、槽和倒角，留磨削余量 1mm	φ26　φ31　φ40　φ26　C1　28　128　3×0.3　28　192　Ra6.3（√）	卧式车床

续 表

工序号	工种	工序内容	加工简图	设备
Ⅳ	铣	粗、精铣键槽	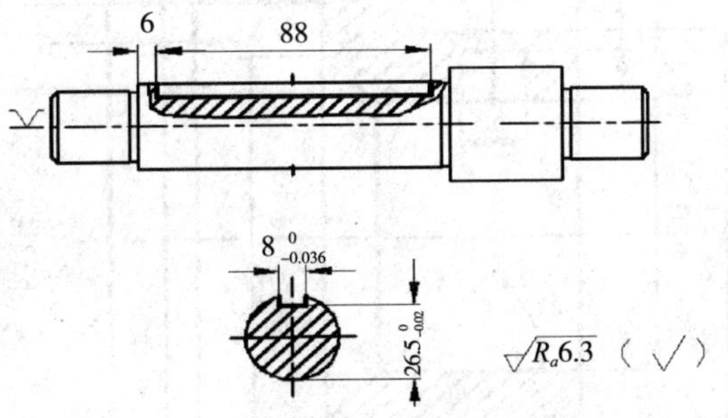 6; 88; $8^{\ 0}_{-0.036}$; $26.5^{\ 0}_{-0.02}$; $\sqrt{R_a6.3}$ ($\sqrt{}$)	立式铣床
Ⅴ	热处理	调至40～50HRC	—	—
Ⅵ	钳	修研两端中心孔	—	—
Ⅶ	磨	1. 粗磨、精磨右端ϕ40、ϕ25外圆至要求尺寸； 2. 粗磨、精磨左端ϕ30、ϕ25外圆至要求尺寸	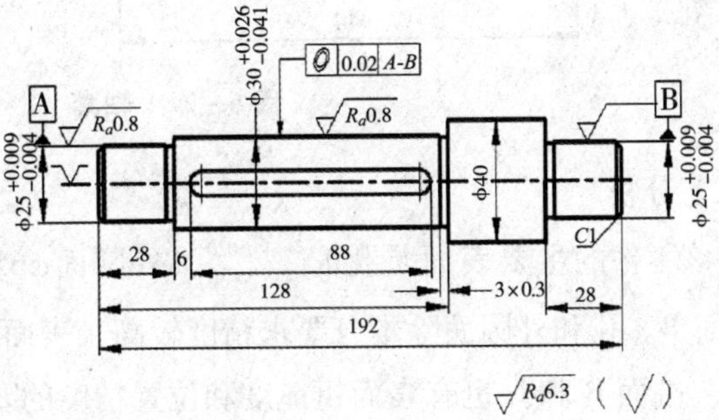 A; B; $R_a0.8$; $R_a0.8$; $\phi30^{+0.026}_{-0.041}$; ◎ 0.02 A-B; $\phi25^{+0.009}_{-0.004}$; ϕ40; $\phi25^{+0.009}_{-0.004}$; C1; 28; 6; 88; 128; 3×0.3; 28; 192; $\sqrt{R_a6.3}$ ($\sqrt{}$)	外圆磨床
Ⅷ	检	按图纸要求检验	—	—

6.4.2 盘套类零件

盘套类零件是机器中使用最多的零件。盘套类零件的结构一般由孔、外圆、端面和沟槽等组成，其位置精度主要有：外圆轴线对内孔轴线的同轴度（或径向圆跳动）、端面对内孔轴线的垂直度（或端面跳动）等。盘套类零件的结构基本类似，工艺过程基本相仿，因此，以图 6－21 所示零件加工过程为例，介绍一般盘套类零件的工艺过程。

1. 技术要求分析

（1）$\phi65^{+0.065}_{-0.045}$ 和 ϕ45±0.008 外圆对 $\phi52^{+0.020}_{-0.010}$ 孔轴线的同轴度允差 ϕ0.04mm。

（2）端面 B 和 C 对孔 $\phi52^{+0.020}_{-0.010}$ 轴线的垂直度允差 0.02mm。

（3）工件材料为 HT200，毛坯为铸件。

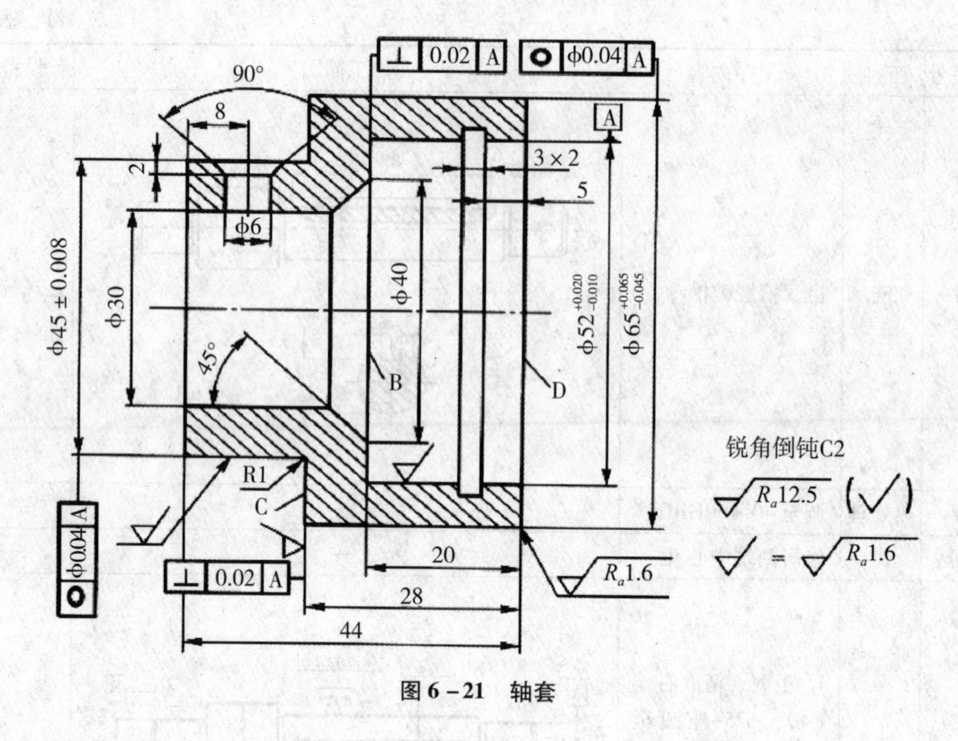

图 6-21　轴套

2. 工艺分析

（1）该零件的主要表面是孔$\phi52^{+0.020}_{-0.010}$、外圆面$\phi65^{+0.065}_{-0.045}$和$\phi45\pm0.008$、台阶端面C和内端面B。孔和外圆面除本身要求精度较高、表面粗糙度较低外，还有一定的位置精度要求。端面B和C也有表面粗糙度和位置精度的要求。

（2）根据工件材料的性质、具体零件精度和表面粗糙度的要求，可采用粗车—半精车—精车加工方案。采用一次安装保证$\phi65^{+0.065}_{-0.045}$对$\phi52^{+0.020}_{-0.010}$轴线的同轴度，以及端面B和C对$\phi52^{+0.020}_{-0.010}$轴线的垂直度要求。采用图6-22所示可胀心轴安装工件，加工$\phi45\pm0.008$外圆面，可胀心轴保证$\phi45\pm0.008$对$\phi52^{+0.020}_{-0.010}$轴线的同轴度的要求。

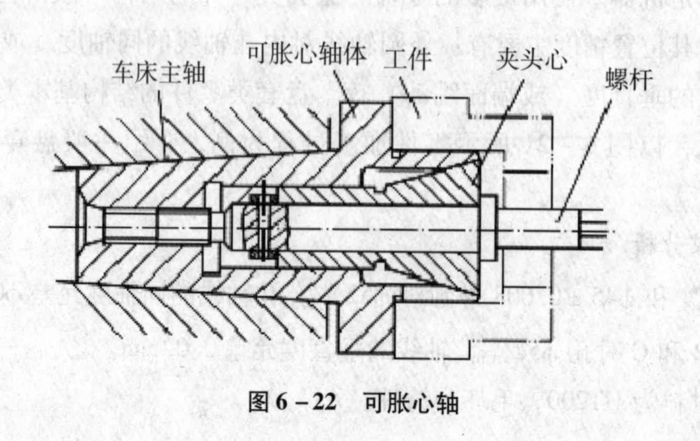

图 6-22　可胀心轴

3. 基准选择

（1）根据“基准先行”原则，首先以毛坯大端外圆面作为粗基准，粗车小端外圆面和端面。

（2）以粗车后的小端外圆面和台阶面 C 为定位基准（精基准），在一次安装中加工大端各表面，以保证所要求的位置精度。

（3）以孔$\phi52_{-0.010}^{+0.020}$和大端面为定位基准，利用可胀心轴安装，精车小端外圆。

4. 加工工艺过程

在单件、小批量生产中，该套类零件的加工工艺过程如表 6－5 所示。

表 6－5　　　　轴套加工工艺过程

工序号	工种	工序内容	加工简图	设备
Ⅰ	铸造	铸造、清理	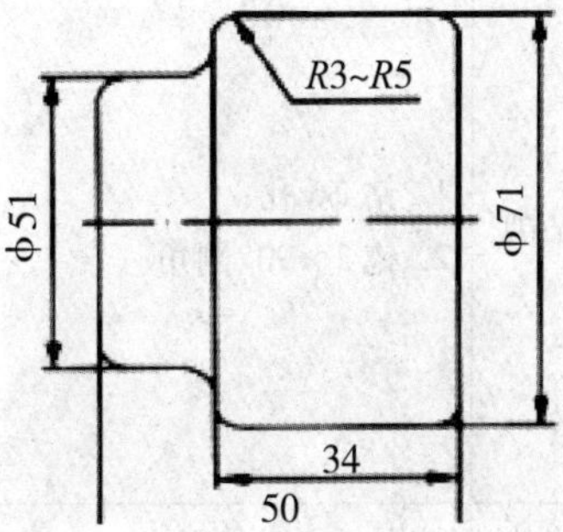	—
Ⅱ	车削	1. 粗车小端外圆和两端面至$\phi47\times16$； 2. 钻孔至$\phi28$，钻通； 3. 倒头粗车大端外圆和端面至$\phi67\times30$； 4. 镗孔至$\phi30$，镗通； 5. 粗镗大端孔及粗车内端面至$\phi50\times20$； 6. 倒内斜角至$\phi41\times45°$； 7. 精车大端外圆和端面至$\phi65_{+0.045}^{+0.065}\times29$； 8. 精镗大端孔和精车内端面 B 至$\phi52_{-0.010}^{+0.020}\times20$； 9. 车槽 3×2； 10. 外圆及孔口倒角 C2	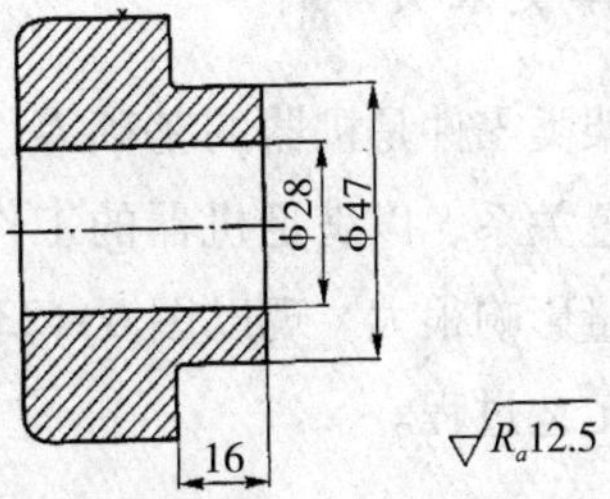 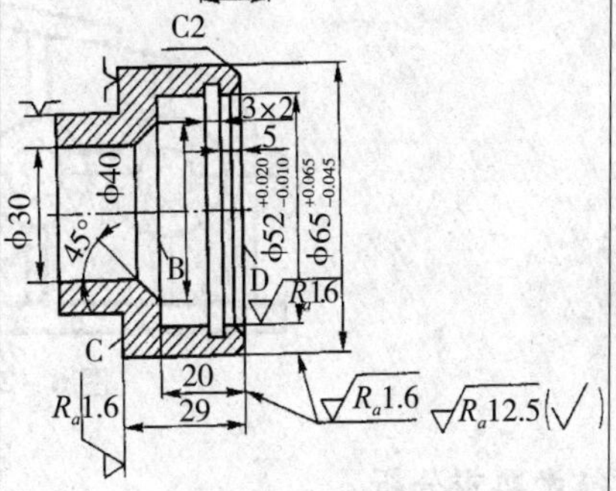	车床

续 表

工序号	工种	工序内容	加工简图	设备
Ⅲ	车削	1. 精车小端外圆至尺寸 ϕ45 ±0.008； 2. 精车两端面 C、E 保证尺寸 28、44 和 R1； 3. 外圆和孔口倒角 C2	R1 C R_a 1.6 E ϕ45±0.008 C2 R_a 1.6 28 R_a 12.5 44	车床
Ⅳ	钳工	划径向 ϕ6 孔加工线		工作台
Ⅴ	钻削	1. 钻 ϕ6 孔； 2. 锪 2×90°倒角	90° 8 ϕ6 R_a 12.5	钻床
Ⅵ	终检	按图纸要求检验	—	—

6.4.3 箱体支架类零件

箱体支架类零件是机器的基础零件，用以支承和装配轴系零件，并保证各零件之间正确的位置关系，以满足机器的工作性能要求。因此，箱体支架类零件的加工质量对机器的质量影响很大。现以图 6－23 所示零件加工过程为例，介绍一般箱体支架类零件的加工工艺过程。

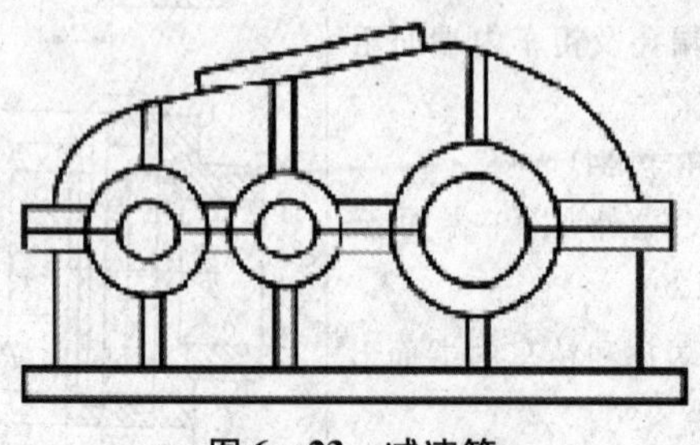

图 6－23 减速箱

1. 技术要求分析

（1）箱座底面与对合面的平行度在 1m 长度内不大于 0.5mm。

（2）结合面加工后，其表面不能有条纹、划痕及毛刺；结合面结合间隙不大于0.03mm。

（3）3个主要孔（轴承孔）的轴线必须保持在结合面内，其偏差不大于0.2mm。

（4）主要孔的距离误差应保持在0.03～0.05mm的范围内。

（5）主要孔的精度为IT6级，其圆度与圆柱度误差不超过其孔径公差的1/2。

（6）加工后，箱体内部需要清理。

（7）工件材料为HT150，毛坯为铸件去应力退火。

2. 加工工艺分析

减速箱的主要加工表面如下。

（1）箱座的底平面和对合面、箱盖的对合面和顶部方孔的端面，可采用龙门铣床或龙门刨床加工。

（2）3个轴承孔及孔内环槽，可采用坐标镗床镗孔。

3. 基准选择

（1）粗基准的选择：为了保证对合面的加工精度和表面完整性，选择对合面法兰的不加工面为粗基准加工对合面。

（2）精基准的选择：箱座的对合面与底面互为基准，箱盖的对合面与顶面互为基准。

4. 工艺过程

大批、大量生产减速箱的加工工艺过程如表6－6所示。

表6－6　　减速箱加工工艺过程

工序号	工种	工序内容	加工简图	设备
Ⅰ	铸造	铸造、清理	—	—
Ⅱ	热处理	去应力退火	—	—
Ⅲ	刨削	粗刨对合面	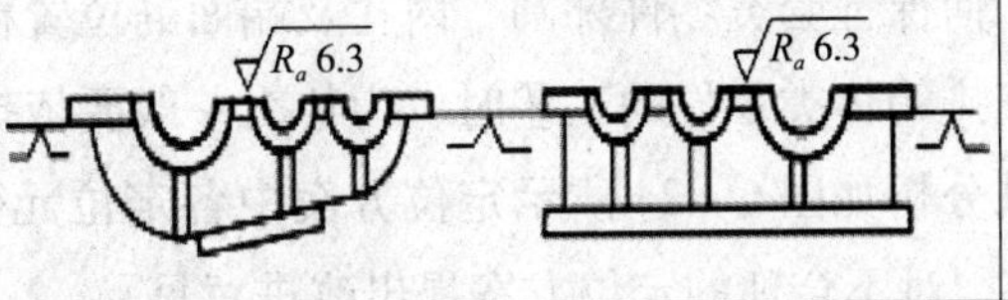 R_a 6.3　R_a 6.3	龙门刨床
Ⅳ	刨削	1. 粗、精刨箱座的底面及两侧面； 2. 粗、精刨箱盖的方孔端面及两侧面	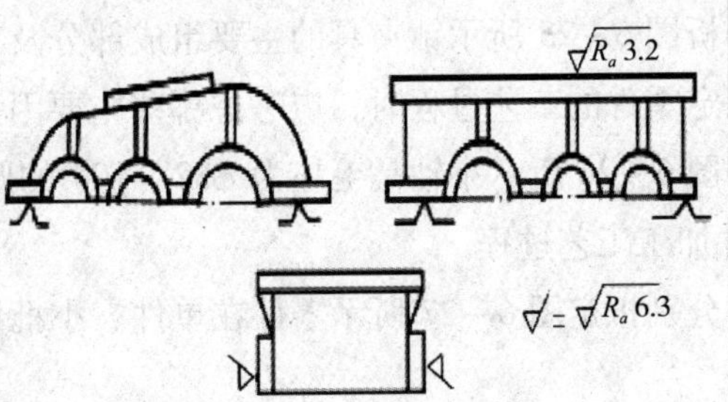 R_a 3.2　$\sqrt{}=\sqrt{R_a\,6.3}$	龙门刨床

续 表

工序号	工种	工序内容	加工简图	设备
Ⅴ	刨削	精刨对合面		龙门刨床
Ⅵ	钻削	1. 钻连接孔； 2. 钻螺纹孔； 3. 钻销孔	—	钻床
Ⅶ	钳工	1. 攻螺纹孔； 2. 铰削孔； 3. 连接箱体	—	—
Ⅷ	镗孔	粗镗、半精镗、精镗、精细镗 3 个主要孔		镗床
Ⅸ	终检	按图纸检验	—	—

习题

1. 生产类型有哪几种？不同生产类型对零件的工艺过程有哪些主要影响？

2. 加工轴类零件时，常以什么作为统一的精基准？为什么？

3. 如何保证套类零件外圆、内孔及端面的位置精度？

4. 安排箱体类零件的工艺时，为什么一般要依据“先面后孔”加工原则？

5. 试分析如图 6－24 所示定位方案中各定位元件限制的自由度；判断有无欠定位或过定位；对不合理的定位方案提出改进意见。

6. 分析图 6－25 所示钻夹具的主要组成部分及工件的定位情况。

7. 拟定零件的工艺过程时，应考虑哪些主要因素？

8. 如图 6－26 所示小轴是毛坯为 ϕ32 ×104 的圆钢料，试分别给出生产 20 件和生产 1000 件加工工艺过程。

9. 试分别拟定图 6－27 所示零件在单件、小批量生产中的加工工艺过程。

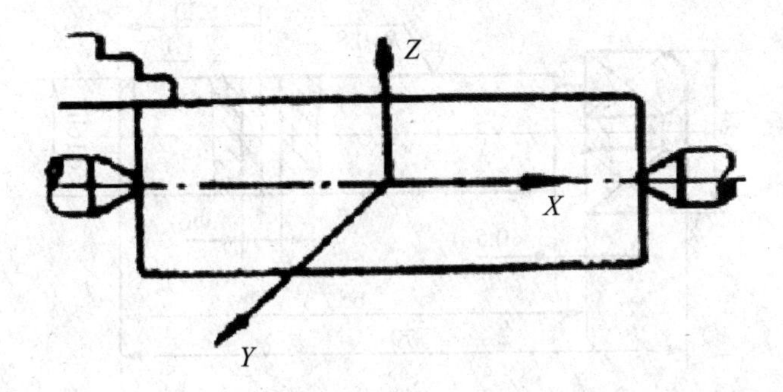

图 6－24　题 5 图

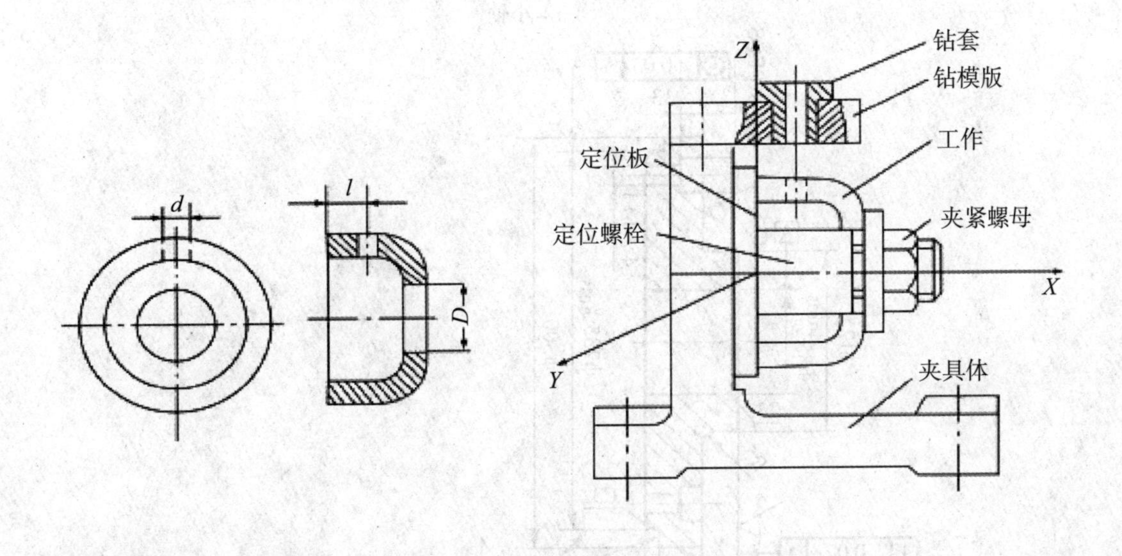

图 6－25　题 6 图

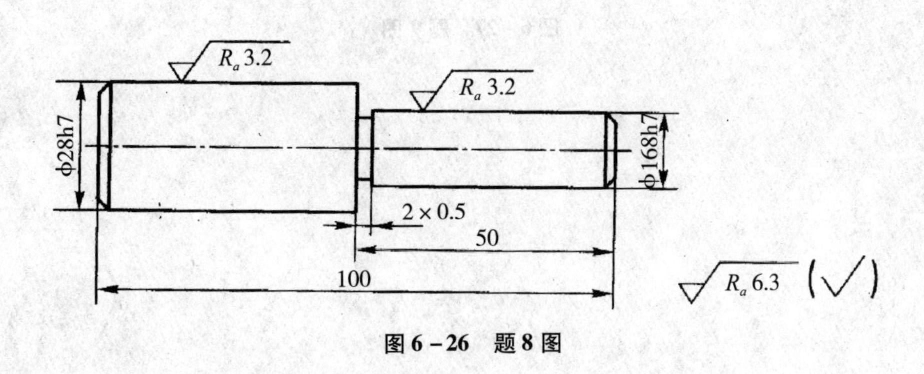

图 6－26　题 8 图

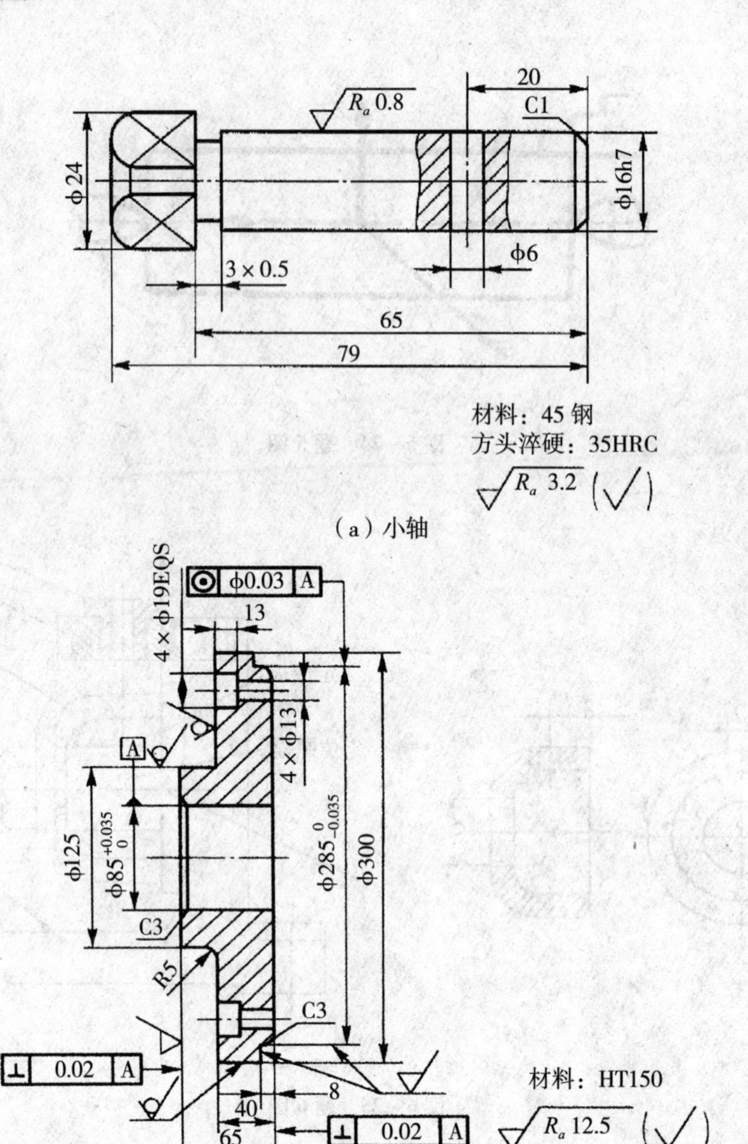

Ra 0.8
20
C1
ϕ24
ϕ16h7
ϕ6
3×0.5
65
79
材料：45 钢
方头淬硬：35HRC
Ra 3.2 (√)
（a）小轴
ϕ0.03 A
4×ϕ19EQS
13
4×ϕ13
A
ϕ125
ϕ85 +0.035 0
ϕ285 0 -0.035
ϕ300
C3
R5
C3
0.02 A
8
40
65
0.02 A
材料：HT150
Ra 12.5 (√)

（b）法兰

图 6-27　题 9 图

7 零件的结构工艺性

机械产品的设计不仅要保证其性能方面的要求，而且要考虑产品的零件结构是否能够制造以及是否易于制造。对于制造工艺进行周密的考虑并且具体反映在零件的设计中，就是零件的设计工艺性。由于零件工艺性的好坏具体表现为零件的结构是否符合加工技术的要求，因此，通常又把设计工艺性称为结构工艺性。本章主要内容如下：

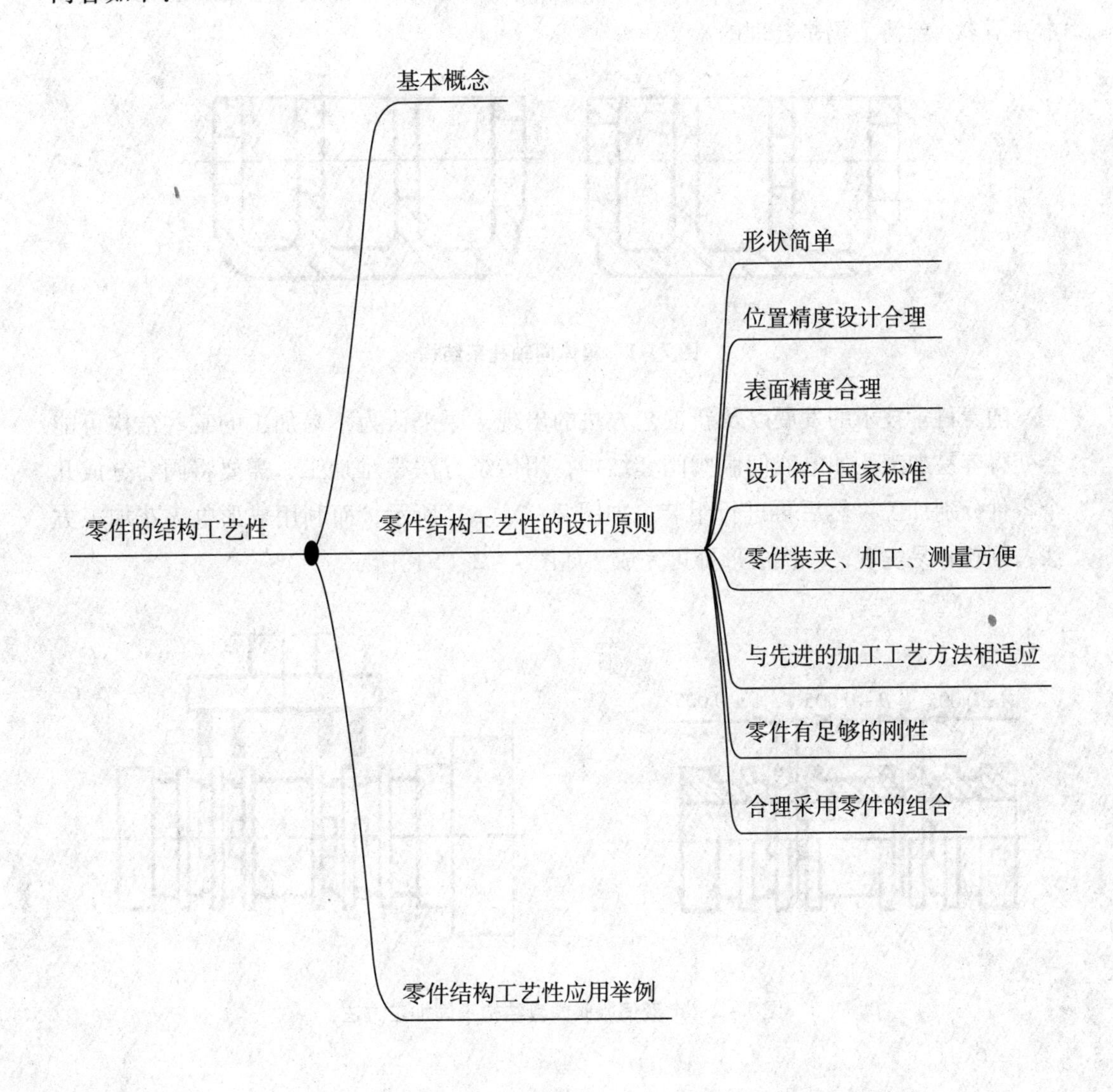

7.1 基本概念

零件的结构工艺性是指这种结构的零件在加工工艺上得以实行的难易程度，它是评价零件结构设计优劣的技术经济指标之一。零件结构的工艺性良好，是指所设计的零件在保证使用要求的前提下，能被经济、高效、合格地加工出来。零件结构工艺性的好坏是个相对概念。对机械产品设计进行工艺性评价必须与具体生产条件相联系。例如，在大批量生产中认为图 7－1（a）所示箱体同轴孔系结构是工艺性好的结构；在单件、小批量生产中则认为图 7－1（b）所示同轴孔系结构是工艺性好的结构。这是因为在大批、大量生产中采用专用双面组合镗床加工，可以从箱体两端向中进给镗孔。采用专用组合镗床，一次性投资虽然很高，但因产量大，分摊到每个零件上的工艺成本并不多，经济上仍是合理的。

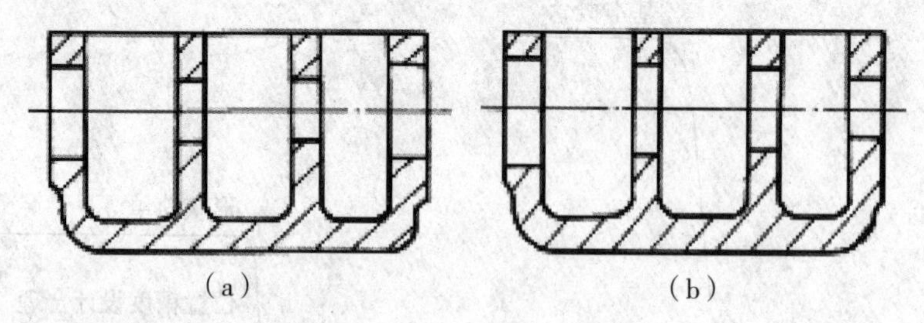

图 7－1　箱体同轴孔系结构

随着科学技术的发展以及新工艺方法的出现，原来认为不易加工的某些结构可能会变得容易加工。如电液伺服阀阀套结构，用传统方法很难加工，需要将阀套分成几个零件分别加工，然后再进行组装，如图 7－2（a）所示；而利用成形电火花加工方法，则较容易实现，一次成形即可完成，如图 7－2（b）所示。

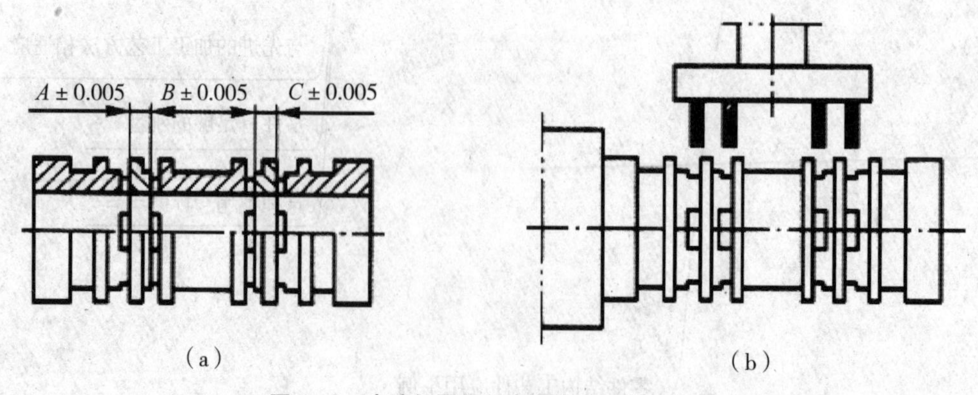

图 7－2　电液伺服阀阀套结构不同加工方法

7.2　零件结构工艺性的设计原则

机械产品中大部分零件的加工精度、表面粗糙度最终要靠切削加工来保证。因此，从切削加工工艺的角度判断零件结构是否适合加工，就显得尤其重要。在设计零件结构时，除了考虑满足使用要求外，通常还应注意切削加工的结构工艺性，一般情况下零件结构工艺性设计原则如下。

（1）形状简单。加工表面的几何形状应尽量简单，而且要尽可能布置在同一平面或同一轴线上。

（2）位置精度设计合理。有相互位置精度（如同轴度、垂直度、平行度等）要求的表面，最好能在一次装夹中加工出来。

（3）表面精度合理。尽可能减少加工表面的数量和面积，合理地规定加工精度和表面粗糙度，以利于减少切削加工量。

（4）设计尽可能符合国家标准。应力求零件的某些结构尺寸（如孔径、齿轮模数、螺纹、键槽宽度等）的标准化，便于采用标准刀具和通用量具，降低生产成本。

（5）零件装夹、加工、测量方便。零件应便于安装，定位准确，夹紧可靠；便于加工，便于测量；便于装配和拆卸。

（6）零件结构应与先进的加工工艺方法相适应。既要结合本单位的具体加工工艺条件，又要考虑与先进工艺方法相适应。

（7）零件应有足够的刚性。能承受切削力和夹紧力，便于提高切削用量，提高生产率。

（8）合理采用零件的组合。一般情况下零件的结构越简单越好，但是为了加工方便，合理地采用组合件也是适宜的。

7.3　零件结构工艺性应用举例

1. 便于安装

（1）外形不规则的零件，应设计工艺凸台以便于装夹。

如图 7－3 所示，为了加工上表面，工件安装时必须使加工面水平。图 7－3（a）所示的零件较难安装，如果在斜面上设置工艺凸台，如图 7－3（b）所示，就能增加安装和加工的稳定性。必要时，精加工后再把凸台切除。

（2）增设装夹凸缘或装夹孔。

如图 7－4（a）所示的大平板，在龙门刨床或龙门铣床上加工上平面时，不方便使用压板、螺钉将它装夹在工作台上。如果在平板侧面增设装夹用的凸缘或孔，如图 7－4（b）所示，就能够可靠地夹紧，同时也便于吊装和搬运。

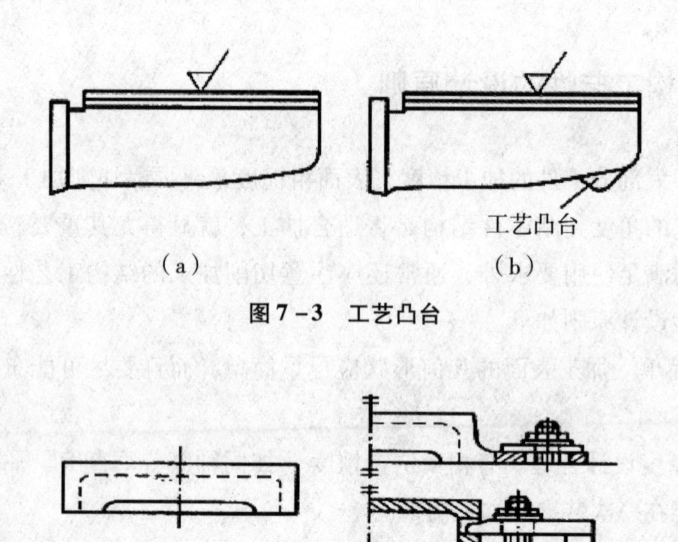

图 7－3　工艺凸台

图 7－4　装夹凸缘和装夹孔

如图 7－5（a）所示的锥度心轴外锥面需要在车床和磨床上加工，必须要有安装卡箍的部位，如图 7－5（b）所示。

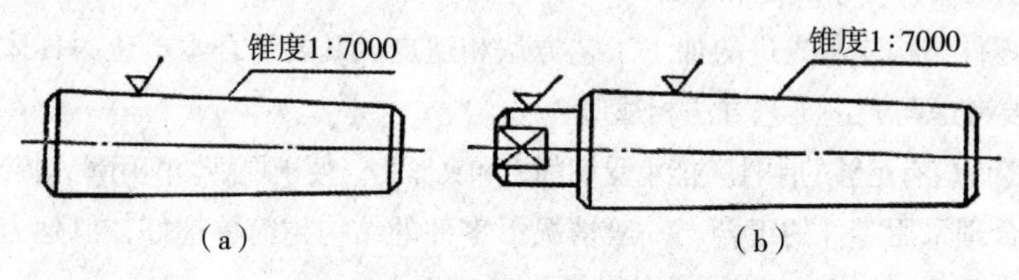

图 7－5　锥度心轴的结构改进

（3）改变结构或增加辅助安装面。

如图 7－6（a）所示的轴承盖要加工 ϕ120 外圆及端面，一般用三爪卡盘或四爪卡盘来装夹工件。若夹在 A 处，则一般卡爪伸出的长度不够，夹不到 A 处；如果夹在 B 处，又因为是圆弧面，与卡爪是点接触，不能将工件夹牢。因此，装夹不方便。若把工件改为图 7－6（b）所示的结构，使 C 处为一圆柱面，便容易夹紧。或在毛坯上加出一个辅助安装面，如图 7－6（c）中的 D 处，用它进行安装，也比较方便。必要时，零件加工后再将这个辅助安装面切除。

2. 尽量采用标准化参数

螺纹的公称直径和螺距要取标准值，这样才能使用标准丝锥和板牙进行加工，也便于使用标准螺纹量规进行检验。如图 7－7（a）所示螺纹的螺距和公称直径应改为图 7－7（b）的标准值。尺寸参数和锥度参数也要标准化，便于加工和测量。如图 7－8

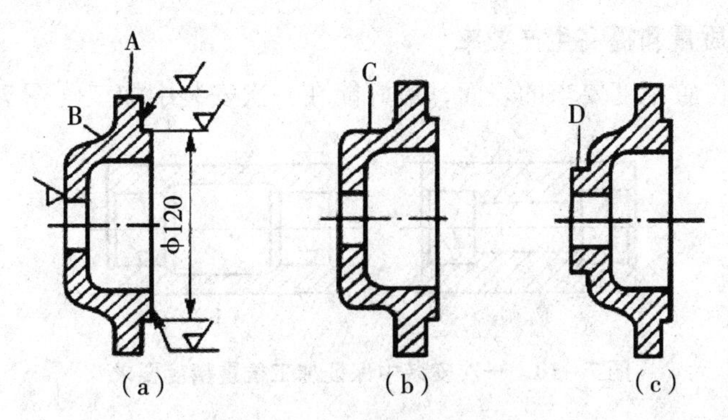

图 7-6　轴承盖结构改进

(a) 所示的尺寸及偏差应改为图 7-8 (b) 的数值，图 7-9 (a) 的锥度参数应改为图 7-9 (b) 的锥度值较为合理。

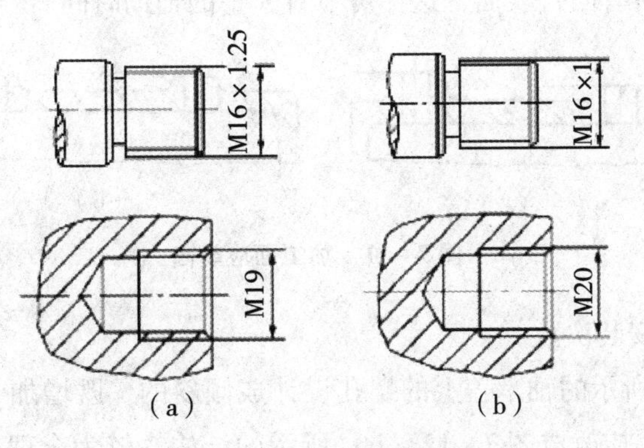

图 7-7　标准化螺纹参数

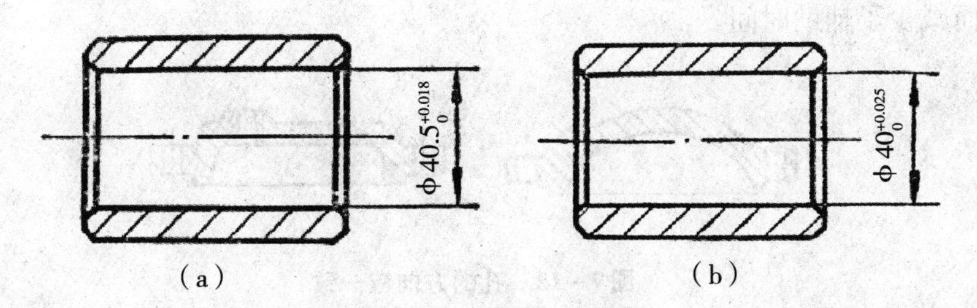

图 7-8　标准化尺寸参数

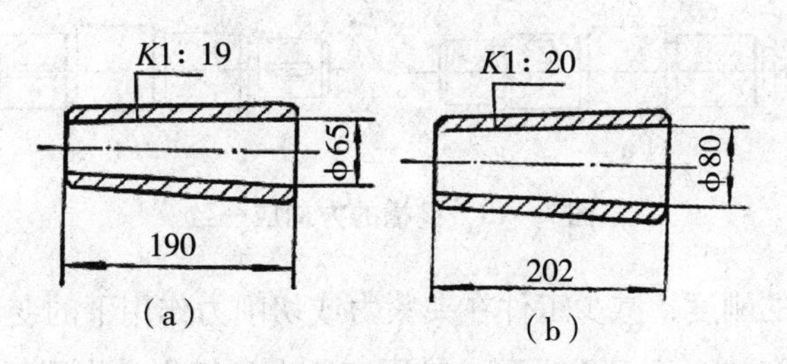

图 7-9　标准化锥度参数

3. **保证加工质量和提高生产效率**

（1）有相互位置精度要求的表面，最好能在一次安装中加工（图7－10）。

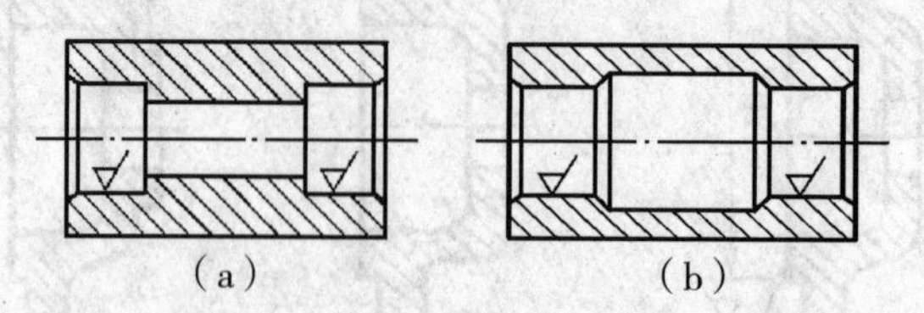

图7－10　一次安装中保证加工位置精度要求

（2）尽量减少走刀次数。

如图7－11（a）所示的零件，当加工这种具有不同高度的凸台表面时，需要逐一地将工作台升高或降低。如果把零件上的凸台设计得等高，图7－11（b）所示，则能在一次走刀中加工所有凸台表面，这样可节省大量的辅助时间。

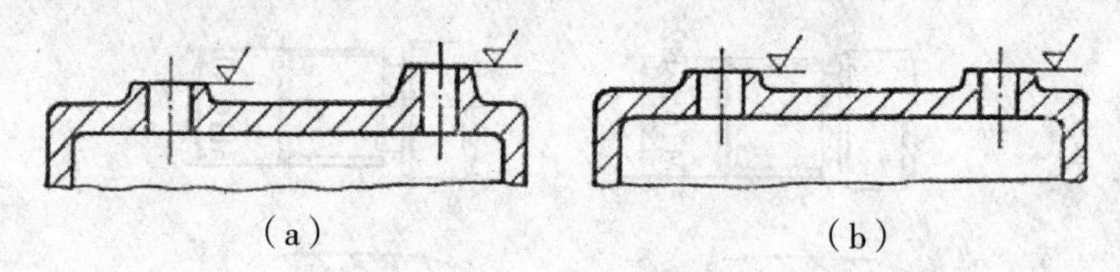

图7－11　加工面应等高

（3）尽量减少安装次数。

图7－12（a）所示的轴承盖上的螺孔设计成倾斜的，既增加了安装次数，又使钻孔和攻丝都不方便，应改成图7－12（b）所示的结构，较为合理。又如图7－13（a）设计的两个键槽，需要将轴装夹两次加工，如图7－13（b）所示改进后只需要装夹一次，从而减少了辅助时间。

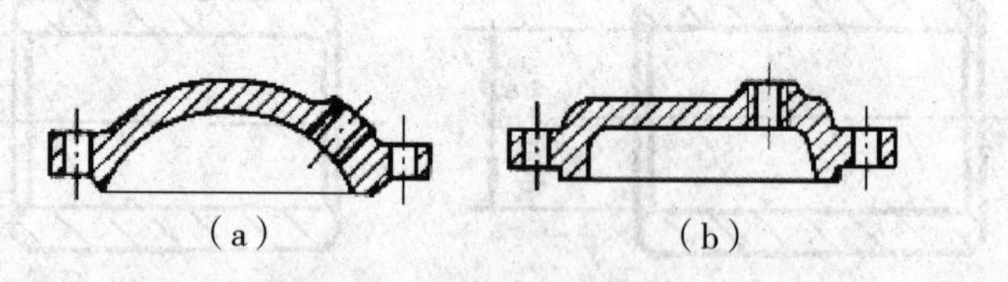

图7－12　孔的方向应一致

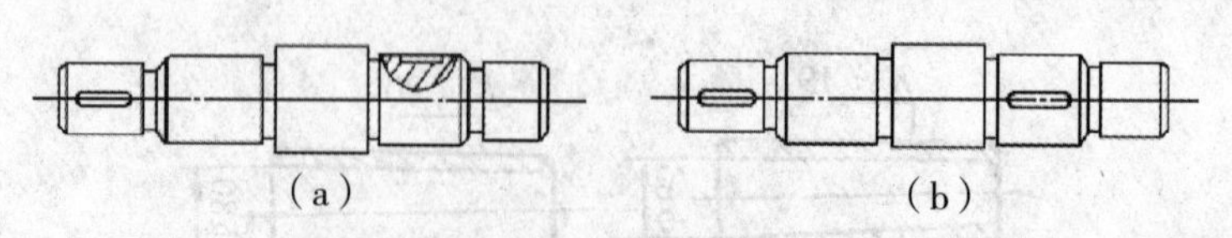

图7－13　键槽的方向应一致

（4）要有足够的刚度，减少工件在夹紧力或切削力作用下的变形。

在图7－14（a）中，套筒壁很薄，易因夹紧力和切削力作用而变形；增设凸缘后，如图 7－14（b）所示，提高了零件刚度。如图 7－15（a）所示的床身导轨，加工时切削力使边缘挠曲，产生较大的加工误差；若增设加强肋板，如图 7－15（b）所示，则可大大提高其刚度。

（5）同类结构要素应尽量统一。

如图 7－16（a）阶梯轴上的退刀槽宽度、过渡圆弧、锥面锥度及键槽宽度等尽可能分别保持一致，若改为图 7－16（b）所示的结构，既可减少刀具的种类，又可减少换刀和对刀的次数，节省辅助时间。

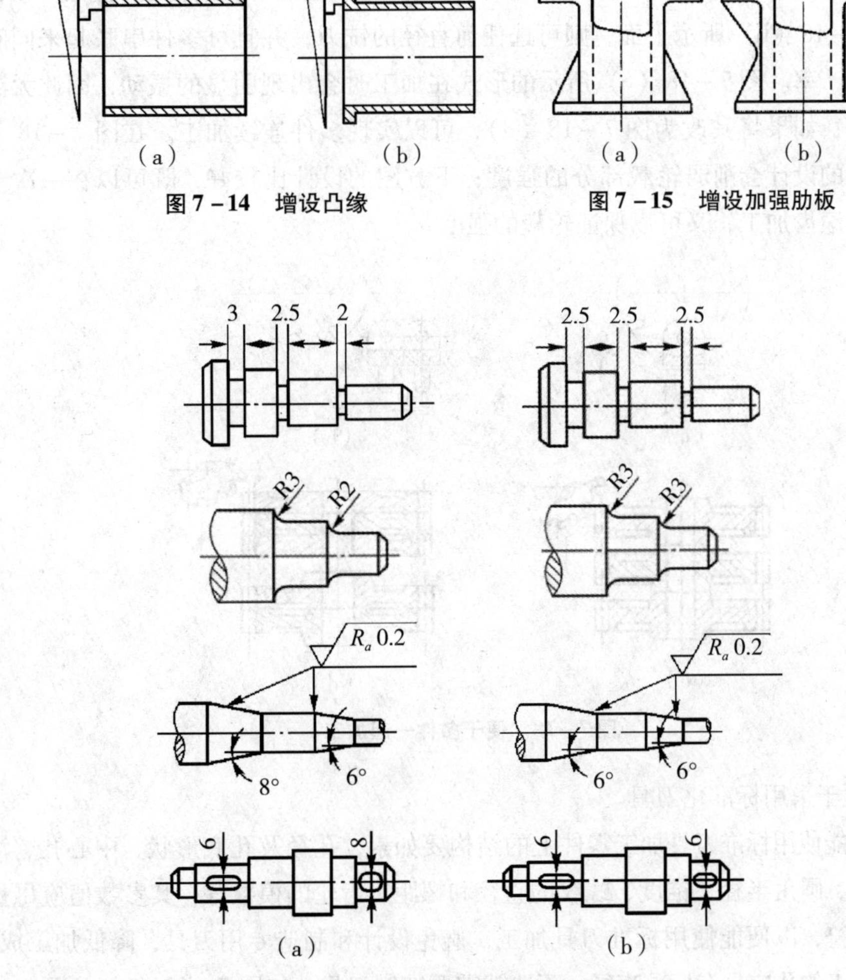

图 7－14　增设凸缘

图 7－15　增设加强肋板

图 7－16　同类结构要素应尽量统一

（6）尽量减少加工量。

如图 7－17（a）所示箱体底面要像图 7－17（b）一样安装在机座上，只需要加工部分底面，既可以减少加工工时，又提高了底面的接触刚度。另外，对于长径比大、有配合要求的孔，不应在整个长度上都精加。

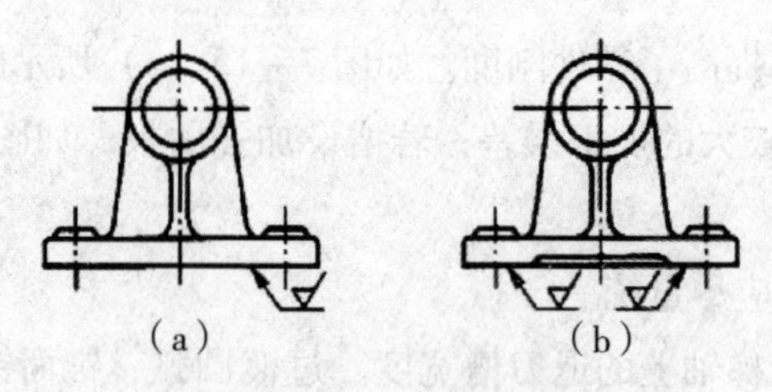

图 7-17 减少加工量

(7) 便于多件一起加工。

如图 7-18 (a) 所示的沟槽底部是圆弧，铣刀直径必须与工件圆弧直径一致，槽底若为图 7-18 (b) 所示平面，则可选任何直径的铣刀，并且可多件串联起来同时加工，提高生产率。图 7-18 (c) 所示的形式在加工时会出现明显的振动，因此无法多件连续加工；如果将其改为图 7-18 (d)，可以实现多件连续加工。在图 7-18 (d) 中，上方图的设计会削弱轮毂部分的强度；下方图的设计比较好，既可以在一次走刀中实现成对滚齿加工，又可以保证轮毂的强度。

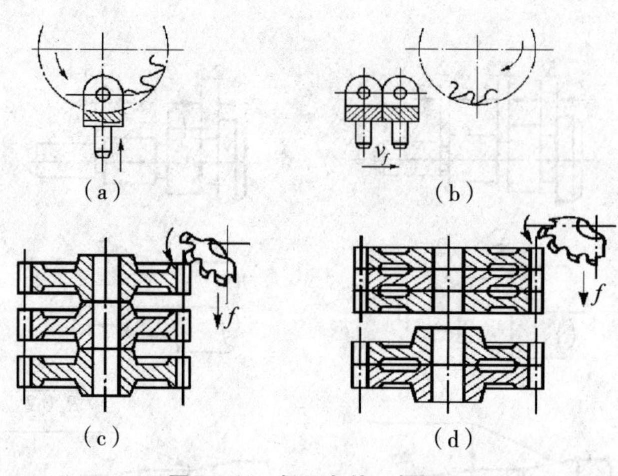

图 7-18 便于多件一起加工

(8) 便于采用标准化刀具。

应尽可能使用标准刀具加工零件上的结构要如素，孔径及孔底形状、中心孔、沟槽宽度或角度、圆角半径、锥度、螺纹的直径和螺距、齿轮的模数等，其参数值应尽量与标准刀具相符，以便能使用标准刀具加工，避免设计和制造专用刀具，降低加工成本。例如，被加工的孔应具有标准直径，不然就需要特制刀具。如图 7-19 (a) 所示，当加工不通孔时，由一直径到另一直径的过渡最好做成与钻头顶角相同的圆锥面，如图 7-19 (b) 所示，因为与孔的轴线相垂直的底面或其他角度的锥面 [图 7-19 (c)] 将使加工复杂化。如图 7-19 (d) 所示零件的凹下表面，可以先用端铣刀加工，在粗加工后其内圆角再用立铣刀清边，槽的形状（直角、圆角）和尺寸应与立铣刀形状相符。需要铣削的凹面内圆角的直径应等于标准立铣刀直径，并且下凹表面越深，内圆角直径越大，以增强刀具刚性。凹下表面的深度越大，则所用立铣刀的长度也越大，加工越困难，加工费越高，所以在设计凹下表面时，圆角的半径越大越好，深度越小越好。

（9）孔的轴线应与其端面垂直。

钻头钻孔时切入表面和切出表面应与孔的轴线垂直，以便钻头两个切削刃能够同时切削。否则，钻头易引偏，甚至折断。因此，应尽量避免如图 7－20（a）所示的在曲面或斜壁上钻孔，可以采用图 7－20（b）所示的结构。同理，如图 7－21（a）所示，轴上的油孔，应采用图 7－21（b）所示的结构。

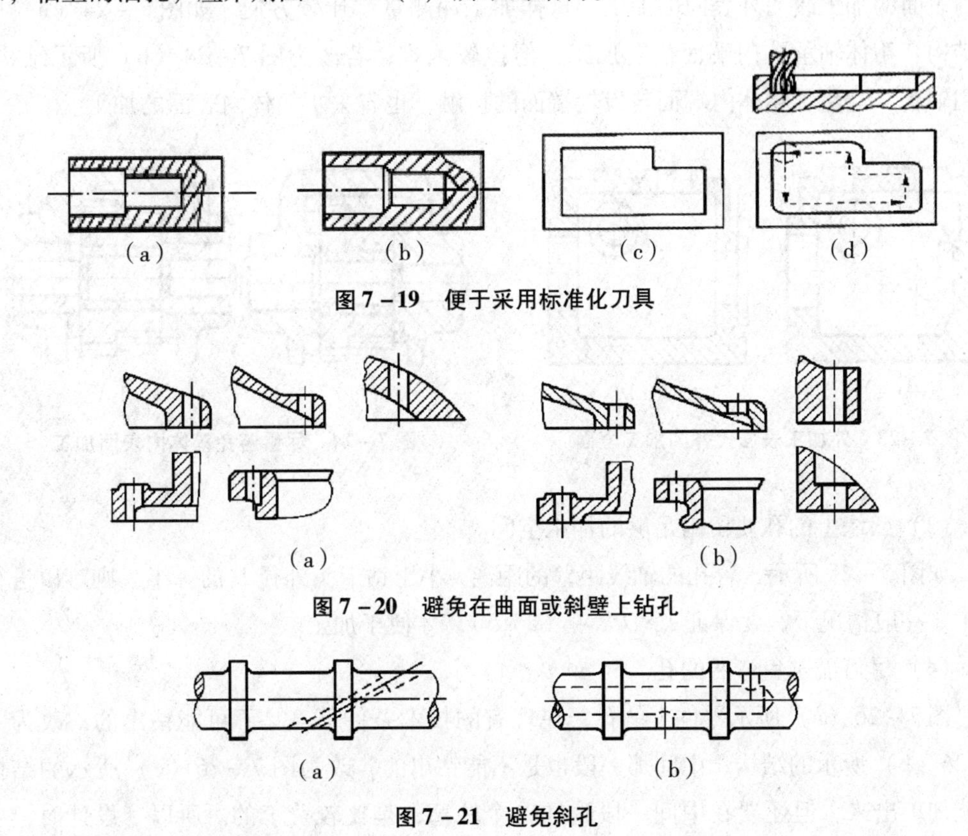

图 7－19　便于采用标准化刀具

图 7－20　避免在曲面或斜壁上钻孔

图 7－21　避免斜孔

4. **便于加工和测量**

（1）刀具的引进和退出要方便。

如图 7－22（a）所示的零件，带有封闭的 T 形槽，铣刀没法进入槽内，所以这种结构没法加工。如果把它改变成图 7－22（b）的结构，T 形槽铣刀可以从大圆孔中进入槽内，但不容易对刀，操作很不方便，也不便于测量；如果把它设计成开口的形状，如图 7－22（c）所示，则可方便地进行加工。

（2）尽量减少箱体内的加工面。

如图 7－23（a）所示，轴承座的凸台设计在箱体内，其加工和测量都不方便；如果采用带法兰的轴承座，使它和箱体外面的凸台连接，如图 7－23（b）所示，则将箱

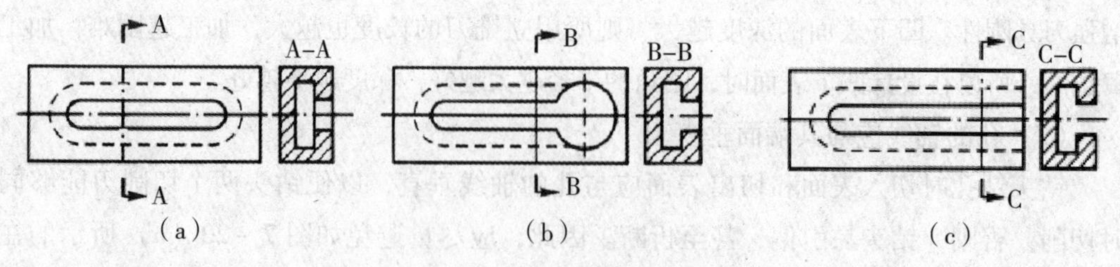

图 7－22　便于刀具引进和退出

体内表面的加工改为外表面的加工，这样加工和测量都比较方便。如图 7－24（a）所示结构，箱体轴承孔内端面需要加工，但比较困难；若改为图 7－24（b）所示结构，采用轴套，避免了箱体内端面与齿轮端面的接触，也省去了箱体内表面的加工。

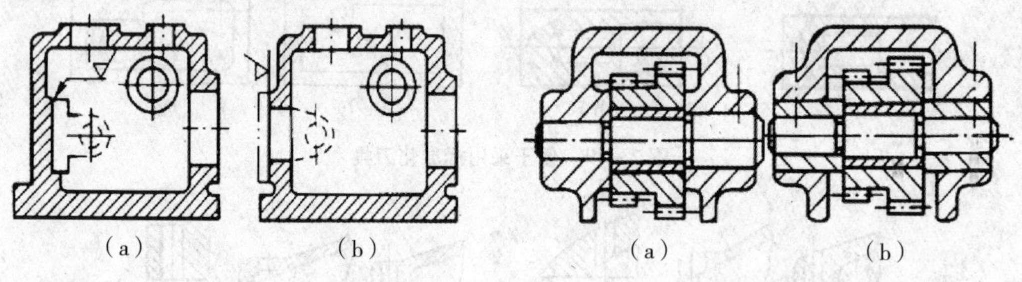

图 7－23　外加工表面代替内加工表面　　**图 7－24　尽量避免箱体内表面加工**

（3）凸缘上的孔要留出足够的加工空间。

如图 7－25 所示，若孔的轴线距壁的距离 s 小于钻卡头外径 D 的一半，则难以进行加工。一般情况下，要保证 $s \geqslant D/2+(2\sim5)$，才便于加工。

（4）尽可能避免弯曲的孔。

图 7－26（a）所示零件上的孔，在现有的技术条件下，是不可能钻出的；改为图 7－26（b）所示的结构，中间那一段也是不能钻出的；改为图 7－26（c）所示的结构虽能加工出来，但还要在中间一段附加一个柱塞，是比较费工的。所以，设计时，要尽量避免弯曲的孔。

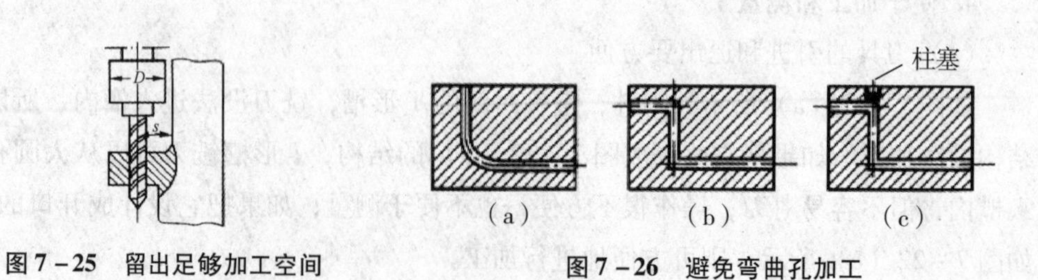

图 7－25　留出足够加工空间　　**图 7－26　避免弯曲孔加工**

（5）必要时，留出足够的退刀槽、空刀槽或越程槽等。

如图 7－27 所示，为避免加工中刀具与工件的某个部分干涉，要留出退刀槽、空刀槽或越程槽等，否则将无法将所需加工表面加工完整。图 7－27 中，（a）为车螺纹的退刀槽；（b）为铣齿或滚齿的退刀槽；（c）为插齿的空刀槽；（d）、（e）和（f）分别为刨削、磨外圆和磨孔的越程槽。

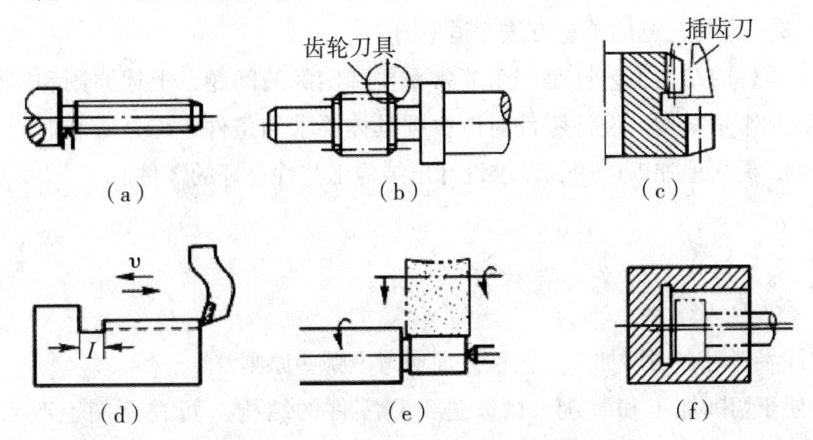

图 7－27 留出足够退刀槽、空刀槽或越程槽

5. **合理采用零件的组合**

在满足使用要求的条件下，所设计机器上的零件越少越好，零件的结构越简单越好。但为了加工方便，也可以合理地采用组合件。如图 7－28（a）所示，当齿轮较小、轴较短时，可以把轴与齿轮做成一体，为齿轮轴；当轴较长、齿轮较大时，做成一体则难以加工，可以分成轴、齿轮、键三个零件，分别加工后，再装配到一起，如图 7－28（b）所示。图 7－28（c）为轴与键的组合，若轴与键做成一体，则轴的车削是不可能的，可以分为两件，如图 7－28（d）所示，加工很方便，所以，这种结构的工艺性是好的。图 7－28（e）所示的零件，其内部的球面凹坑很难加工，如改为图 7－28（f）所示的结构，把零件分别加工后再进行装配，使凹坑的加工变为外部加工，就比较方便。如图 7－28（g）所示的零件，滑动轴套中部的花键孔加工是比较困难的，如果改为图 7－28（h）所示的结构，圆套和花键套分别加工后再组合起来，则加工比较方便。所以在某些情况下，为加工方便，可以合理采用组合件。

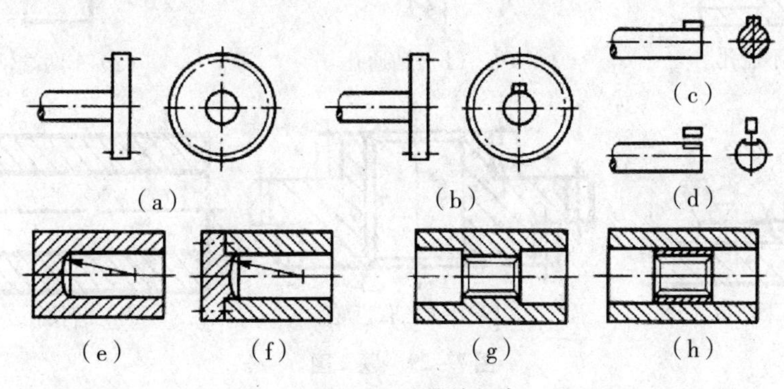

图 7－28 零件的组合

除上述原则，还应合理地按标准规定表面的精度等级和表面粗糙度的值，在满足使用要求的前提下精度越低，越容易加工，成本越低。精度应按标准选取，便于通用量具检验。加工方法的选择既要结合本单位的具体加工条件（如设备和工人的技术水平等），又要考虑与先进的工艺方法相适应。

总之，零件的结构工艺性是一个非常重要和实际的问题，上述原则和实例分析是一般的原则和个别案例。设计零件时应根据具体要求和条件，综合所掌握的工艺知识和实际经验，灵活地加以运用，以求设计出结构工艺性良好的零件。

习题

1. 设计零件时在切削加工工艺性方面应考虑哪些原则？

2. 为便于切削加工和装配，试改进下列零件的结构（可在原图上改），并简述理由。

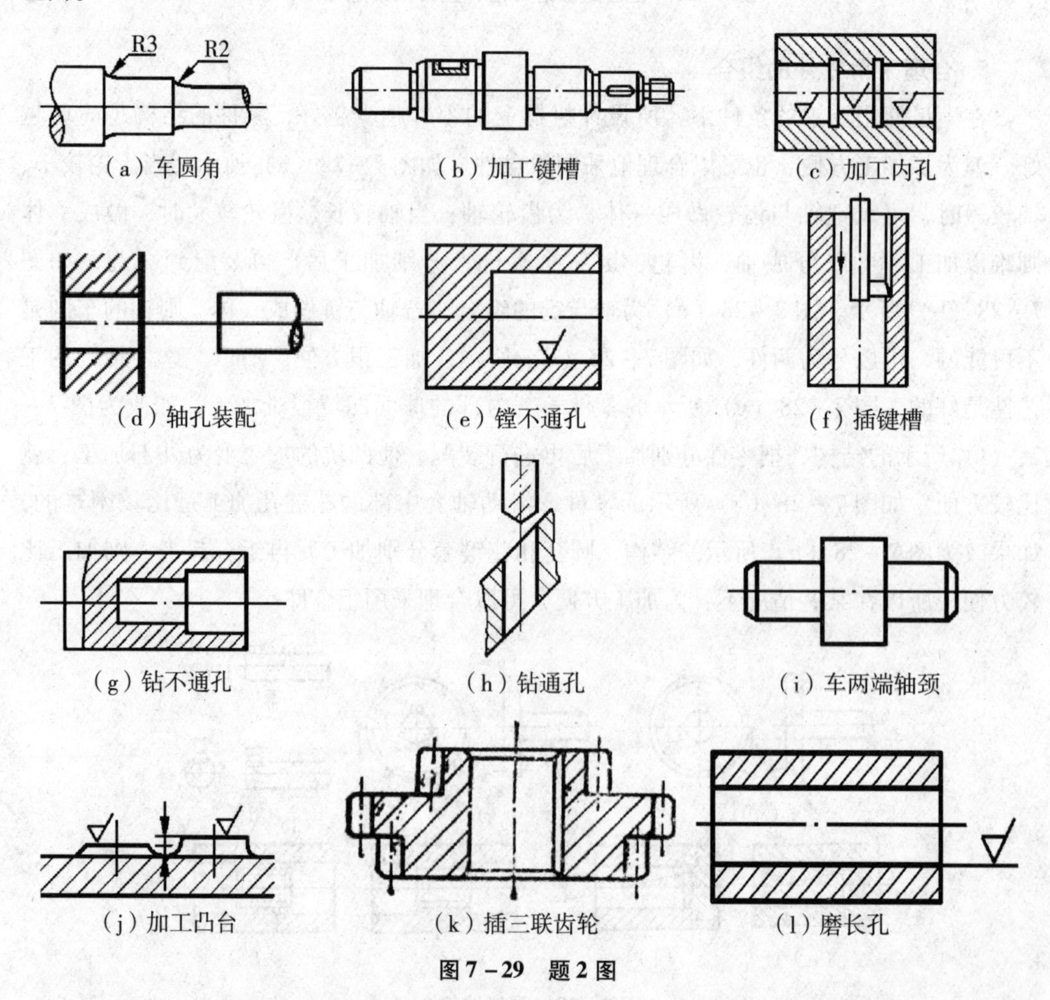

图 7－29　题 2 图

8 先进制造技术简介

随着生产和科学技术的发展，许多工业产品向高精度、高速度、大功率、耐高温、耐高压、小型化等方向发展，并且产品零件所使用的材料越来越难加工，形状和结构越来越复杂，精度越来越高，表面粗糙度值越来越小，常用的、传统的加工方法已难以满足需求，所以一些先进的制造技术，包括精密加工、特种加工、数控加工及增材制造等应运而生。本章仅简要地介绍它们的原理、特点和应用，主要内容如下：

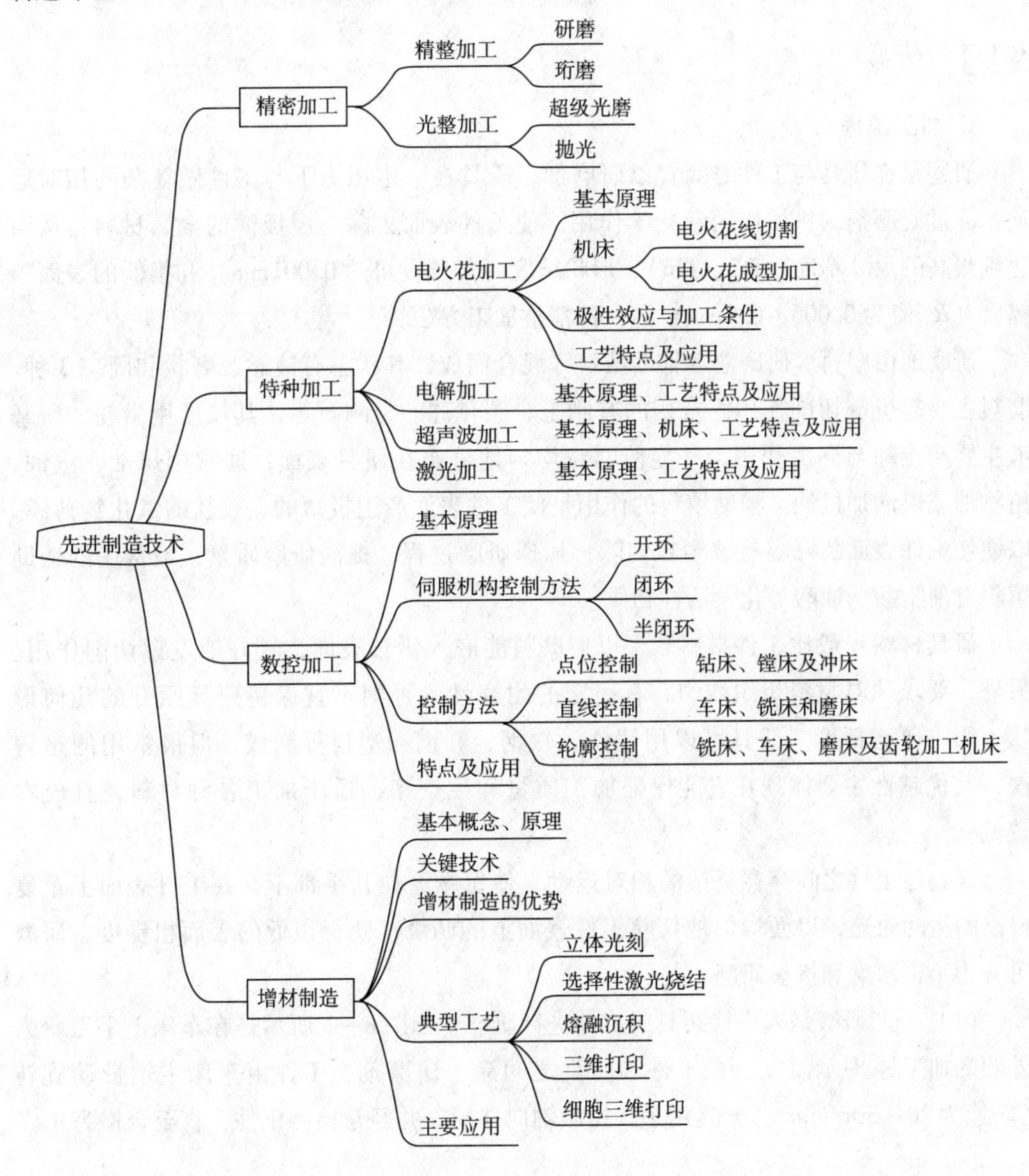

8.1 精密加工

精密加工是指在精车、精镗、精铰、精磨的基础上，旨在获得比普通磨削更高精度（IT5 ~ IT6 或更高）和更小的表面粗糙度（R_a = 0.006 ~ 0.1μm）的研磨、珩磨、超级光磨和抛光等加工。精密加工包括精整加工和光整加工。

精整加工：切除很薄的材料层，目的是提高加工精度，减小表面粗糙度。如研磨和珩磨等。

光整加工：不切除或切除极薄的材料层，主要目的是减小表面粗糙度。如超级光磨和抛光等。

8.1.1 研磨

1. 加工原理

研磨是在研具与工件之间置以研磨剂，研具在一定压力下与工件做复杂的相对运动，通过研磨剂的机械作用和化学作用，使工件表面去除一层极薄的金属材料，从而达到很高的尺寸精度（IT3 ~ IT6）、形状精度（如圆度可达 0.001mm）和很低的表面粗糙度（R_a 值为 0.006 ~ 0.1μm）的一种精整加工方法。

研磨剂由磨料、研磨液和辅助填料等混合而成，其状态有液态、膏状和固态 3 种。磨料主要起机械切削作用，常用的有刚玉、碳化硅、金刚石等，其粒度用微粉。研磨液主要起冷却与润滑作用，并能使磨粒均匀地分布在研具表面，通常用煤油、汽油、植物油或煤油加机油。辅助填料的作用是使工件表面产生极薄的、较软的氧化物薄膜，以便使工件表面凸峰容易被磨粒切除，加速研磨过程，提高研磨质量，最常用的辅助填料有硬脂酸、油酸等化学活性物质。

研具材料一般比工件材料软，以便磨料能嵌入研具表面，较好地发挥切削作用。另外，要求研具材料组织均匀，有一定的耐磨性，否则不宜保持研具原有的几何形状，影响研磨精度。研具可以用铸铁、软钢、红铜、塑料等制成，但最常用的是铸铁，其优越性主要体现在它能保证加工质量和生产率，适于加工各种材料，且成本较低。

研具与工件之间存在复杂的相对运动，使每颗磨粒几乎都不会在工件表面上重复自己的运动轨迹，以便均匀地切除工件表面上的凸峰，获得很低的表面粗糙度。研磨可分为手工研磨和机械研磨。

（1）手工研磨是人手持研具或工件进行研磨，如图 8 - 1 所示是在车床上手工研磨外圆的加工原理示意图。在工件和研具之间涂上研磨剂，工件由车床主轴带动旋转（转速为 20 ~ 30r/min），研具用手扶持做轴向移动，并经常检测工件，直至合格为止。

(2) 机械研磨是在研磨机上进行研磨，如图 8－2 所示为研磨小零件的研磨机工作示意图。工件置于做相反转动的研磨盘 A 与 B 之间，A 盘的转速比 B 盘的转速大。工件穿在隔离盘 C 的销杆 D 上。工作时，隔离盘被带动绕轴线 E 旋转。由于轴线 E 处于偏心位置，所以工件一方面在销杆上自由转动，另一方面做轴向滑动，因而可获得复杂的运动轨迹，从而获得很高的精度和很低的表面粗糙度。

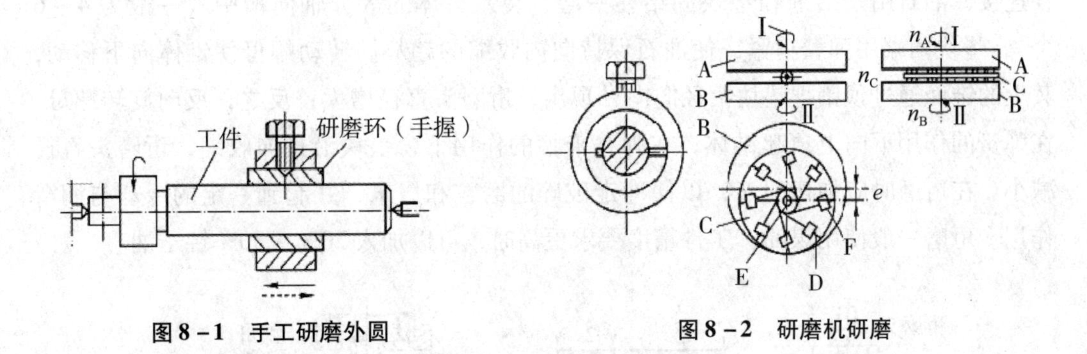

图 8－1　手工研磨外圆　　**图 8－2　研磨机研磨**

2. **研磨的特点及应用**

(1) 研磨能提高尺寸精度（可达 IT3～IT6）、形状精度，降低表面粗糙度（R_a 值为 0.006～0.1μm），但不能提高位置精度。

(2) 由于研具对工件的压力小，切削速度低，每个磨粒的切削厚度小，所以，研磨的生产率低。研磨余量一般为 0.01～0.03mm。

(3) 加工方法简单，易保证质量，不需要复杂的高精度设备。

研磨可用于加工钢、铸铁、铜、铝、硬质合金、半导体、陶瓷、塑料、光学玻璃等材料，并可用于加工内外圆柱面、内外圆锥面、平面、螺纹和齿轮的齿形等型面。单件、小批量生产中用手工研磨，批量生产中可在研磨机或简易专用设备上进行机械研磨。

8.1.2　珩磨

珩磨是研磨的发展，是用具有若干油石条的珩磨头代替切削作用很弱的研具，对工件进行精密切削的一种方法。珩磨用作孔的光整加工，可在磨削或精镗的基础上进行。尺寸公差等级可达 IT4～IT6，表面粗糙度 R_a 值为 0.05～0.2μm，孔的形状精度亦相应提高。例如 φ50～φ200mm 的孔，珩磨后圆度误差可小于 0.005mm。但珩磨不能提高孔与其他表面的位置精度。

1. **加工原理**

珩磨方法如图 8－3（a）所示。工件安装在珩磨机的工作台上或安装在夹具上。珩磨头上的油石以一定的压力作用在被加工表面上，由机床主轴带动珩磨头旋转并做往复轴向移动（工件固定不动）。在相对运动过程中，油石从工件表面切去一层极薄的金属，油石条在工件表面上的切削轨迹是均匀而不重复的交叉网纹，如图 8－3（b）所示，故而可获得较低的表面粗糙度。为了使油石与孔壁均匀接触，获得较高的形状精度，珩磨头与机床主轴一般采用浮动连接，以便珩磨头沿孔壁自行导向。

如图 8－4 所示是一种结构简单的机械调压珩磨头。头体通过浮动联轴节与机床主轴连接，油石用黏结剂和垫块固结在一起，装入头体的等分轴向槽中（一般为 4～6 个），垫块两端用弹簧箍紧，使油石保持向内收缩的趋势。转动螺母使锥体向下移动，其上的锥面通过顶销把垫块沿径向向外顶出，珩磨头直径增大；反之，反向旋转螺母，在弹簧的作用下向上顶起锥体，在弹簧卡箍的作用下，垫块沿径向收缩，珩磨头直径减小。在珩磨时应加切削液，以便冲走破碎的磨粒和屑末，并起到一定的冷却与润滑作用。珩磨一般使用煤油，工件精度要求更高时，可以加入 20%～30% 锭子油。

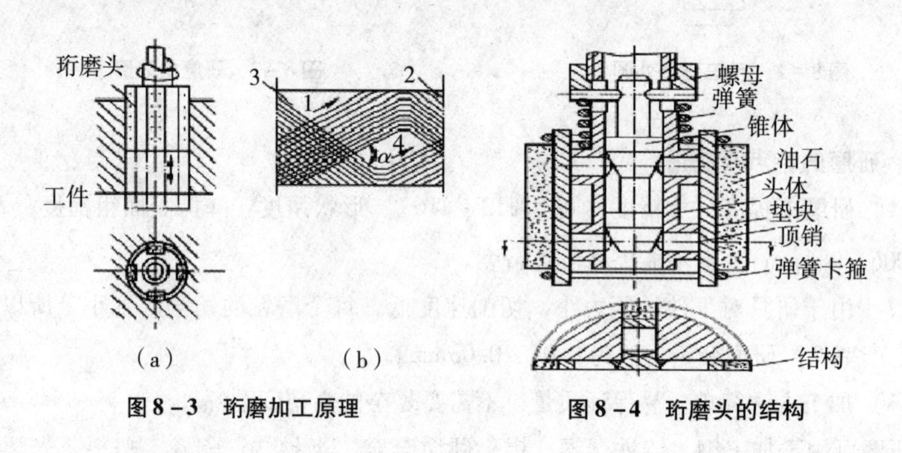

图 8－3　珩磨加工原理　　　图 8－4　珩磨头的结构

2. 珩磨的特点及应用

（1）珩磨能提高孔的尺寸精度（可达 IT5～IT6）、形状精度，降低表面粗糙度（R_a 值为 0.05～0.2μm），但不能提高位置精度，这是由于珩磨头与机床主轴是浮动连接。

（2）生产率较高。由于珩磨时有多个油石条同时工作，并经常变化切削方向，能较长时间保持磨粒锋利，所以珩磨的效率较高。因此，珩磨的余量比研磨大些，珩磨余量一般为 0.02～0.15mm。

（3）珩磨表面耐磨性好。这是因为已加工表面是交叉网纹结构，有利于油膜的形成，所以，润滑性能好，表面磨损缓慢。

（4）不宜加工有色金属。珩磨实际上是一种特殊的磨削，为了避免堵塞油石，不宜加工塑性较大的有色金属零件。

（5）结构复杂。珩磨头结构复杂，调整时间较长。

珩磨加工主要用于孔的光整加工，能加工的孔径范围为 ϕ5～ϕ500mm，并可加工深径比大于10的深孔，广泛用于大批、大量生产中加工发动机的汽缸、液压装置的油缸筒以及各种炮筒。单件、小批量生产也可使用珩磨。大批、大量生产时在珩磨机或改装的简易设备上进行，单件、小批量生产可在立式钻床上进行。

8.1.3　超级光磨

1. 加工原理

超级光磨（也称超精加工）是用装有一种极细磨粒油石的磨头，在一定压力下对工件表面进行光整加工的方法，如图8－5所示。加工时，工件低速旋转（$v=0.16\sim0.25\text{m/s}$），磨头以恒定的压力轻压于工件表面，磨头做轴向进给运动（$0.1\sim0.15\text{mm/r}$），同时也做轴向低频振动（振动频率$f=8\sim33\text{Hz}$，振幅$A=3\sim5\text{mm}$）。磨粒在工件上的运动轨迹纵横交错而不重复，从而对工件的微观不平表面进行修整。

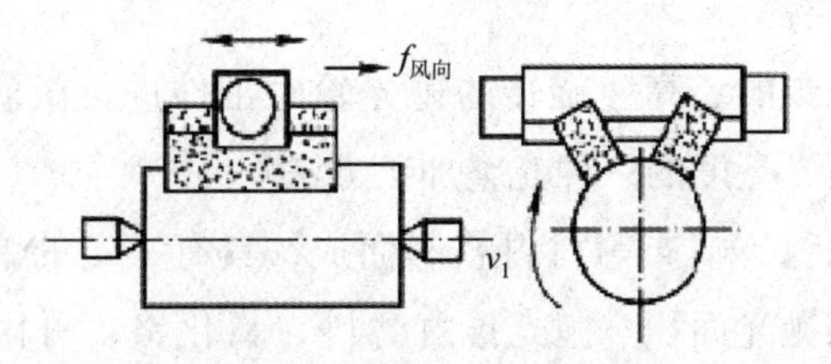

图8－5　超级光磨的加工原理

超级光磨时，在油石条与工件之间要注入润滑油（一般为煤油加锭子油），以清除屑末并形成油膜。刚开始光磨时，工件表面微观凸峰面积较小，单位面积承受的压力大于油膜表面张力，油膜被挤开，工件表面微观凸峰就会被磨去，如图8－6（a）所示。随着各处凸峰高度的降低，油石与工件的接触面积逐步加大，单位面积承受的压力随之减小。当压力小于油膜表面张力时，油石与工件就会被油膜分开，自行停止切削作用，如图8－6（b）所示。

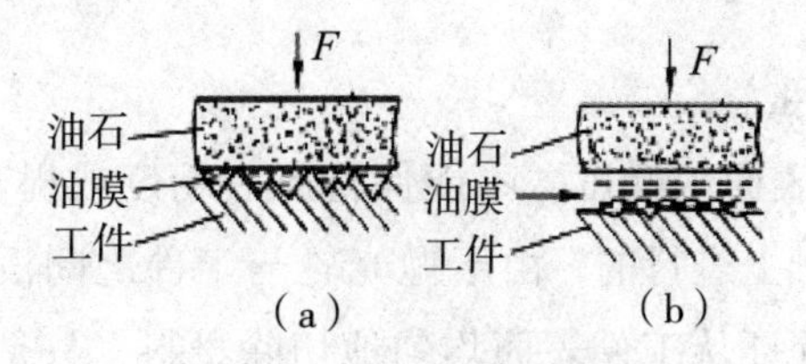

图8－6　超级光磨过程

2. 超级光磨特点及应用

（1）表面完整性好。磨头的运动轨迹复杂，加工过程除了有切削作用以外，还有抛光作用，因此，可获得较低的表面粗糙度；磨粒在工件上的运动轨迹纵横交错而不重复，有利于储存润滑油，可提高耐磨性。

（2）不能提高尺寸精度、形状精度和位置精度。因为被加工表面能否继续加工是由表面粗糙度和油膜表面张力所决定，而不是由机床或技术来决定的。

（3）生产率高。由于磨头与工件之间无刚性的运动联系，磨头切除金属的能力较弱，主要用于去除前道工序所留下的粗糙度，很少改变尺寸，故一般不留加工余量，且加工过程所需要的时间很短（30～60s），故生产率较高。

（4）设备简单，操作方便。超级光磨可在超级光磨机上进行，也可在改装的车床上进行。一般情况下，超级光磨设备的自动化程度高，操作简便。

超级光磨生产率很高，主要用于降低表面粗糙度，其 R_a 值可达 0.01～0.1μm，但不能提高工件的尺寸精度和形位精度。超级光磨不仅用于轴类零件的外圆表面的光整加工，而且用于圆锥表面、平面、球面等的光整加工。

8.1.4　抛光

1. 加工原理

抛光是用涂有抛光膏的、高速旋转的抛光轮对工件进行微弱的切削，从而降低工件的表面粗糙度，提高光亮度的一种光整加工方法。

抛光轮用皮革、毛毡、帆布等材料叠制而成，具有一定的弹性，以便抛光时能按工件形状而变形，增加抛光面积。抛光膏由磨料（氧化铬、氧化铁等）与油脂（包括硬脂酸、石蜡、煤油等）调制而成。磨料的种类取决于工件材料，抛光钢件可用氧化铁及刚玉，抛光铸铁件可用氧化铁及碳化硅，抛光铜铝件可用氧化铬。

抛光时，将工件压于高速旋转的抛光轮上，抛光轮的线速度高达 30～40m/s，在抛光膏的作用下，金属表面形成一层极薄且较软的氧化膜，以加速抛光时的切削作用，而不会在工件表面留下划痕。加之抛光轮对工件表面的高速摩擦，在抛光区产生大量的摩擦热，工件表面出现高温，工件表面材料被挤压而发生塑性流动，形成一层极薄的熔流层，可对原有表面的微观不平处起填平作用，因而可获得很低的表面粗糙度和很高的光亮度。

2. 抛光的特点及应用

（1）抛光只能降低表面粗糙度，不能保持原有精度或提高精度。抛光是在磨削、精车、精铣、精刨的基础上进行的，由于抛光轮与工件之间没有刚性的运动联系，且抛光轮又有弹性，不能保证从工件表面均匀地切除材料，只是去掉前道工序所留下的痕迹。因此，经过抛光，表面粗糙度 R_a 值可达 0.012～0.1μm，并明显增加光亮度，但不能提高，甚至不能保持原有的精度。

（2）容易对曲面进行加工。由于抛光轮是弹性的，能与曲面相吻合，故易于实现曲面的光整加工。

（3）劳动条件差。目前，抛光多为手工操作，工作繁重，飞溅的磨粒、介质、微屑等污染工作环境，劳动条件很差。

抛光主要用作零件表面的修饰加工、电镀前的预加工或者消除前道工序的加工痕迹。抛光零件的表面类型不受限制，可以是外圆、内孔、平面及各种成形面。抛光的材料也不受限制。

8.2 特种加工技术

特种加工是依靠特殊能量（如电能、化学能、光能、声能、热能等）来进行加工的方法，用以解决一些传统加工方法难以加工的新材料（高熔点、高硬度、高强度、高脆性、高韧性等难加工材料）及一些特殊结构（高精度、高速度、耐高温、耐高压等）的零件的加工问题。

其加工方法主要有：电火花加工、电解加工、激光加工、超声波加工、电子束加工、离子束加工等。

相对于传统切削加工方法而言，特种加工具有以下特征。

（1）加工用的工具硬度不必大于工件材料的硬度。

（2）在加工过程中，不是依靠机械能而是依靠特殊能量去除工件上多余金属层。

因此，工具与工件之间不存在显著的机械切削力。目前，在机械制造中，特种加工已成为不可缺少的加工方法，随着科学技术的发展，它的应用将更加普遍。

8.2.1 电火花加工

1. 基本原理

电火花加工是利用脉冲放电的电蚀作用对工件进行加工的方法。所以，也称电蚀加工或放电加工。

电火花加工原理如图 8－7 所示。加工时，工件和工具分别与脉冲电源的阳极和阴极相连接。两极间充满液体绝缘介质（如煤油、去离子水等）。间隙自动调节器使工具和工件之间经常保持一个很小的放电间隙。由于工具和工件的微观表面是凸凹不平的，两极间“相对最靠近点”的电场强度最大，其间的液体绝缘介质最先被击穿并电离成电子和正离子，形成等离子放电通道。在电场力的作用下，通道内的电子高速奔向阳极，正离子奔向阴极，形成火花放电，如图 8－8 所示。

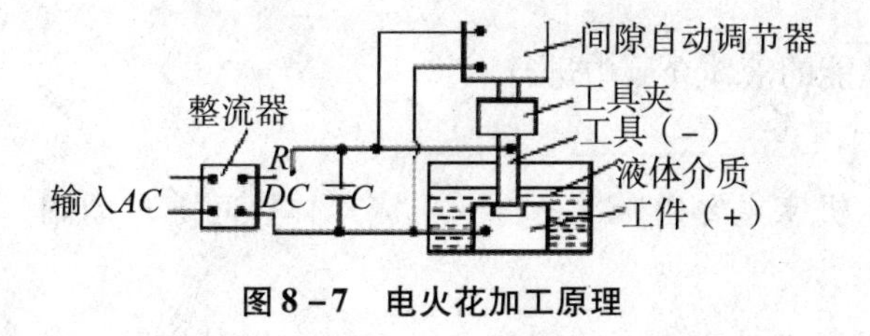

图 8－7　电火花加工原理

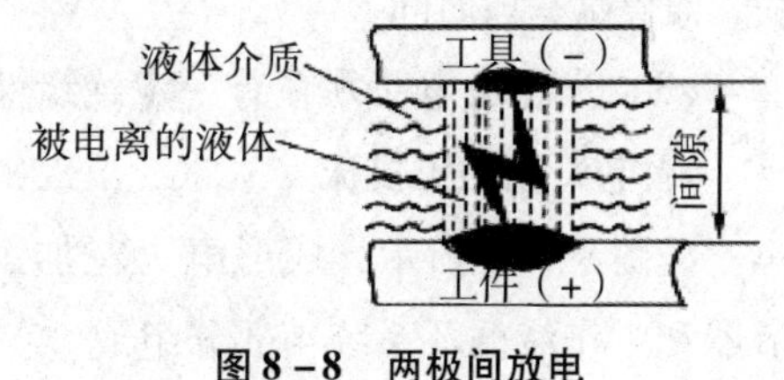

图 8－8　两极间放电

由于介质击穿过程极其迅速（仅为10^{-7}～10^{-5}s），放电通道内的电流密度又很大（104～107A/cm），因此，瞬时释放的电能很大，并转换成热能量、磁能、声能、光能及电磁辐射能量等，其中大部分转换成为热能，通道中心温度可达10000℃以上，高温使两极放电点局部熔化或气化，通道的介质也气化或热裂分解。气化过程产生很大的热爆炸力，把熔化状态的材料抛出，在两极的放电点各形成一个小凹坑，如图8－9（a）所示，于是两极间隙增大，火花熄灭，工作液则恢复绝缘。当两极间隙达到放电间隙时，便产生下一个脉冲火花放电，又将工件蚀除一个小坑。如此周而复始，在工件表面和工具表面形成了无数个小凹坑，如图8－9（b）所示。随着工具电极的不断进给，工具的形状便被逐渐复制在工件上。

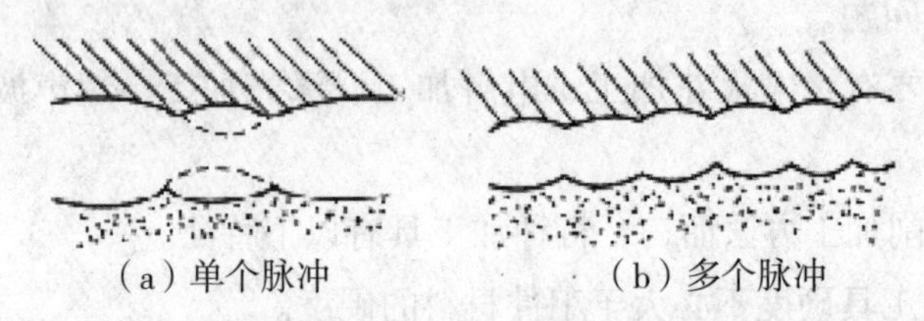

图8－9　单个脉冲和多个脉冲放电后加工表面局部放大

2. 极性效应

电火花加工时，阳极和阴极表面都受到放电腐蚀作用，但两电极的蚀除速度（或蚀除量）不同，即使两极材料相同也不例外，这种现象叫极性效应。

这是由于在放电过程中，两极表面所获得的能量不同。当用短脉冲加工时，阳极的蚀除量大于阴极；当用长脉冲加工时，阴极的蚀除量大于阳极。所以，采用短脉冲加工时，工件应接阳极，成为正极性加工；采用长脉冲加工时，工件应接阴极，成为负极性加工。极性效应除了与放电时间有关系以外，还与电极材料和脉冲能量等因素有关系。在进行电火花加工时，除了正确选择极性外，还要合理选择电极材料，常用的工具电极材料为石墨、紫铜，另外还有铸铁、钢、铜钨合金及银钨合金等。

3. 电火花加工的条件

（1）工具电极和工件电极之间必须始终保持一定的放电间隙，这一间隙视加工条件而定，通常约为几微米至几百微米。

（2）火花放电必须是瞬时的脉冲性放电，放电延续一段时间（一般为10^{-7}～10^{-3}s）后，需停歇一段时间。

（3）火花放电必须在有一定绝缘性能的液体介质中进行。

4. 电火花加工机床

如图8－10所示，成形电火花加工机床主要由脉冲电源、机床本体、间隙自动调节器和工作液循环系统4部分组成。

（1）机床本体。用来安装工具电极和工件电极，并调整它们之间的相对位置。主

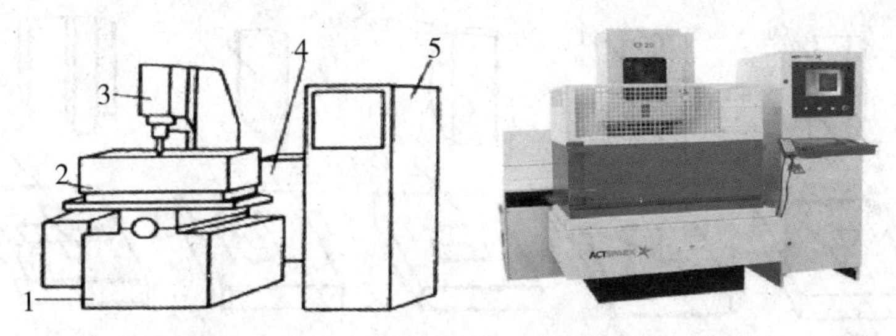

1—机床本体；2，4—工作液槽（工作液循环系统）；3—主轴头（间隙自动调节器）；5—电源箱（脉冲电源）

图 8－10　成形电火花加工机床

要包括床身、立柱、主轴头、工作台等。

（2）间隙自动调节器。自动调节两极间隙和工具电极的进给速度，维持合理的放电间隙。

（3）脉冲电源。把普通交流电转换成频率较高的单向脉冲电的装置。电火花加工用的脉冲电源可分为弛张式脉冲电源和独立式脉冲电源两大类。弛张式脉冲电源结构简单、工作可靠、成本低，但生产率低，工具电极损耗大。独立式脉冲电源与放电间隙各自独立，放电由脉冲电源的电子开关元件控制。晶体管脉冲电源是目前最流行的独立式脉冲电源。

（4）工作液循环系统。由工作液箱、泵、管、过滤器等组成，目的是为加工区提供较为纯净的液体工作介质。

5. 电火花加工的工艺特点

（1）可加工任何导电材料。电火花加工是利用电能而不是利用机械能进行加工的，放电区域的瞬时温度很高（10000℃），可熔化和气化任何材料。

（2）加工精度较高，表面粗糙度较小。电火花加工的尺寸精度为 0.01mm，表面粗糙度值 R_a 为 0.8μm，其加工精度与电压、电流、电容以及电极材料有关，用弱电加工，尺寸精度可达 0.002～0.004mm，表面粗糙度值 R_a 可达 0.05～0.1μm。

（3）生产率较低。电火花加工的生产率与电压、电流、电容以及电极材料有关。用强电加工，生产率高；用弱电加工，生产率低。与电解加工相比，电火花加工的生产率较低。

（4）无切削力。有利于小孔、窄槽、薄壁工件以及复杂型面的加工。

（5）直接利用电能加工，便于实现自动化控制。

（6）工艺适应面宽、灵活性大，可与其他工艺结合。

6. 电火花加工的应用

（1）穿孔加工。电火花加工能够加工各种小孔（φ0.1～φ1mm）、型孔（如圆孔、方孔、多边形孔、异形孔等，如图 8－11 所示）、窄缝等，小孔的精度可达 0.002～0.01mm。

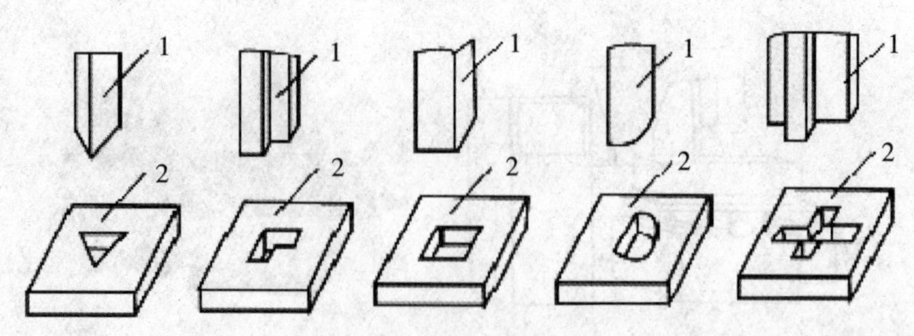

图 8-11　电火花型孔加工

（2）型腔加工。电火花加工能够加工锻模、压铸模、塑料模等型腔以及整体叶轮、叶片等曲面零件。

（3）电火花线切割加工。如图 8-12 所示，它是利用移动着的细金属丝（钼丝、钨钼丝、黄铜丝等）作为工具电极，在金属丝和工件之间浇上工作液，并通以脉冲电流，使之产生火花放电而切割工件的。工件的形状是通过电极丝与工件在切割过程中连续运动形成的，其运动轨迹可以用靠模。电火花线切割加工的特点是：成本低，生产周期短；线电极损耗少，加工精度高；工件形状容易控制。因此，电火花线切割被广泛用于加工冲模、样板、形状复杂的精密细小零件、窄缝等。

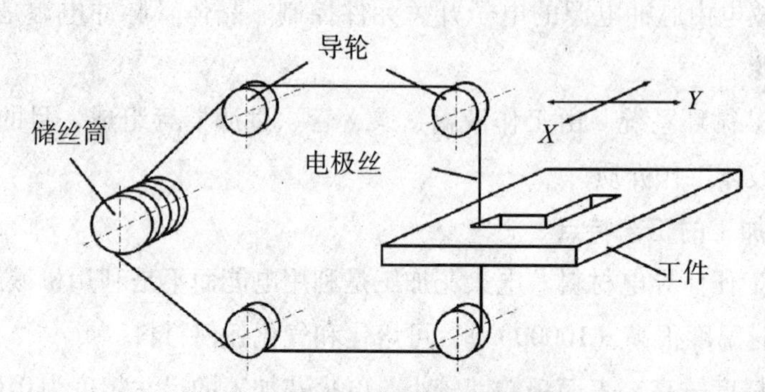

图 8-12　电火花线切割加工原理

（4）其他应用。如电火花磨削加工、电火花表面强化、去除折断工具、齿轮跑合等。

8.2.2　电解加工

1. 基本原理

电解加工是利用“电化学阳极溶解”原理，对金属材料进行加工的方法。

电解加工的基本原理如图 8-13 所示。加工时，工件接直流电源的正极（阳极），工具接直流电源的负极（阴极），两极保持一定的间隙（0.1～1mm），高速（5～60mm/s）流动的电解液从间隙中通过，形成导电通路，于是工件（阳极）表面的金属被逐渐溶解腐蚀，电解产物被流动的电解液带走。

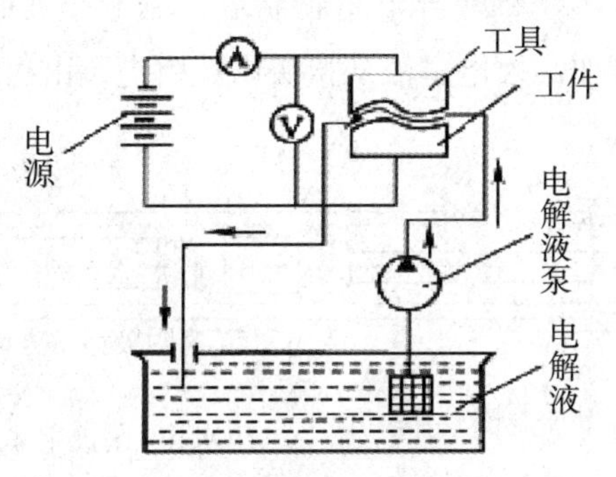

图 8－13 电解加工基本原理

加工开始时，阴极与阳极之间距离越近的地方通过的电流密度越大，电解液的流速越高，阳极溶解的速度也越快。阴极工具不断向工件进给，阳极工件表面不断被电解，直至工件表面形状与阴极工作表面形状相似为止，如图 8－14 所示。

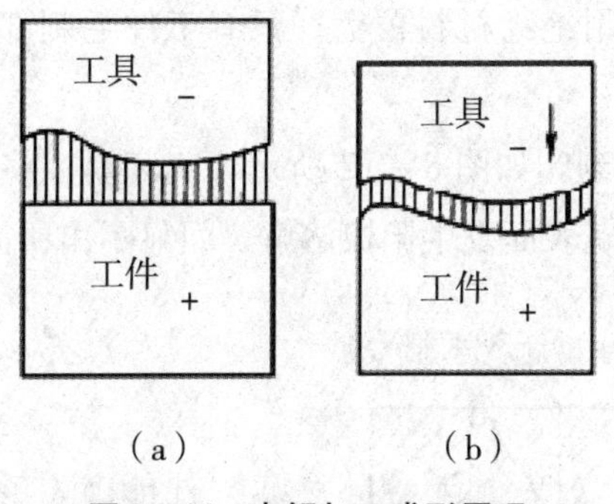

图 8－14 电解加工成形原理

2. 电解加工的工艺特点

与其他特种加工方法相比较，电解加工具有以下特点。

（1）加工范围广。不受材料的机械性能的限制，可加工任何导电材料。

（2）生产率高。由于电解加工一次成形，其生产率是电火花加工的 5～10 倍，在特殊情况下，比传统加工方法的生产率还高。

（3）加工表面完整性好。加工表面粗糙度 R_a 值为 0.2～0.8μm，表面质量好，加工表面无残余应力和变质层。

（4）加工精度较低。电解加工的精度比电火花加工低，且不易控制。在一般情况下，型孔的加工精度为 ±0.03～0.05mm，型腔的加工精度为 ±0.05～0.2mm。

（5）工具电极不损耗，寿命长。

3. 电解加工的应用

（1）电解加工可加工各种型孔、型腔及复杂型面（如发动机叶片等）。

（2）电解加工可进行深孔加工。图 8－15 所示为移动式阴极深孔扩孔电解加工示意图。阴极主体用黄铜或不锈钢等导电材料制成，非工作表面用绝缘材料覆盖。前导引和后导引起定位和绝缘作用。电解液从接头内孔引进，由出水孔喷入加工区。

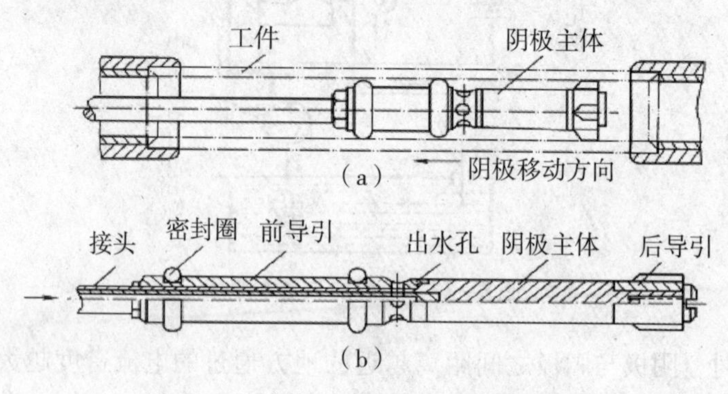

图 8－15　移动式阴极深孔扩孔电解加工

（3）电解去毛刺。电解去毛刺的基本原理如图 8－16 所示。相对于工件，毛刺的阴极表面露出，其他部分用绝缘材料覆盖，只有工件毛刺部分发生阳极溶解，因此达到去除毛刺的目的。

（4）电解刻印。电解刻印如图 8－17 所示。刻印时，将模板置于刻引器阴极与工件之间，通过电解液使金属表面发生阳极溶解，而显示出所需要的文字或图案。

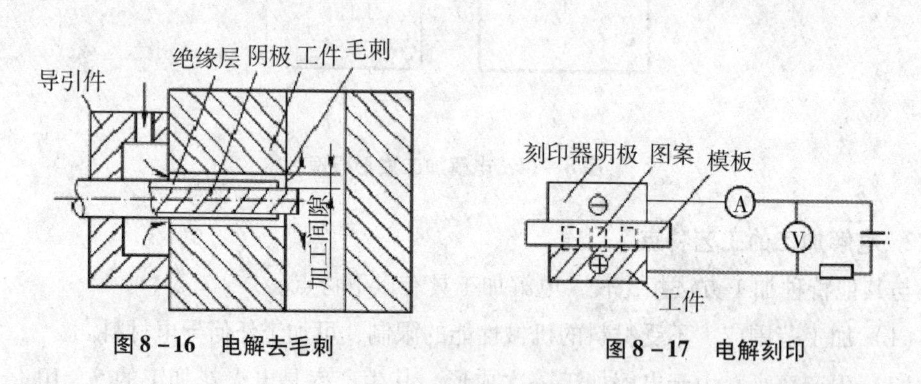

图 8－16　电解去毛刺　　**图 8－17　电解刻印**

8.2.3　超声波加工

1. 基本原理

超声波是频率超过 16000Hz 的声波，其能量比普通声波大得多，能量强度可达几十到几百瓦。超声波加工是利用工具做超声高频振动时，磨料对工件的机械撞击和抛磨作用，以及超声波空化作用使工件成形的一种加工方法。

超声波加工原理如图 8－18 所示。加工时，工具以一定压力通过磨料悬浮液作用在工件上。超声发生器产生超声高频振荡信号，通过换能器转换成振幅很小的高频机械振动，振幅扩大棒将机械振动的振幅放大到 0.01～0.15mm 的范围内，振幅扩大棒带动工具做高频机械振动，迫使悬浮磨料以很高的速度不断撞击、琢磨和抛磨工件加工表面，使工件局部材料破碎。虽然每次破碎的材料很少，但每秒钟有 16000 次以上。另外，磨料悬浮液受到工具端部的超声高频振动作用而产生液压冲击和空化现象。空化现象在工件表面形成液体空腔，闭合时引起极强的液压冲击，促使液体钻入工件材料的裂缝中，加速机械破碎作用。磨料悬浮液是循环流动的，以便更新磨料并带走被粉碎的材料微粒。于是工具逐步深入工件材料中，工具形状便“复制”到工件上。

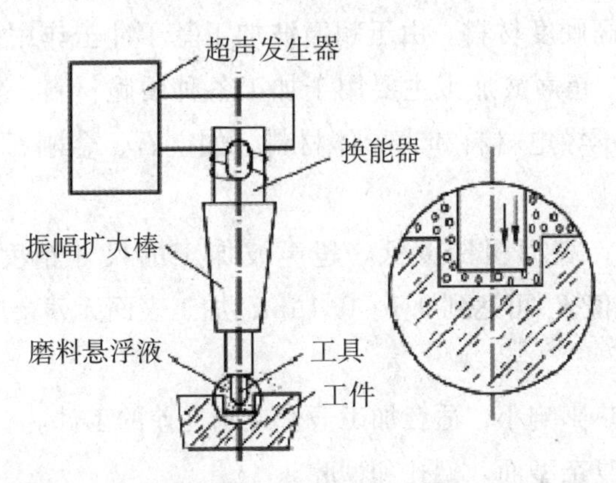

图 8 – 18　超声波加工原理

超声波加工的工具材料一般为 45 钢。磨料悬浮液的磨料为碳化硼、碳化硅或氧化铝。磨料粒度与加工质量和生产率有关，粒度号小，加工精度高，生产率低。磨料悬浮液的液体为水或煤油。

2. **超声波加工机床**

超声波加工机床主要由超声发生器、超声波振动系统和机床本体 3 部分组成。如图 8 – 19 所示。

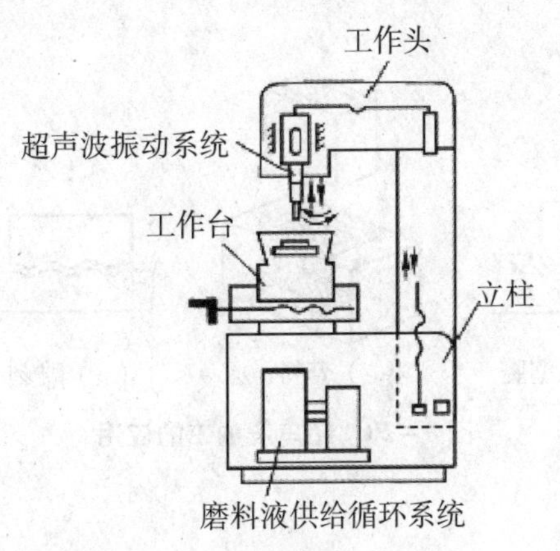

图 8 – 19　超声波加工机床

(1) 超声发生器。其作用是将 50Hz 的交流电转换成频率为 16000Hz 以上的高频电。

（2）超声波振动系统。其作用是将高频电转换成高频机械振动，并将振幅扩大到一定范围（0.01～0.15mm）。主要包括超声波换能器和振幅扩大棒。

（3）机床本体。机床本体就是把超声发生器、超声波振动系统、磨料液供给循环系统、工具及工件等按所需要的位置和运动组成一个整体。

3. 超声波加工的工艺特点

与其他加工方法相比较，超声波加工具有以下特点。

（1）能加工各种高硬度材料。由于超声波加工基于冲击作用，脆性大的材料遭受的破碎作用大，因此，超声波加工主要用于加工各种硬脆材料，特别是电火花加工和电解加工无法加工的不导电材料和半导体材料，如宝石、金刚石、玻璃、陶瓷、硬质合金、锗、硅等。

（2）加工精度高，表面粗糙度低。超声波加工的尺寸精度一般可达到0.01～0.05mm，表面粗糙度值 R_a 可达到0.1～0.4μm，加工表面无残余应力，也没有烧伤。

（3）生产率较低。

（4）切削力小，热影响小，适合加工薄壁或刚性差的工件。

（5）容易加工出复杂型面、型孔和型腔。

4. 超声波加工的应用

超声波加工主要用于硬脆材料的型孔、型腔、型面、套料及细微孔的加工，如图8－20所示。另外，超声波加工可以和其他加工方法（电火花加工、电解加工等）结合进行复合加工。图8－21为超声波电解复合加工深孔示意图。工件加工表面除了发生阳极溶解以外，超声振动的工具和磨料会破坏阳极钝化膜，空化作用会加速破坏阳极钝化膜，从而使加工速度和加工质量大大提高。

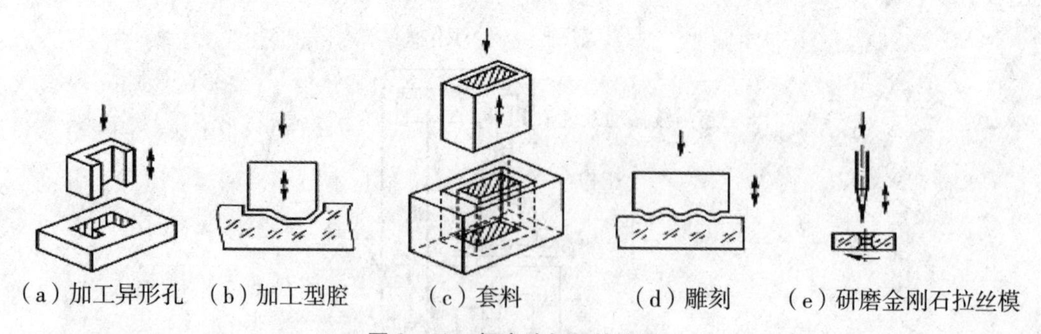
（a）加工异形孔　（b）加工型腔　（c）套料　（d）雕刻　（e）研磨金刚石拉丝模

图8－20　超声波加工的应用

8.2.4　激光加工

1. 基本原理

激光除了具有普通光的共性（反射性、折射性、绕射性、干涉性）以外，还具有亮度高、方向性好、单色性好、相干性好等优点。由于激光的方向性和单色性好，在理论上可以聚焦在直径仅为 1μm 的小光点上，其焦点处的功率密度可达 108～1010W/cm^2，温度高达 10000℃ 左右。在如此高的温度下，任何坚硬的材料都将在瞬间（<0.01s）熔化和气化，并产生强烈的冲击波，使熔融物以爆炸的形式喷射出去。激光加工就是利用高温熔融和冲击波作用对工件进行加工的。

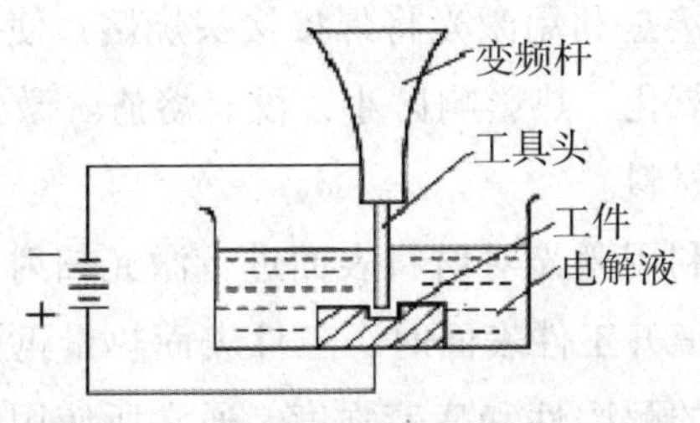

图 8－21　超声波电解复合加工深孔

固体激光器的加工原理如图 8－22 所示。激光器的作用是将电能转换成光能（激光束）。工作物质是固体激光器的核心，主要有红宝石、钕玻璃和钇铝石榴石三种。光泵的作用是使工作物质内部原子产生"粒子数反转"分布，并使工作物质受激辐射产生激光。激光在两块相互平行的全反射镜和部分反射镜之间多次来回反射，相互激发，迅速反馈放大，并通过部分反射镜、光阑、分色镜和聚焦透镜后，聚焦成一个小光点照射在工件上，控制激光器使聚焦小光点相对工件做上下移动，就可进行激光打孔。聚焦小光点相对于工件做平移，就可进行激光切割。

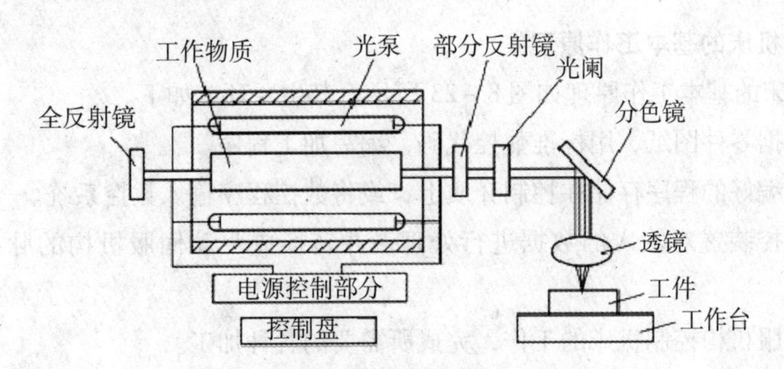

图 8－22　固体激光器的加工原理

2. **激光加工的工艺特点及应用**

（1）工艺特点。

①可加工任何金属材料和非金属材料，特别适合加工坚硬材料。

②生产率高，如激光打孔只需 0.001s，易于实现自动化生产。

③可加工微小孔和深孔。激光加工的孔径一般为 0.01～1mm，最小孔径可达 0.001mm，孔的深径比可达 50～100。

④激光加工属于非接触加工，没有切削力，没有机械加工变形。

（2）应用场合。

①激光打孔。激光加工可用于金刚石、宝石、玻璃、硬质合金、不锈钢等材料的小孔加工。

②激光切割。激光可切割任何材料。切割金属材料时，材料厚度可达10mm以上；切割非金属材料时，材料厚度可达几十毫米。

③激光焊接。激光焊接是利用激光将焊接接头烧熔，使其黏合在一起。激光焊接过程极为迅速，材料不易氧化，热影响区小，没有熔渣。激光焊接不仅可以焊接同种材料，而且可以焊接不同材料。

④激光热处理。它是利用激光对材料表面进行激光扫射，使金属表层材料产生相变，甚至熔化，当激光束离开工件表面时，工件表面热量迅速向内部传导，表面冷却且硬化，从而可提高零件的耐磨性和疲劳强度。通常所使用的激光热处理形式有激光相变硬化和激光表面合金化。

8.3　数控技术

1. 数控及数控机床的概念

数控（Numerical Control，NC）就是用数字形式的操作指令（或程序）控制机床或其他设备的一种控制方式。利用数控方式，按给定程序自动地进行加工的机床，称为数控机床。

2. 数控机床的基本工作原理

数控机床的基本工作原理如图8－23所示。其主要环节如下。

（1）根据零件图纸，用标准数控代码，编写加工程序。

（2）将编好的程序存储在控制介质上，或将数控程序输入数控系统。

（3）数控装置对输入的数据进行处理，并转换成驱动伺服机构的脉冲形式指令信号。

（4）伺服机构控制机床的工作，完成所需要的各种加工。

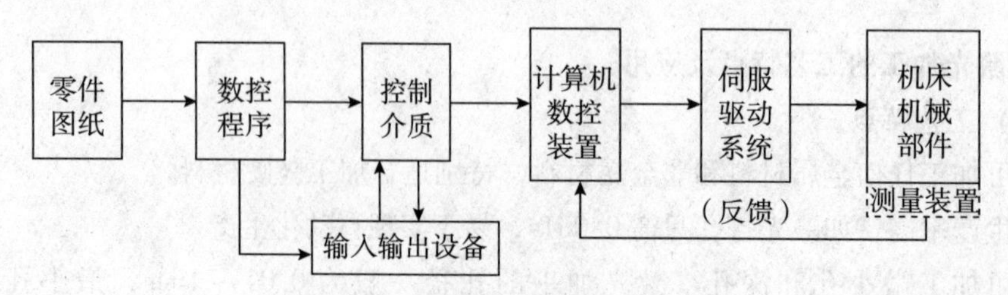

图8－23　数控机床的基本工作原理

3. 伺服机构控制方式

按伺服系统的类型不同，可以分为开环控制、闭环控制和半闭环控制。

（1）开环控制。采用开环伺服系统，一般由步进电动机、配速齿轮和丝杠螺母副等组成，如图 8－24（a）所示。伺服系统没有检测反馈装置，不能进行误差校正，故机床加工精度不高。但系统结构简单、维修方便、价格低，适用于经济型数控机床。

（2）闭环控制。采用闭环伺服系统，通常由直流（或交流）伺服电机、配速齿轮、丝杠螺母副和位移检测装置等组成，如图 8－24（b）所示。安装在工作台上的位移检测装置将工作台的实际位移值反馈到数控装置中，与指令要求的位置进行比较，用差值进行控制，可保证达到很高的位移精度。但系统复杂，调整维修困难，一般用于高精度的数控机床。

（3）半闭环控制。类似于闭环控制，但位移检测装置安装在传动丝杠上，如图 8－24（c）所示。丝杠螺母副及工作台不在控制环内，其误差无法校正，故精度不如闭环控制。但系统结构简单，稳定性好，调试容易，因此应用比较广泛。

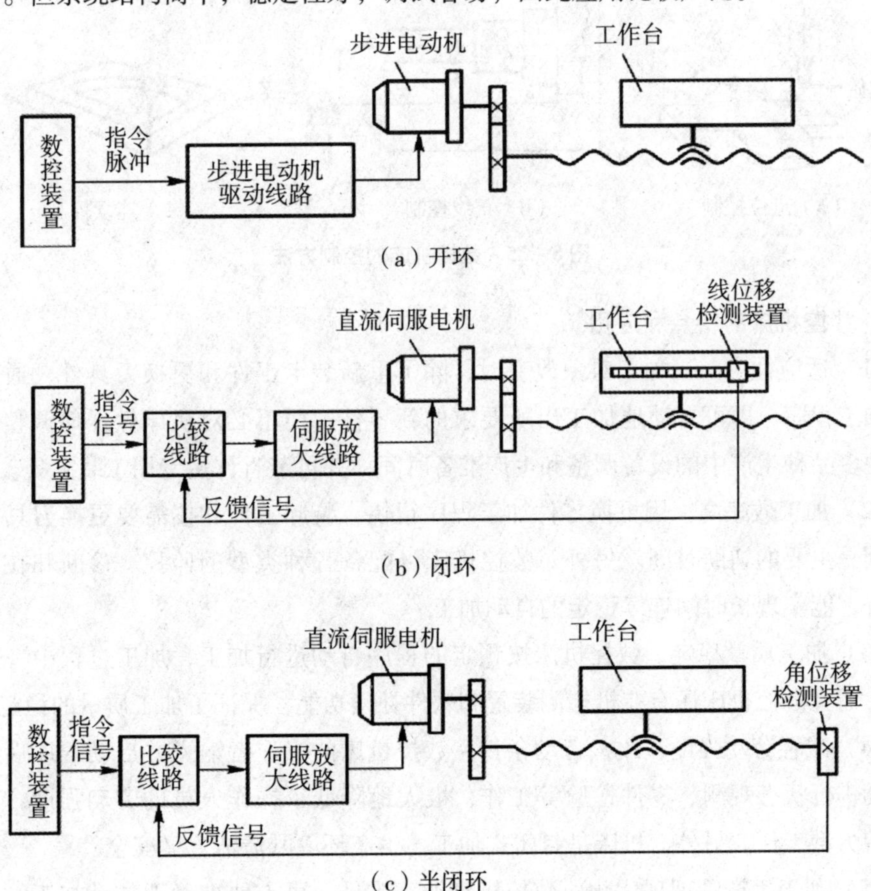

图 8－24　开环、闭环和半闭环伺服系统

4. 数控机床的控制方法

数控机床的控制方法有：点位控制、直线控制和连续控制。

（1）点位控制。其特点是只要求控制刀具或机床工作台从一点移动到另一点的准确定位，至于点与点之间移动的轨迹原则上不加控制，且在移动过程中刀具不进行切削，如图 8 - 25（a）所示。采用点位控制的机床有钻床、镗床和冲床等。

（2）直线控制。其特点是除了控制点与点之间的准确定位外，还要保证被控制的两个坐标点间移动的轨迹是一条直线，且在移动的过程中，刀具能按指定的进给速度进行切削，如图 8 - 25（b）所示。采用直线控制的机床有车床、铣床和磨床等。

（3）连续控制（或轮廓控制）。其特点是能够对两个或两个以上坐标方向的同时运动，进行严格的、不间断的控制。并且，在运动过程中，刀具对工件表面连续进行切削，如图 8 - 25（c）所示。采用连续控制的机床有铣床、车床、磨床和齿轮加工机床等。

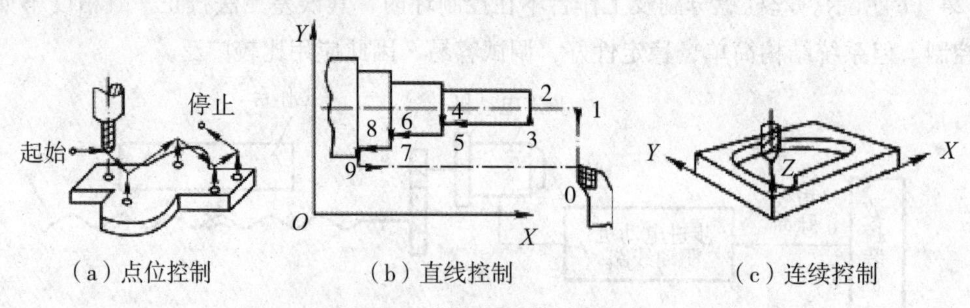

（a）点位控制　（b）直线控制　（c）连续控制

图 8 - 25　数控机床的控制方法

5. 数控机床的特点和应用

（1）适应性广。当加工对象改变时，除了重新装卡工件和更换刀具外，通过更换零件加工程序，即可自动地加工出所要求的新零件，而不必对机床做任何调整，可显著缩短多品种生产中的设备调整和生产准备时间，并可节省许多专用工装夹具。

（2）加工效率高。因更换零件加工程序很快，装卸工件和按需要更换刀具或夹具的时间是主要的辅助时间。另外，数控机床可配备各种类型的监控、诊断和在机检测装置等，能实现长时间连续稳定的自动加工。

（3）加工质量稳定。数控机床按预定的程序自动进行加工，加工过程中一般不需预定，而且数控机床还有在机检测装置和软件补偿功能，保证了加工质量的稳定性。

（4）减轻劳动强度，改善劳动条件。数控机床的操作者输入并启动程序后，机床就自动进行状态观测、零件检验等工作，极大地降低了操作人员的劳动强度，其劳动趋于智力型工作。另外，机床是封闭式加工，生产环境既清洁，又安全。

（5）利于生产管理现代化。数控机床加工零件，可方便准确地估计加工时间、生产周期和加工费用，并可对所使用的刀具、夹具进行规范化和现代化管理。数控机床具有通信接口采控信息与标准代码输入，便于与计算机连接，实现 CAD/CAM（计算机辅助设计与制造）及管理一体化，是构成柔性制造系统（FMS）和计算机集成制造系统（CIMS）的基本设备。

（6）机床成本高。数控机床主要适用于小批量、多品种的生产类型。

数控机床的使用范围，原则上可以不受限制，但在实际应用时必须充分考虑其经济效果。由于这类机床技术上较复杂，成本又高，在目前还只适用于单件和中、小批量生产中精度尺寸变化大、形状比较复杂的零件的加工，或者在试制中需要多次修改设计的零件的加工，这样可以减少或省去制作大量样板、模具等工艺装备的时间，从而能缩短生产准备周期，提高加工和劳动生产率，降低加工成本。

8.4　增材制造技术

1. 基本概念

增材制造（Additive Manufacturing，AM）俗称3D（三维）打印，融合了计算机辅助设计、材料加工与成形技术，以数字模型文件为基础，通过软件与数控系统将专用的金属材料、非金属材料以及医用生物材料，按照挤压、烧结、熔融、光固化、喷射等方式逐层堆积，制造出实体物品的制造技术。与传统的原材料去除、切削、组装的加工模式不同，增材制造是一种“自下而上”通过材料累加的制造方法，从无到有。这使得过去受到传统制造方式的约束而无法实现的复杂结构件的制造变为可能。

近20年来，AM技术取得了快速发展，“快速原型制造（Rapid Prototyping）”“三维打印（3D Printing）”“实体自由制造（Solid Free－form Fabrication）”等不同的叫法分别从不同侧面体现了这一技术的特点。

增材制造技术是指基于离散—堆积原理，由零件三维数据驱动直接制造零件的科学技术体系。基于不同的分类原则和理解方式，增材制造技术还有快速原型、快速成形、快速制造、3D打印等多种称谓，其内涵仍在不断深化，外延也不断扩展，这里所说的“增材制造”与“快速成形”“快速制造”意义相同。

2. 关键技术

（1）材料单元的控制技术。即如何控制材料单元在堆积过程中的物理与化学变化，是一个难点，例如金属直接成形中，激光熔化的微小熔池的尺寸和外界气氛控制直接影响制造精度和制件性能。

（2）设备的再涂层技术。增材制造的自动化涂层是材料累加的必要工序，再涂层的工艺方法直接决定了零件在累加方向的精度和质量。分层厚度向0.01mm发展，控制更小的层厚及其稳定性是提高制件精度和降低表面粗糙度的关键。

（3）高效制造技术。增材制造正在向大尺寸构件制造技术发展，例如利用金属激光直接制造飞机上的钛合金结构件，结构件长度可达6m，制作时间过长，如何实现多激光束同步制造、提高制造效率、保证同步增材组织之间的一致性和制造结合区域质量是发展的难点。

此外，为提高效率，使增材制造与传统切削制造结合，发展材料累加制造与材料去除制造复合制造技术也是未来发展的主要方向。

3. 增材制造的优势

增材制造通过降低模具成本、减少材料、减少装配、减少研发周期等优势来降低企业制造成本，提高生产效益。具体优势如下。

（1）与传统的大规模生产方式相比，小批量定制产品在经济上具有吸引力。

（2）直接按照 3D CAD 模型生产意味着不需要工具和模具，没有转换成本。

（3）以数字文件的形式进行设计方便共享，方便组件和产品的修改和定制。

（4）该工艺的可加工性使材料得以节约，同时还能重复利用未在制造过程中使用的废料，如粉末、树脂、金属粉末的可回收性估计在95%～98%。

（5）新颖、复杂的结构，如自由形式的封闭结构和通道，是可以实现的，使得最终部件的孔隙率非常低。

（6）订货减少了库存风险，没有未售出的成品；同时也改善了收入流，因为货款是在生产前支付的；分销允许本地消费者/客户和生产者之间的直接交互。

4. 增材制造过程

增材制造的过程包括：前处理（三维模型的建立、三维模型的近似处理、三维模型的切片处理）、分层叠加成形（截面轮廓的制造与截面轮廓的叠合）和后处理（表面处理等）。

（1）三维模型的建立。

由于实现增材制造的系统只能接受计算机构造的产品三维模型，然后才能进行切片处理。因此，首先应在计算机上实现设计思想的数字化，即将产品的形状、特性等数据输入计算机中。目前增材制造机的数据输入主要有两种途径：一是设计人员利用计算机辅助设计软件（如 Pro/Engineer，SolidWorks，IDEAS，MDT，Auto CAD 等），根据产品的要求设计三维模型，或将已有产品的二维三视图转换为三维模型；二是对已有的实物进行数字化，这些实物可以是手工模型、工艺品或人体器官等。这些实物的形体信息可以通过三维数字化仪、CT（电子计算机断层扫描）和 MRI（磁共振成像）等手段采集处理，然后通过相应的软件将获得的形体信息等数据转化为快速成形机所能接受的输入数据。

（2）三维模型的近似处理。

由于产品上往往有一些不规则的自由曲面，因此加工前必须对其进行近似处理。在目前增材制造系统中，最常见的近似处理方法是，用一系列的小三角形平面来逼近自由曲面。其中，每一个三角形用 3 个顶点的坐标和 1 个法向量来描述。三角形的大小是可以选择的，从而能得到不同的曲面近似精度。经过上述近似处理的三维模型文件称为 STL 格式文件（许多 CAD 软件都提供了此项功能，如 Pro/Engineer，SolidWorks，IDEAS，Auto CAD，MDT 等），它由一系列相连的空间三角形组成。典型的计算机辅助设计都有转换和输出 STL 格式文件的接口，但是，有时输出的三角形会有少量错误，需要进行局部修改。

(3) 三维模型的切片处理。

由于增材制造是按一层层截面轮廓来进行加工，加工前必须从三维模型上沿成形的高度方向，每隔一定的间隔进行切片处理，以便提取截面的轮廓。间隔的大小根据被成形件精度和生产率的要求选定，间隔越小，精度越高，成形时间越长；切片间隔选定之后，成形时每层叠加的材料厚度应与其相适应。一般增材制造系统都带有切片处理软件，能自动提取模型的截面轮廓。

(4) 截面轮廓的制造。

根据切片处理得到的截面轮廓，在计算机的控制下，增材制造系统中的成形头（激光头或喷头）在 $X-Y$ 平面内，自动按截面轮廓运动，得到一层层截面轮廓；每层截面轮廓成形后，增材制造系统将下一层材料送至成形的轮廓面上，然后进行新一层截面轮廓的成形，从而将一层层的截面轮廓逐步叠合在一起，最终形成三维产品。

5. 典型增材制造工艺

随着新型材料，特别是能直接增材制造的高性能材料的研制和应用，产生了越来越多更为先进的增材制造工艺技术。目前增材制造已发展了十几种工艺方法，其中较为成熟和典型的工艺如下。

(1) 光固化成形。

SLA：立体光刻（Stereo Lithography Apparatus，SLA）是最早实用化的快速成形技术，又称立体光刻。具体原理如图 8－26 所示，是选择性地用特定波长与强度的激光聚焦到光固化材料（如液态光敏树脂）表面，使之发生聚合反应，再由点到线、由线到面顺序凝固，完成一个层面的绘图作业，然后升降台在垂直方向移动一个层片的高度，再固化另一个层面。这样层层叠加构成一个三维实体。

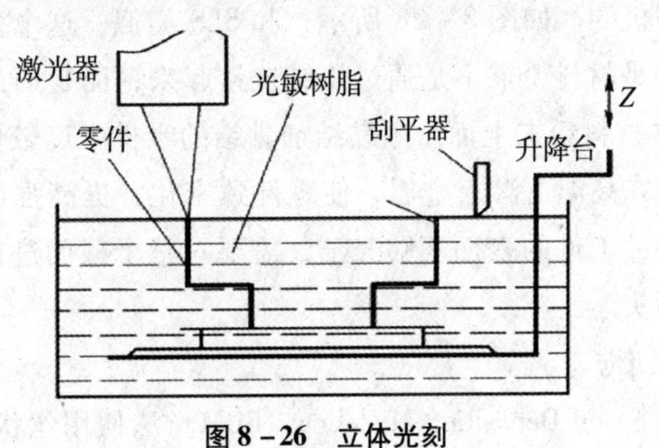

图 8－26　立体光刻

SLA 技术主要用于制造多种模具、模型等；还可以在原料中通过加入其他成分，用 SLA 原型模代替熔模精密铸造中的蜡模。SLA 技术成形速度较快，精度较高，但由于树脂固化过程中产生收缩，不可避免地会产生应力或引起形变。因此开发收缩小、固化快、强度高的光敏材料是其发展趋势。

（2）选择性激光烧结。

选择性激光烧结（Selective Laser Sintering，SLS）工艺是利用粉末状材料成形的。将材料粉末铺洒在已成形零件的上表面，并刮平；用高强度的 CO_2 激光器在刚铺的新层上扫描出零件截面；材料粉末在高强度的激光照射下被烧结在一起，得到零件的截面，并与下面已成形的部分黏结；当一层截面烧结完后，铺上新的一层材料粉末，选择性烧结下层截面。如图 8－27 所示。

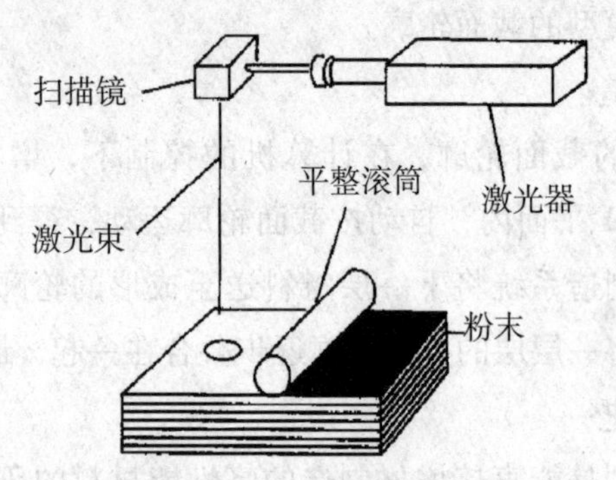

图 8－27　选择性激光烧结

与其他增材制造方法相比，SLS 最突出的优点在于它所使用的成形材料十分广泛。从理论上说，任何加热后能够形成原子间黏结的粉末材料都可以作为 SLS 的成形材料。可成功进行 SLS 成形加工的材料有石蜡、高分子、金属、陶瓷粉末以及它们的复合粉末材料。由于 SLS 成形材料品种多、用料节省、成形件性能分布广泛、适合多种用途，以及 SLS 不必设计和制造复杂的支撑系统，所以 SLS 的应用越来越广泛。

（3）三维（3D）打印技术。

三维打印技术（Three Dimensional Printing，3DP）和平面打印非常相似，连打印头都是直接用平面打印机的。如图 8－28 所示，和 SLS 类似，这个技术的原料也是粉末状的。与 SLS 不同的是材料粉末不是通过烧结连接起来，而是通过喷头用黏结剂将零件的截面“印刷”在材料粉末上面。用黏结剂黏结的零件强度较低，还需后处理，即先烧掉黏结剂，然后在高温下渗入金属，使零件致密化，提高强度。三维打印技术特点包括适合成形小件；工件的表面不够光洁，需要对整个截面进行扫描黏结，成形时间较长；采用多个喷头。

（4）熔融沉积成形。

熔融沉积成形（Fused Deposition Modeling，FDM）法使用丝状材料（石蜡、金属、

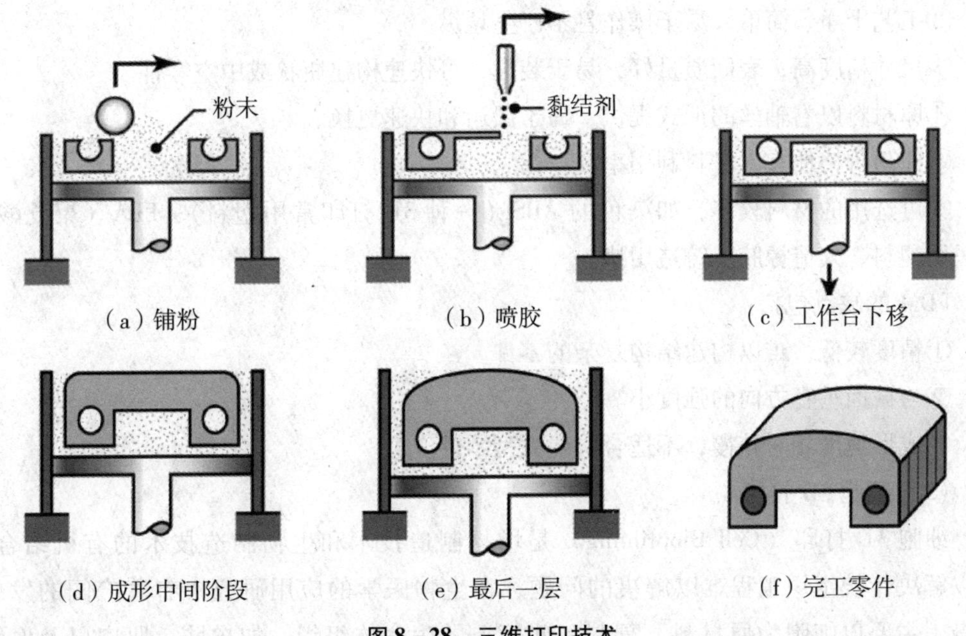

图 8-28 三维打印技术

塑料、低熔点合金丝）为原料，利用电加热方式将丝材加热至略高于熔化温度（约比熔点高1℃），在计算机的控制下，喷头作 $X-Y$ 平面运动，将熔融的材料涂覆在工作台上，冷却后形成工件的一层截面，一层成形后，喷头上移一层高度，进行下一层涂覆，这样逐层堆积形成三维工件。该方法污染小，材料可以回收，适用于中小型工件的成形。图 8-29 为 FDM 成形原理。

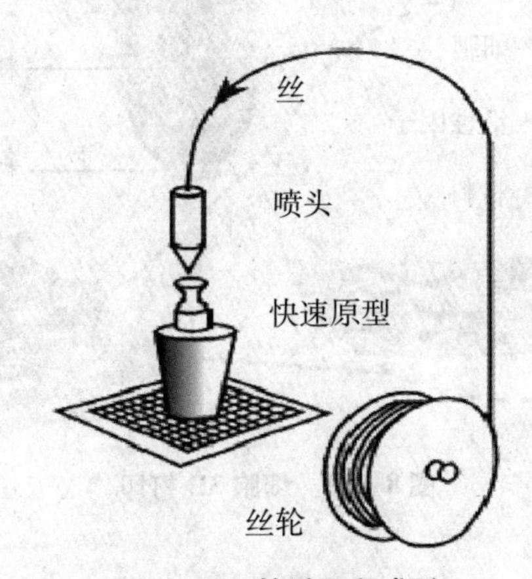

图 8-29 熔融沉积成形

成形材料是固体丝状工程塑料；制件性能相当于工程塑料或蜡模；主要用途包括塑料件、铸造用蜡模、样件或模型。

FDM 的优点包括：

①操作环境干净，安全，在办公室即可进行。

②工艺干净、简单、易于操作且不产生垃圾。

③尺寸精度高，表面质量好，易于装配，可快速构建瓶状或中空零件。

④原材料以卷轴丝的形式提供，易于搬运和快速更换。

⑤原料价格便宜，材料利用率高。

⑥可选用的材料较多，如染色的 ABS（一种 3D 打印常用塑料）、PLA（聚乳酸）和医用塑料、人造橡胶、铸造用蜡。

FDM 的缺点包括：

①精度较低，难以构建结构复杂的零件。

②与截面垂直方向的强度小。

③成形速度相对较慢，不适合构建大型零件。

（5）细胞 3D 打印。

细胞 3D 打印（Cell Bioprinting）是增材制造技术和生物制造技术的有机结合，可以解决传统组织工程难以解决的问题，在生物医学的应用研究中有着广阔的发展前景。主要以细胞为原材料，复制一些简单的生命体组织，如皮肤、肌肉以及血管等（图8－30），甚至在未来可以制造人体组织，如肾脏、肝脏甚至心脏，用于进行器官移植。

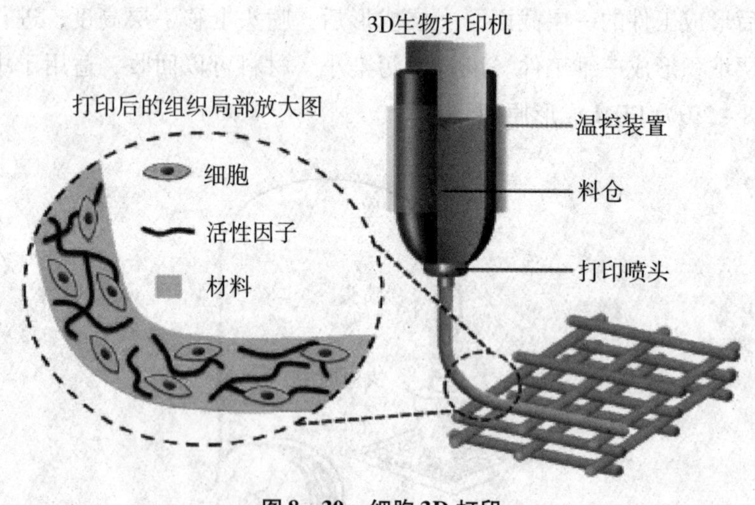

图 8－30　细胞 3D 打印

6. 增材制造应用

如图 8－31 所示，增材制造的应用主要体现在以下几个方面。

（1）新产品开发过程中的设计验证与功能验证，如图 8－31（a）所示。增材制造技术可快速地将产品设计的 CAD 模型转换成物理实物模型，这样可以方便地验证设计人员的设计思想和产品结构的合理性、可装配性、美观性，发现设计中的问题并及时修改。如果用传统方法，需要完成绘图、工艺设计、工装模具制造等多个环节，周期长、费用高。如果不进行设计验证而直接投产，则一旦存在设计失误，将会造成极大的损失。增材制造技术可应用于可制造性、可装配性检验和供货询价、市场宣传。对有限空间的复杂系统，如汽车、卫星、导弹的可制造性和可装配性用增材制造技术进行检验和设计，将大大降低此类系统的设计制造难度。对于难以确定的复杂零件，可以用增材制造技术进行试生产以确定最佳的、合理的工艺。此外，增材制造原型还是产品从设计到商品化各个环节中进行交流的有效手段，比如为客户提供产品样件、进行市场宣传等。增材制造技术已成为并行工程和敏捷制造的一种技术途径。

(2) 快速模具制造，如图 8－31 (b) 所示。通过各种转换技术将增材制造原型转换成各种快速模具，如低熔点合金模、硅胶模、金属冷喷模、陶瓷模等，进行中、小批量零件的生产，满足产品更新换代快、批量越来越小的发展趋势。增材制造应用的领域几乎包括了制造领域的各个行业，在医疗、人体工程、文物保护等行业也得到了越来越广泛的应用。

(3) 单件、小批量和特殊复杂零件的直接生产，如图 8－31 (c) 所示。对于高分子材料的零部件，可用高强度的工程塑料直接增材制造，满足使用要求；对于复杂金属零件，可通过快速铸造或直接金属件成形获得。该项应用对航空、航天及国防工业有特殊意义。

(4) 医学工程应用，如图 8－31 (d) ～ (i) 所示。主要体现在三个方面：医学诊断、手术计划、假肢骨和组织器官生产。医生可以容易地获得患者相关部位的一组二维断层图像，计算机可以将扫描数据转换为快速原型系统的通用数据输入格式，并精确地再现具有与生物体相同形状的模型。所以，可以制造与人体结构相吻合的假肢、助听器及假牙和整形牙套等；采用活性生物材料可制作医学组织、医学支架等。

(5) 建筑及艺术，如图 8－31 (j) (k) 所示。增材制造工艺可以制造任意复杂结构形状，因此可以轻松制造出形状不规则的建筑及艺术品。

(6) 食品，如图 8－31 (l) 所示。采用可食用材料，制造出任意形状的食品，如一块花朵形状的巧克力。

(7) 生活用品，如图 8－31 (m) 所示。增材制造技术可以制造出更符合人体结构的生活用品，如运动鞋。

(8) 仿古，如图 8－31 (n) 所示。计算机可以将扫描数据转换为快速原型系统的通用数据输入格式，并精确地再现具有与古董相同形状的模型，若选择合适的材料或在表面处理的基础上完全可以仿造出和原件一样的古董，可用于展示，防止原件的破毁。

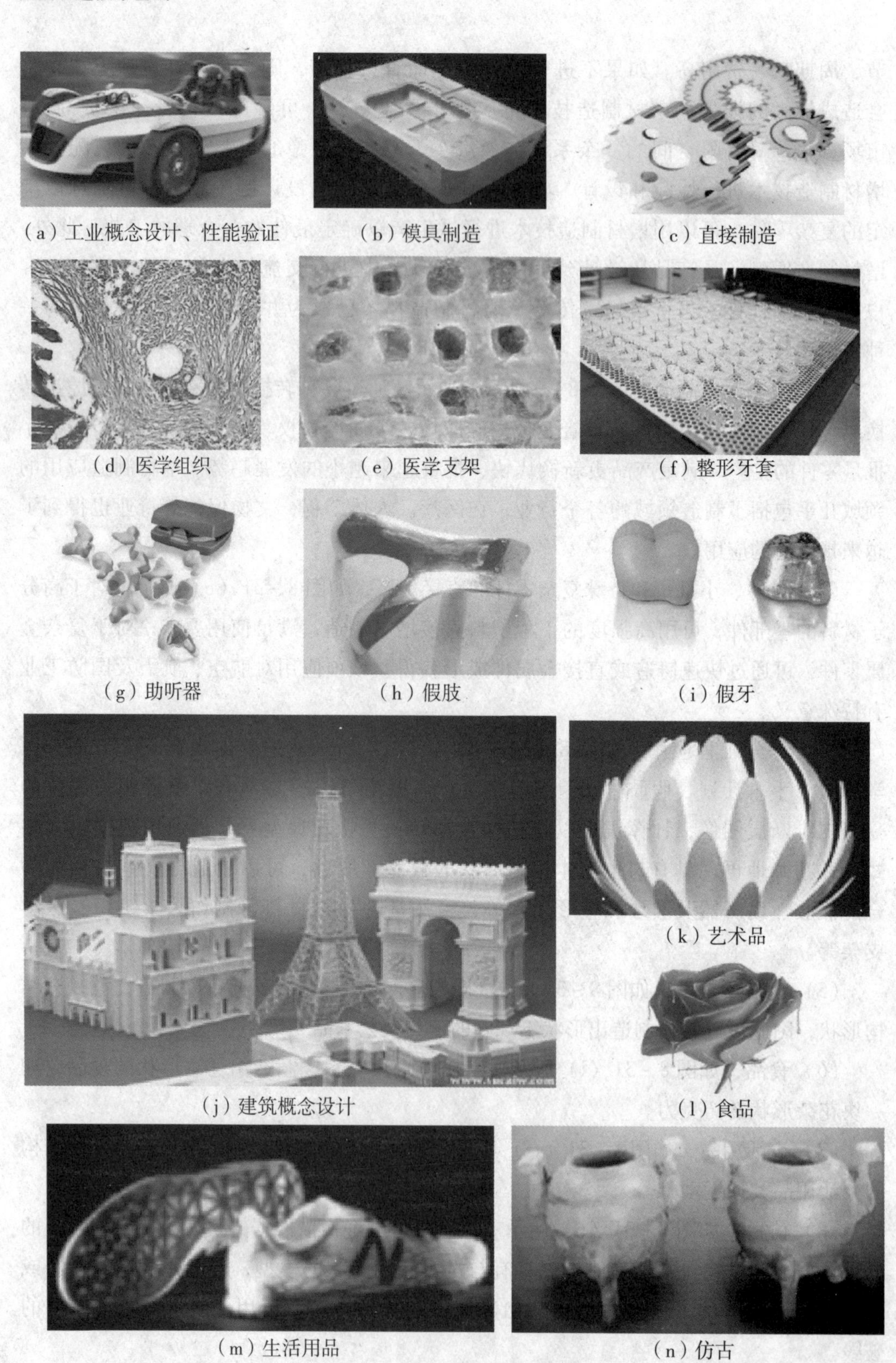

（a）工业概念设计、性能验证　（b）模具制造　（c）直接制造

（d）医学组织　（e）医学支架　（f）整形牙套

（g）助听器　（h）假肢　（i）假牙

（j）建筑概念设计　（k）艺术品　（l）食品

（m）生活用品　（n）仿古

图 8－31　增材制造技术的应用

习题

1. 研磨、珩磨、超级光磨和抛光各适用于何种场合?

2. 对于提高加工精度来说，研磨、珩磨、超级光磨和抛光的作用有何不同?

3. 常规加工工艺和特种加工工艺有何区别? 简述特种加工的共同特点。

4. 简述电火花加工中的“极性效应”及由此产生的两种加工方法。

5. 简述电火花加工的应用特点。

6. 简述电解加工的原理、特点和应用。

7. 简述超声波加工的原理、特点和应用。

8. 简述激光加工的特点及应用。

9. 电火花加工、电解加工、超声波加工的工具都可以用硬度较低的材料制造，试分析各有何优点?

10. 简述数控机床的特点及应用。

11. 简述增材制造技术的主要工艺及其应用。

参考文献

1. 邓文英，郭晓鹏，邢忠文．金属工艺学［M］．6 版．北京：高等教育出版社，2016.

2. 杨方．机械加工工艺基础［M］．西安：西北工业大学出版社，2002.

3. 马树奇．机械加工工艺基础［M］．北京：北京理工大学出版社，2005.

4. 宁生科．机械制造基础［M］．西安：西北工业大学出版社，2004.

5. 唐宗军．机械制造基础［M］．北京：机械工业出版社，2011.

6. 苏建修．机械制造基础［M］．2 版．北京：机械工业出版社，2018.

7. 乔世民．机械制造技术基础［M］．2 版．北京：高等教育出版社，2008.

8. 黄观尧．机械制造工艺基础［M］．天津：天津大学出版社，1999.

9. 李绍明．机械加工工艺基础［M］．北京：北京理工大学出版社，1993.

10. 孔德音．机械加工工艺基础（工程材料及机械制造基础Ⅲ）［M］．北京：机械工业出版社，2003.

11. 傅水根．机械制造工艺基础［M］．3 版．北京：清华大学出版社，2010.

12. 刘建亭．机械制造基础［M］．北京：机械工业出版社，2001.

13. 卢秉恒．机械制造技术基础［M］．3 版．北京：机械工业出版社，2015.

14. 于骏一，邹青．机械制造技术基础［M］．2 版．北京：机械工业出版社，2009.

15. 周宏甫．机械制造技术基础［M］．北京：高等教育出版社，2010.

16. 李斌．数控加工技术［M］．北京：高等教育出版社，2001.

17. 谭永刚，陈江进．数控加工工艺［M］．北京：国防工业出版社，2009.

18. 刘旺玉．机械制造技术基础［M］．武汉：华中科技大学出版社，2013.

19. 刘忠伟．先进制造技术［M］．2 版．北京：国防工业出版社，2007.

20. 孙燕华．先进制造技术［M］．2 版．北京：电子工业出版社，2015.

21. 马金戈．我国机械制造业现状与发展前景［J］．科技风，2016（11）：87.

22. 董达善，俞浩．中国制造业现状及发展研究［J］．上海经济研究，2008（9）：36－40.